भौतिक विज्ञान : सहज बोध

ਨ ਜਾਣਦੀ [illegible]

[illegible]

ਲੇਖਕ

[illegible]

[illegible]

भौतिक विज्ञान का सहज बोध

सम्पादक

बी.एस.के. काले

चरित्र बुक्स

ISBN : 978-81-906339-0-1

चरित्र बुक्स

1/10925, प्रथम तल, गली नं.-7,
सुभाष पार्क, नवीन शाहदरा, दिल्ली-32
द्वारा प्रकाशित
संस्करण : 2011

मूल्य : 300.00

जय भारत प्रिंटिंग प्रेस, शाहदरा, दिल्ली-110032
द्वारा मुद्रित

चरित्र बुक्स, वाणी प्रकाशन की सहयोगी संस्था

यह पुस्तक

'लोकोपयोगी विज्ञान विश्वकोश कला' के अंतर्गत प्रकाशित यह पुस्तक भौतिक विज्ञान जैसे दुरुह माने जानेवाले विषय को कुछ इस प्रकार सहज बोध बनाकर प्रस्तुत करती है कि वैज्ञानिक रुझान का सामान्य पाठकवर्ग भी इसे पढ़-समझ और संबंधित विषय में रुचि ले सके। रूस के विश्वविख्यात भौतिक विज्ञानी या इ-पेरेकमान ने इसे विज्ञान के नवसाक्षरों की बौद्धिक सीमा को ध्यान में रखकर चुटकुलों-कहानियों वाली मनोरंजक शैली में लिखा है। हिंदी पाठकों के लिए इसे सुलभ कराते हुए, अनुवाद एवं सम्पादन प्रक्रिया में भी इस बात का पूरा ध्यान रखा गया है कि मूल पुस्तक का स्वभाव यथावत् बना रहे, ताकि अधिकाधिक हिंदी समाज इसका भरपूर लाभ उठा सके।

सामान्यतया विज्ञान, और विज्ञान में भी भौतिक विज्ञान को गूढ़ और दुरुह विषय माना जाता रहा है। इसीलिए विज्ञान में रुचि रखनेवाले सामान्य बोध के पाठक भी प्रायः भौतिक विज्ञान से एक दूरी बनाये चले आ रहे हैं। इस समस्या की ओर ध्यान तो बहुतों का ..... होगा, लेकिन प्रभावी पहल की रूसी भौतिकशास्त्री, या पेरेलेमान ने। प्रस्तुत पुस्तक उन्हीं के संकल्प का प्रतिफल है।

प्रायः देखा गया है कि भौतिक विज्ञान से संबंधित बहुत सी आधारभूत बातें दैनिक जीवन में हमारे अनुभव क्षेत्र में आती रहती हैं; लेकिन वैज्ञानिक दृष्टि से सचेत न होने के कारण हम न तो उनका महत्त्व समझ पाते हैं, न उस अर्जित ज्ञान में कुछ इजाफा कर पाते हैं। प्रस्तुत पुस्तक में लेखक ने हमें वैज्ञानिक रूप से सचेत बनाने और जो कुछ अपनी सहज बुद्धि से हम जानते हैं उसे वैज्ञानिक तथ्य के रूप में हमें जनवाने की सफल कोशिश की है। इसके लिए उन्होंने पहेलियों व कहानियों की मनोरंजक शैली का सहारा लिया है और अपनी बातों को अधिक प्रभावी व समोषणीय बनाने के लिए एच. जी. वेल्स, मार्कट्बेन, जुले बर्न आदि विज्ञान-प्रेरित विश्वविख्यात साहित्यकारों की कहानियों और उपन्यासों के उद्धरण एवं संदर्भ दिये हैं। लेखक इस

तथ्य से अवगत हैं कि दुरुह दुरुह विषय में भी, खेल-खेल वाली शैली से, पाठकों की रुचि जगायी जा सकती है और वे मनोयोग पूर्वक उसमें संकट हो सकते हैं। 'भोतिक विज्ञान : सहज बोध' का मुख्य लक्ष्य वैज्ञानिक कल्पना को जगाना और सक्रिय करना है, ताकि पाठक विषय के स्वभाव के अनुरूप अध्ययन-मनन की आदत डाल सके और अपने दैनिक जीवन में भरने वाली घटनाओं को भौतिक विज्ञान के तर्कों से पहचान सके—उनका महत्व समझ सके।

—सम्पादक

विषय-सूची

अध्याय 1
वेग, गतियों का योग

हमारी गति

प्रतियोगिता में एक अच्छा दौड़ाक 1.5km की दूरी लगभग 3 min 50s में तय करता है (1958 का विश्व-कीर्तिमान 3 min 36.8s है)। इसके साथ पैदल-यात्री की साधारण क्षिप्रता (1.5 m/s) की तुलना करने के लिए यदि एक छोटा-सा कलन करें, तो ज्ञात होगा कि वह एक सेकेंड में 7m दौड़ता है। वैसे इन गतियों की तुलना पूर्ण नहीं कहीं जा सकती : पैदल-यात्री एक घंटे में 5 km की दर से घंटों चलता रह सकता है, पर प्रतियोगिता में भाग लेने वाला दौड़ाक अपना अधिकतम वेग एक छोटे कालांतर में ही कायम रख सकता है। पैदल-सेना कीर्तिमान खिलाड़ी से तिगुनी धीमी—एक सेकेंड में 2m या लगभग 7 m प्रति घंटे—चलती है। सेना अपनी क्षिप्रता में बड़े उतार-चढ़ाव ला सकती है, पर दौड़-प्रतियोगिता में भाग लेने वाले ऐसा नहीं कर सकते।

धीमी चाल के लिए मुहावरों की तरह प्रयुक्त होने वाले घोंघे और कछुवे जैसे जंतुओं की गति के साथ आदमी की साधारण चाल की तुलना मनोरंजक हो सकती है। 'घोंघे की चाल' मुहावरे से जो घोंघे को ख्याति प्राप्त हुई है, शत-प्रतिशत न्यायसंगत है। वह एक सेकेंड में 1.5 mm या एक घंटे 5.4 m रेंगता है। यह मनुष्य की चाल से ठीक एक हजार गुना कम है। दूसरा क्लासिकल सुस्त जीव कछुवा घोंघे से थोड़ा ही तेज चलता है : उसकी साधारण गति है 70 m प्रति घंटे।

घोंघे और कछुवे की तुलना में आदमी काफी फुर्तीला नजर आता है, पर यदि उसकी तुलना परिवेश की अन्य प्राकृतिक गतियों से की जाए, तो वह बिल्कुल दूसरे प्रकाश में नजर आएगा। यह सच है कि वह अधिकतर मैदानी नदियों की धारा को दौड़ में हरा सकता है और मंद समीर से कुछ ही पीछे रहता है, पर एक सेकेंड में 5 m उड़ने वाली मक्खी के साथ आदमी सिर्फ स्कीइंग पर ही प्रतियोगिता कर सकता है। खरहे या शिकारी कुत्ते को आदमी सरपट दौड़ते घोड़े पर भी नहीं हरा सकता।

गरूड़ के साथ आदमी सिर्फ हवाई जहाज पर ही प्रतियोगिता कर सकता है। आदमी द्वारा आविष्कृत मशीनें उसे विश्व के क्षिप्रतम जीव में परिणत कर रही हैं।

चित्र 1. मोटर-कार-ज़ील-111

कुछ ही समय पहले सोवियत संघ में जलगत डैनों वाला यात्री स्टीमर बनाया गया है, जो अपना वेग 60-70 km/h तक बढ़ा सकता है। जमीन पर आदमी पानी की अपेक्षा अधिक तेज चल सकता है। सोवियत संघ में रेलवे के कुछ भागों में गाड़ी का वेग 100 km/h तक पहुँच जाता है। हल्की-सी नई औटो-कार जील-111 (चित्र 1) अपना वेग 170 km/h तक बढ़ा सकती है। सात लोगों के बैठने लायक कार 'चाइका' का वेग 160 km/h तक पहुँचता है।

इन गतियों को आधुनिक हवाई जहाज काफी पीछे छोड़ चुके हैं। सोवियत संघ के कई यात्री हवाई-मार्गों पर बड़े-बड़े मल्टी-सीटर जहाज तु-134 और तु-154 (चित्र 2) उड़ते हैं। उनकी उड़ान का औसत वेग 800 km/h के लगभग है। हाल तक हवाई जहाज बनाने वालों के सामने 'ध्वनि-बाधा' पार कराने की समस्या थी; वे विमानों को ध्वनि के वेग (330 km/s या 1200 km/h) से अधिक तेज उड़ाना चाहते थे। यह अब संभव हो चुका है। नन्हे, पर शक्तिशाली रिएक्टिव मोटरों वाले विमानों का वेग 2000 km/h के निकट पहुँच सकता है।

चित्र 2. यात्री प्रतिकारी विमान तु-144

मानव निर्मित उपकरण और भी अधिक वेग उपलब्ध कर सकते हैं। वातावरण की घनी परतों की सीमा के निकट उड़ने वाले पृथ्वी के कृत्रिम स्पूतनिक (सहयात्री; रूसी से) या सैटेलाइट (अंगरक्षक; रोमन से) लगभग 8 km/s वेग से गतिमान है। सौर-मंडल के अन्य ग्रहों की ओर उड़ने वाले अंतरिक्षी उपकरणों का आरंभिक वेग द्वितीय अंतरिक्षी वेग (धरातल के समीप 11.2 km के लगभग) से अधिक होता है।

पाठक वेगों की निम्न तालिका के साथ परिचय कर सकता है :

घोंघा	1.5 mm/s	5.4 km/h
कछुवा	20 mm/s	70 km/h
मछली	1 m/s	3.6 km/h
पैदल यात्री	1.4 m/s	5 km/h
घुड़सवार (दुलकी चाल)	1.4 m/s	6 km/h
घुड़सवार (सरपट चाल)	3.5 m/s	12.6 km/h
मक्खी	5 m/s	18 km/h
स्की करने वाला	5 m/s	18 km/h
घुड़सवार (छलांगी चाल)	8.5 m/s	30 km/h
जलगत डैनों वाला स्टीमर	16 m/s	58 km/h
खरहा	18 m/s	65 km/h
गरूड	24 m/s	86 km/h
शिकारी कुत्ता	25 m/s	90 km/h
रेलगाड़ी	28 m/s	100 km/h
कार जील-111	50 m/s	170 km/h
कार-रेस की मोटरगाड़ियाँ (कीर्त्तिमान)	174 m/s	633 km/h
तु-104	220 m/s	800 km/h
वायु में ध्वनि	330 m/s	1200 km/h
नन्हा रिएक्टिव विमान	550 m/s	2000 km/h
पृथ्वी, अपने कक्ष पर	30 000	108 000 km/h

समय के पीछे भाग-दौड़

क्या व्लादीवस्तोक से 8 बजे सुबह उड़ कर उसी दिन 8 बजे सुबह मास्को पहुँचा जा सकता है? प्रश्न बिल्कुल अर्थहीन नहीं है। यह सचमुच संभव है। इस उत्तर को समझने के लिए सिर्फ यह स्मरण करना है कि मास्को व व्लादीवस्तोक

के समयों में 9 घंटे का अंतर है। यदि विमान इस कालांतर में व्लादीवस्तोक से मास्को की दूरी तय कर सकता है, तो वह मास्को उसी समय पहुँचेगा, जिस समय व्लादीवस्तोक से उड़ा था।

व्लादीवस्तोक–मास्को की दूरी लगभग 9000km है। अतः जहाज का वेग 9000:9 = 1000 km/h होना चाहिए। आधुनिक स्थितियों में ऐसा वेग बिल्कुल संभव है।

ध्रुववर्ती अक्षांशों पर सूरज (या और सही कहें, पृथ्वी) को दौड़ में पकड़ने के लिए बहुत कम वेग की आवश्यकता होगी। 77° अक्षांश (नोवाया ज़िमल्या, नवोर्वी) पर 450 km/h वेग से गतिमान जहाज दिए कालांतर में उतना दूर उड़ सकता है, जितना उसी कालांतर में धरातल का कोई बिंदु पृथ्वी के घूर्णन के कारण अक्ष के चारों ओर घूमता है। ऐसे विमान के यात्री को सूरज थमा हुआ दिखेगा; वह आकाश में अचल लटका रहेगा और अस्त होने की दिशा में नहीं बढ़ेगा (संदेह नहीं कि इसके लिए विमान की उपयुक्त दिशा होनी चाहिए)।

पृथ्वी की परिक्रमा में चंद्रमा को हराना और भी सरल है। चाँद पृथ्वी की घूर्णन गति से 29 गुना धीमे पृथ्वी की परिक्रमा करता है। (यहाँ रैखिक गतियों की नहीं, बल्कि कोणिक गतियों की तुलना की गई है)। अतः घंटे में 25-30 km चलने वाला साधारण स्टीमर मध्यवर्ती अक्षांशों पर ही 'चाँद को दौड़ में हरा सकता है'।

'गँवार गए परदेस' नामक निबंधों में मार्क ट्वेन ऐसी ही एक घटना की याद दिलाते हैं। न्यु-योर्क से आजोर द्वीपों तक जाते वक्त अटलांटिक महासागर पर "सुंदर गर्म मौसम था। रातें दिन से भी बेहतर थीं। हमें एक विचित्र घटना देखने को मिली : चाँद हर शाम एक ही समय आकाश के एक ही बिंदु पर टंग जाया करता था। चाँद के इस मौलिक आचरण का कारण पहले तो हमारे लिए रहस्य बना रहा, पर बाद में हम समझ गए कि बात क्या है : हम देशांतर रेखा पर 20 मिनट प्रति घंटे की दर से पूर्व की ओर चल रहे थे, अर्थात् हम ऐसी चाल से चल रहे थे कि चाँद से पीछे न रहें!"

सेकेंड का सहस्रांश

हम समय को अपने मानवीय मानदंड से नापने के आदी हैं, इसीलिए सेकेंड का सहस्रांश हमारे लिए शून्य जैसा ही है। इतने लघु अंतराल हमारे व्यवहार में कुछ ही समय से प्रयुक्त हो रहे हैं। जब लोग सूरज की स्थिति या छाया की लंबाई द्वारा समय निर्धारित करते थे, उस जमाने में मिनट की परिशुद्धता भी अकल्पनीय थी (चित्र 3); लोग मिनट को कोई इतना बड़ा परिमाण मानते ही नहीं थे कि उसे नापने की आवश्यकता पड़ती। प्राचीन मनुष्य इतना शांत (बिना किसी जल्दबाजी के) जीवन जीता था कि उसकी सूर्य, जल, वायु-घड़ियों में मिनट के अंश चिह्नित भी नहीं थे

(चित्र 4, 5)। सिर्फ XVIII-वीं शती के आरंभ से डायल पर मिनट की सुई को स्थान मिला। सेकेंड की सुई XIX-वीं शती के आरंभ में प्रकट हुई।

सेकेंड के सहस्रांश में क्या कुछ घट सकता है? बहुत कुछ! यह सच है कि ट्रेन इस कालांतर में सिर्फ तीन सेंटीमीटर आगे बढ़ेगी, पर इसी कालांतर में ध्वनि 33 cm, हवाई जहाज लगभग आधा मीटर, सूर्य के परिक्रमण में पृथ्वी 30 m और प्रकाश 300 m चल चुकेगा।

चित्र 3. आकाश में सूर्य की स्थिति (बाएँ) और छाया की लंबाई (दाएँ) के आधार पर समय-निर्धारण।

हमारे परिवेश में जीने वाले नन्हे जीवों में यदि सोचने की क्षमता होती तो वे सेकेंड के सहस्रांश को शायद इतना नगण्य नहीं मानते। उदाहरण, कीड़े-पतंगे इस परिमाण (राशि) को पूर्णतया अनुभव कर सकते हैं; उनके लिये सेकेंड का सहस्रांश पूर्णतया अनुभवगत है। मच्छर एक सेकेंड की अवधि में 5-6 सौ बार पंख फड़फड़ाता है; अर्थात् सेकेंड के हजारवें अंश में वह उन्हें उठाने व गिराने में सफल हो जाता है।

आदमी अपने अंगों को इतनी तेजी से गतिमान नहीं कर सकता जितना कीड़े-पतंगे। हममें सबसे क्षिप्र गति है पलक झपकाना। 'पल', 'पल भर में', 'पलक मारते' आदि व्यंजनों का आदि स्रोत हमारा पलक झपकाना ही है। यह इतना जल्द होता है कि पलक मुंदने से हम अंधकार भी नोट नहीं करते। पर बहुत ही कम लोग जानते होंगे कि कल्पनातीत क्षिप्रता का समानार्थक 'पलक झपकाना' दरअसल काफी धीमी प्रक्रिया साबित होगी, यदि उसे सेकेंड के सहस्रांश में नापा जाए। परिशुद्ध मापों से ज्ञात होता है कि एक पूरा 'पलक' औसतन 2/5 सेकेंड अर्थात् 400

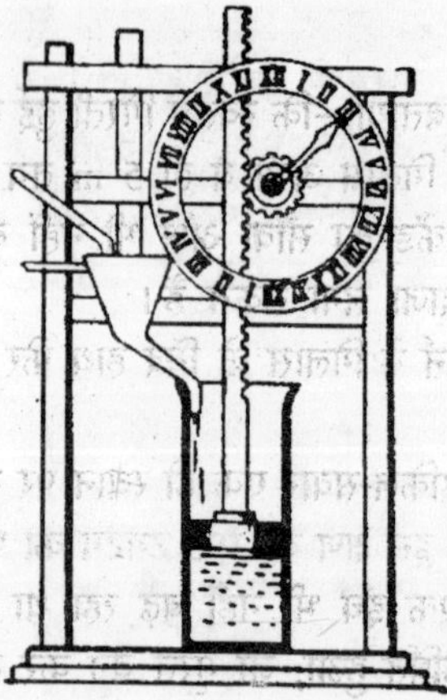

चित्र 4. प्राचीन काल में प्रयुक्त जल-घड़ी।

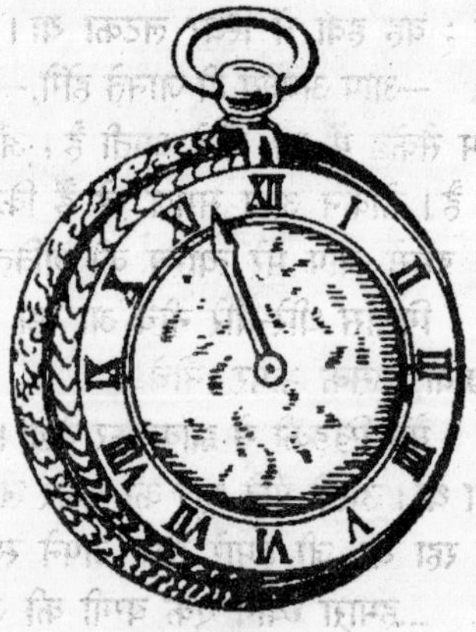

चित्र 5. पुरानी जेबी-घड़ी।

सेकेंड-सहस्रांश के बराबर होता है। पलक झपकाना निम्न चरणों में संपन्न होता है : पलक का गिरना (75-90 सेकेंड-सहस्रांश), गिरे पलक की अचल अवस्था (130-170 सहस्रांश) और उनका उठना (लगभग 170 सहस्रांश)। स्पष्ट है कि अपने शाब्दिक अर्थ में 'पलक' समय की पर्याप्त बड़ी राशि है, जिसके दरम्यान पलक थोड़ा विश्राम भी करने में सफल हो जाती है। यदि सेकेंड का सहस्रांश हमारे लिए अनुभवगत होता, तो 'एक पल' में हम पलकों की दो धीमी तैरती गतियों को देखते, जो विश्राम के अंतराल से विभक्त होती।

ऐसी स्नायु-प्रणाली के कारण दुनिया हमें इतनी बदली हुई दिखती कि उसे हम पहचान भी नहीं पाते। हमारी आँखों के समक्ष वैसे ही आश्चर्यजनक चित्र उभरते, जिनका वर्णन अंग्रेज लेखक वेल्स ने 'नवीनतम त्वरित्र' नामक कहानी में किया है। कहानी के पात्र एक काल्पनिक मिक्सचर पी लेते हैं, जो उनकी स्नायु-प्रणाली को इस प्रकार प्रभावित करता है कि त्वरित घटनाएँ उनहें धीमी दृष्टिगोचर होती है।

ये रहे उस कहानी से कुछ उदाहरण :

''—आपने कभी देखा है कि पर्दा खिड़की से इस प्रकार चिपका हो?

मैंने पर्दे पर निगाह डाली और ध्यान दिया कि वह अपनी जगह पर थम-सा गया है; उसका कोना हवा के झोंके से मुड़ा है और फहरने की बजाय वैसे ही रुक गया है।

—कभी नहीं देखा,—मैंने कहा।—कितनी विचित्र बात है!

—और यह देखा है?—उसने पूछा और गिलास पर से उँगलियों की जकड़ ढीली कर दी।

—मेरी उम्मीद थी कि गिलास फर्श पर चूर-चूर हो जाएगा, पर वह हिला भी

नहीं : वह हवा में स्थिर लटका था।

—आप अवश्य ही जानते होंगे,—जिबेर्न ने बताया,—कि स्वतंत्र गिरती हुई वस्तु प्रथम सेकेंड में 5m नीचे आती है। और हमारा गिलास अभी ये ही 5 m तय कर रहा है। लेकिन आप समझ रहे हैं कि अभी सेकेंड का सौंवा अंश भी नहीं बीता है।[1] इससे आप मेरे त्वरित्र की शक्ति का अंदाजा लगा सकते हैं।

गिलास धीरे-धीरे नीचे आ रहा था। जिबेर्न ने गिलास के गिर्द हाथ फेर कर दिखाया, उसके ऊपर, नीचे...

मैंने खिड़की से झाँक कर देखा। एक साइकिल-सवार एक ही स्थान पर जमा हुआ था। उसके पीदे धूल की गुबार लटकी थी। इस क्षण वह एक टमटम का पीछा कर रहा था, जो हमारे लिए अपने स्थान से एक इंचे भी नहीं बढ़ रहा था।

...हमारा ध्यान एक बग्गी की ओर आकर्षित हुआ, जो मूरत बन कर खड़ा था। चक्के का ऊपरी हिस्सा, घोड़े के पैर, चाबुक का छोर, गाड़ीवान का निचला जबड़ा (उसने अभी-अभी कुछ चबाना शुरू किया था)—यह सब धीमे ही सही, पर चल रहे थे; बाकी सब कुछ इस सुस्त गाड़ी में बेजान था। लोग उसमें मूर्त्तियों की तरह बैठे थे।

...एक आदमी के हाथ-पैर ठीक उस क्षण थम गए थे, जब वह तेज हवा में अखबार तह करने के लिए अमानवीय प्रयत्न में रत था। पर हमारे लिए इस हवा का कोई अस्त्विव नहीं था।

...मेरे अंगों में इस 'त्वरित्र' के समाने के बाद से जो कुछ भी मैने कहा है, सोचा है या किया है, अन्य लोगों की नजर में, पूरे ब्रह्मांड की दृष्टि में मात्र एक पल था।"

संभवतः पाठक के लिए यह जानना दिलचस्प हो कि आधुनिक विज्ञान के साधनों से समय का कितना छोटा अंतराल मापा जा सकता है। इस शती के आरंभ में सेकेंड का 10000-वाँ अंश मापा जा सकता था। आज की प्रयोगशालाओं में भौतिकविद सैकेंड का 100000000000-वाँ अंश नाप सकते हैं। यह अंतराल पूरे सेकेंड से उतना ही छोटा है, जितना 3000 वर्ष की अवधि से एक सेकेंड!

काल-विशालक

अपना 'नवीनतम त्वरित्र' लिखते वक्त वेल्स ने शायद ही सोचा होगा कि इस तरह की चीज सचमुच कभी न कभी बनेगी। पर उस दिन को उसके जीवन-काल में ही

---

1. ध्यान में रखना चाहिए कि अपने स्वतंत्र अभिपातन के प्रथम सेकेंड के प्रथम शतांश में पिंड 5 m का शतांश नहीं, बल्कि 10 000-वाँ अंश तय करता है (सूत्र $s = gt^2/2$) के अनुसार)। यह आधा मिलिमीटर होगा। प्रथम सेकेंड-सहस्रांश में पिंड सिर्फ 1/200 mm तय करता है।

आना था। वह खुद अपनी आँखों से उन चित्रों को देख सका (पर्दे पर ही सही!), जिन्हें कभी उसकी कल्पनाशक्ति ने जन्म दिया था। तथाकथित 'काल-विशालक' हमें पर्दे पर उन घटनाओं को धीमी गति से दिखाता है, जो अक्सर बहुत तेजी के साथ घटती हैं।

'काल-विशालक' सिनेमा का कैमरा है, जो साधारण मूवी-कैमरों की तरह एक सेकेंड में 24 ही नहीं, इससे कई गुनी अधिक तस्वीरें लेता है। इस कैमरे से तस्वीर ली गई परिघटना को यदि एक सेकेंड में 24 तस्वीरों की साधारण गति से पर्दे पर दिखाया जाए, तो दर्शक को परिघटना लमड़ी हुई लगती है, क्योंकि पर्दे पर वह दुगुनी-तिगुनी धीमी गति से घटती है। पाठकों ने अवश्य ही ऐसी अस्वाभाविक छलांगे व धीमी की गई अन्य घटनाएँ पर्दे पर देखीं होंगी। इसी प्रकार के और भी जटिल कैमरों से घटनाएँ अधिक मंद की जा सकती हैं, जो लगभग वैसी ही होंगी, जिनका वर्णन वेल्स ने किया था।

सूर्य-परिक्रमा की गति कब तेज-रात में या दिन में?

पेरिस के अखबारों में एक विज्ञापन छपा, जिसमें 25 सेंटिम में बिना किसी थकावट के यात्रा की सस्ती विधि बताने का वादा किया गया था। कई लोगों ने विश्वास कर के उक्त रकम भेज दी। जवाब में उनहें पत्र मिला, जिसका आशय इस प्रकार था :

''भाइयों, आराम से बिस्तर में बैठे रहिए। याद रखें कि हमारी पृथ्वी घूमती है। पेरिस में (49-वें अक्षांश पर) आप हर दिन 25000km से अधिक दूरी तय करते हैं। और यदि आप सुरम्य दृश्यों को पसंद करते हैं, तो खिड़की के पर्दे हटा दें और तारक-मंडित आकाश की वाह-वाही किया करें।''

बाद में इस धंधे के अपराधी पर जब ठगी का मुकदमा चलाया गया, उसने फैसला सुन कर जुर्माना अदा कर दिया और, जैसा कहते हैं, नाटकीय मुद्रा में खड़ा हो कर गौरव से गैलीली के प्रसिद्ध शब्द दुहराने लगा :

—जो भी कहें, वह घूमती है!

अभियुक्त एक तरह से सही भी था, क्योंकि हर पृथ्वीवासी पृथ्वी की धुरी के चारों ओर घूम कर ही 'यात्रा' नहीं करता। वह कहीं और अधिक वेग से पृथ्वी के साथ सूर्य की परिक्रमा भी करता है। अपने सभी वासियों के साथ हमारा ग्रह अपने अक्ष के गिर्द घूर्णन ही नहीं करता, वह हर सेकेंड 30km की दूरी व्योम में भी तय करता है।

इस संदर्भ में एक रोचक प्रश्न उठाया जा सकता है : कब हम अधिक तेजी से सूरज की परिक्रमा करते हैं—दिन में या रात में?

प्रश्न चकराने वाला है : पृथ्वी पर तो हमेशा ही एक तरफ दिन रहता है और एक तरफ रात। फिर इस प्रश्न का अर्थ क्या है? शायद कुछ भी नहीं।

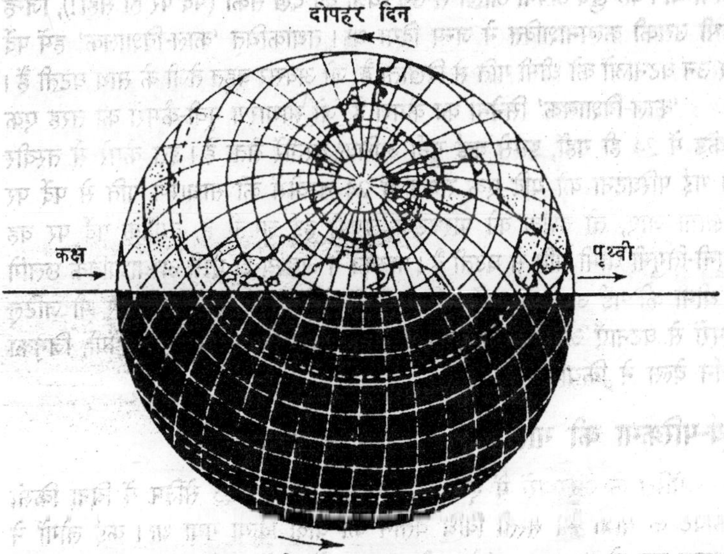

चित्र 6. पृथ्वी के रात्रि वाले अर्द्ध में लोग सूर्य की परिक्रमा अधिक तेजी से करते हैं, अपेक्षाकृत दिन वाले अर्द्ध में।

पर ऐसी बात नहीं है। यह तो नहीं पूछा जा रहा है कि कब सारी पृथ्वी तेज या धीमी चलती है। प्रश्न है कि कब हम, पृथ्वी पर जीने वाले लोग, तेजी से तारों के बीच भ्रमण करते हैं। और यह प्रश्न निरर्थक बिल्कुल नहीं कहा जा सकता। सौर-मंडल में हमारी गति द्विविध है : हम सूर्य की परिक्रमा करते हैं और साथ ही पृथ्वी की धुरी का भी चक्कर लगाते हैं। दोनों गतियों के योग का परिणाम हमेशा एक जैसा नहीं होता। यह इस बात पर निर्भर करता है कि हम पृथ्वी के किस अर्ध में हैं—रात वाले में या दिन वाले में। चित्र 6 पर एक नजर डालिए और आप समझ जाएँगे कि आधी रात को पृथ्वी की घूर्णन गति उसकी अग्रगामी गति के साथ जुड़ जाती है। और दोपहर दिन में इसके विपरीत उससे घट जाती है। अर्थात् **आधी रात को हम सौर-मंडल में दोपहर की अपेक्षा अधिक तेजी से गतिमान रहते हैं।**

चूँकि विष्वक (विषुवत रेखा) के बिंदु एक सेकेंड में लगभग आधा किलोमीटर भागते हैं, विष्वक कटि पर अर्धरात्रि और दोपहर की गतियों में पूरे एक किलोमीटर प्रति सेकेंड का अंतर है। ज्यामिति से परिचित लोग सरलतापूर्वक कलन कर सकते हैं कि लेनिनग्राद के लिए (जो 60-वें अक्षांश पर है) यह अंतर दुगुना कम है : आधी रात को लेनिनग्राद के निवासी सौर-मंडल में प्रति सेकेंड आधा किलोमीटर अधिक तय करते हैं, बनिस्बत कि दिन में।

चक्के का चमत्कार

घोड़ागाड़ी के चक्के की किनारी (या साइकिल के टायर) पर रंगीन कागज का एक टुकड़ा चिपका दें। जब गाड़ी (या साइकिल) चलने लगे, कागज के टुकड़े को ध्यान से देखते रहें। आप एक विचित्र बात गौर करेंगे : कागज जब तक चक्के के निचले भाग में है, वह आराम से स्पष्ट दिखता रहता है; ऊपरी भाग में वह इतनी तेजी से घूमता है कि आप मुश्किल से उसकी झलक ले पाते हैं।

ऐसा लगता है मानो चक्के के निचले भाग की अपेक्षा ऊपरी भाग अधिक तेजी से गतिमान है। किसी चलती बग्गी के चक्के में ऊपर और नीचे की तीलियों को देखा जाए, तो यही बात नजर आएगी। ऊपरी तीलियाँ एक-दूसरे से स्पष्टतः अलग नहीं दिखती हैं, जबकि नीचे की तीलियाँ स्पष्ट रूप से अलग-अलग दिखती हैं। इससे भी मानो यही निकर्ष निकलता है कि चक्के का ऊपरी भाग निचले की अपेक्षा अधिक तेजी से घूमता है।

इस विचित्र रहस्य की कुंजी क्या है? यही कि लुढ़कते चक्के का ऊपरी भाग **निचले की अपेक्षा सचमुच में अधिक तेज घूमता है**। पहली दृष्टि में तथ्य असंभव-सा लगता है, पर एक सरल तर्क इसमें विश्वास दिलाने के लिए काफी रहेगा। लुढ़कते चक्के का हर बिंदु दो प्रकार से गतिमान होता है : वह अक्ष की परिक्रमा करता है और अक्ष के साथ-साथ आगे बढ़ता है। पृथ्वी के गोले की तरह ही यहाँ भी दो गतियों का संयोजन होता है, जिसका परिणाम चक्के के ऊपरी ओर निचले भागों के लिए पृथक होता है। ऊपर चक्के की घूर्णन गति उसकी अग्रगामी गति के साथ **जुड़ती** है, क्योंकि दोनों गतियों की दिशाएँ समान हैं। नीचे घूर्णन गति की दिशा विपरीत है, अतः वह अग्रगामी गति में से **घट जाती है**। इसीलिए स्थिर अवलोकक के सापेक्ष चक्के का ऊपरी भाग निचले की अपेक्षा अधिक तेजी से स्थानांतरित होता है।

उपरोक्त बात की सत्यता एक सरल प्रयोग द्वारा जाँची जा सकती है। टमटम के चक्के के पास जमीन में एक छड़ी लंब रूप से गाड़ दें। छड़ी चक्के की धुरी के ठीक सामने होनी चाहिए। चक्के की किनारी पर सबसे ऊपरी और सबसे निचले बिंदुओं पर कोयले या खल्ली से निशान लगा दें : ये निशान छड़ी के ठीक सामने होंगे। अब टमटम को दाएँ लुढ़काएँ (चित्र 7), ताकि अक्ष छड़ी से करीब 20-30 सेंटीमीटर आगे बढ़ जाए। ध्यान दें कि आपके निशानों का स्थानांतरण किस प्रकार हुआ है। ऊपरी चिह्न A विशेष रूप से आगे बढ़ा होगा, जबकि निचला निशान B छड़ी के लगभग पास ही होगा।

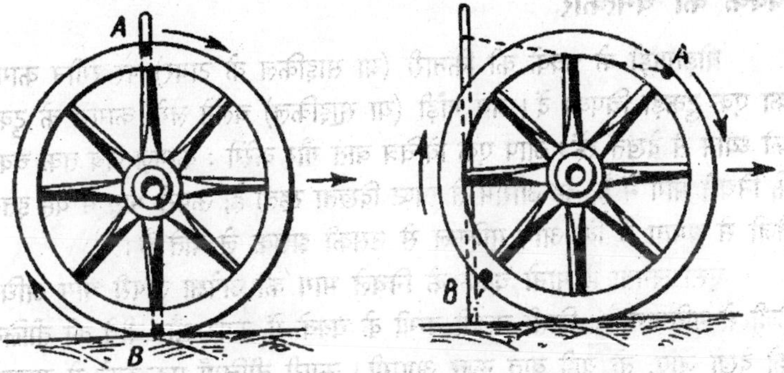

चित्र 7. कैसे देखा जाए कि चक्के के निचले भाग की अपेक्षा ऊपरी भाग अधिक तेज घूमता है। अचल खड़ी छड़ी से बिंदुओं A व B की दूरियों की तुलना करें (दाएँ आरेख में)

चक्के का सबसे सुस्त हिस्सा

हमने देखा कि गाड़ी के चक्के में सभी बिंदु समान क्षिप्रता से स्थानांतरित नहीं होते। लुढ़कते चक्के का कौन-सा भाग सबसे धीमा होता है?

समझना कठिन नहीं है कि चक्के में **सबसे धीमी गति उन बिंदुओं की है, जो दिए क्षण में जमीन को स्पर्श करते हैं।** ठीक-ठीक कहा जाए, तो ये बिंदु जमीन छूते वक्त बिल्कुल अचल होते हैं।

उपरोक्त बात सिर्फ **लुढ़कते** चक्के के बारे में सही है, अचल अक्ष पर घूमते चक्कों के साथ यह बात सही नहीं उतरती। उदाहरणार्थ, ऑटोगाड़ियों में लगे गति-सामक चक्र के ऊपरी और निचले भाग समान वेग रखते हैं।

प्रश्न है, मजाक नहीं

यह प्रश्न भी कुछ कम मनोरंजक नहीं है : लेनिनग्राद से मास्को जाने वाली ट्रेन मं ऐसे बिंदु होते हैं या नहीं, जो पटरियों के सापेक्ष उल्टा मास्को से लेनिनग्राद की ओर गतिमान हों?

ज्ञात होता है कि ऐसे बिंदु हर चक्के पर हर क्षण विद्यमान होते हैं। किस जगह होते हैं ये?

आप अवश्य ही जानते होंगे कि ट्रेन के चक्कों की किनारी पर होंठ जैसा गोट निकला रहता है। इसी गोट के निचले बिंदु ऐसे होते हैं, जो ट्रेन के चलते वक्त

आगे की बजाय पीछे की ओर स्थानांतरित होते हैं।

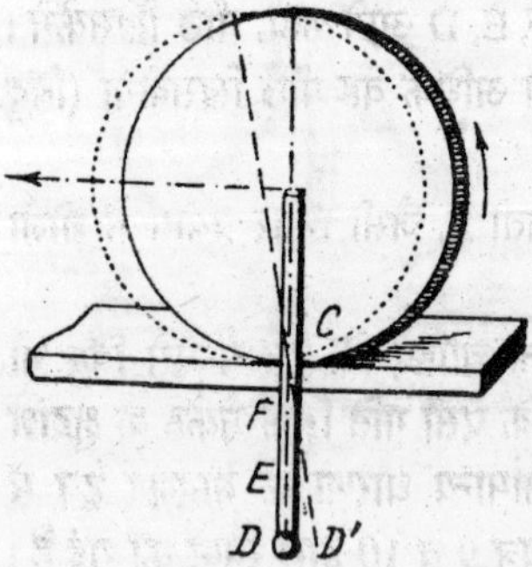

चित्र 8. वृत्ताकार वस्तु और तीली के साथ प्रयोग। जब चक्का बायीं ओर लुधड़ता है, तीली के बाहर निकले हिस्से के बिंदु F, E, D, उल्टी दिशा में गतिमान होते हैं।

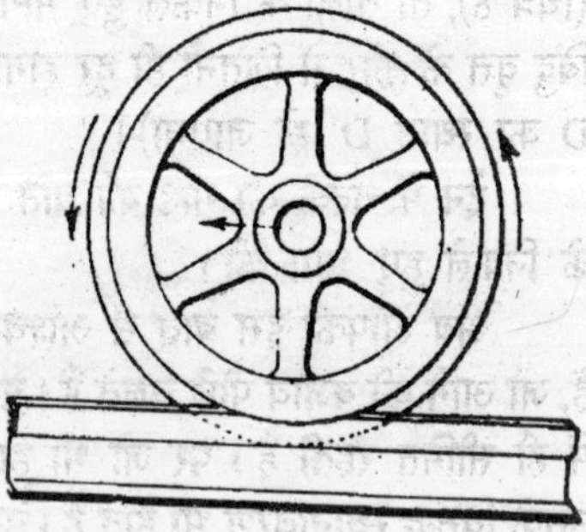

चित्र 9. जब ट्रेन के चक्के बाईं ओर घूमते हैं, उनकी बाहर निकली किनारी के निचले भाग दाईं ओर अर्थात् विपरीत दिशा में गतिमान होते हैं।

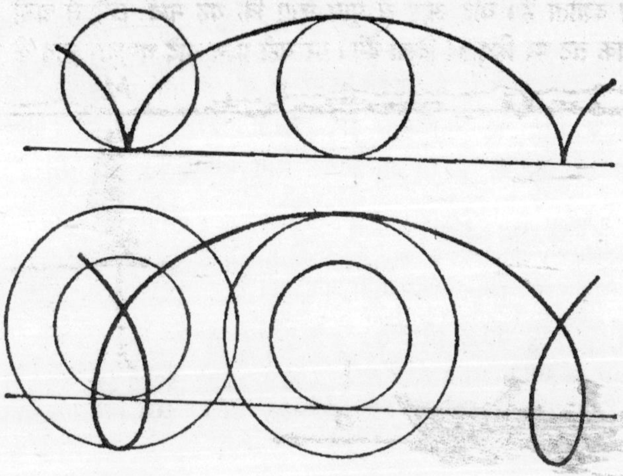

चित्र 10. ऊपर के आरेख में दिखाई गई वक्र रेखा (चक्राभ) वह पथ दिखाती है, जिस पर चक्के की किनारी का हर बिंदु भ्रमण करता है। नीचे—वक्र रेखा, जिसे ट्रेन के चक्के के निचले भाग के हर बिंदु निरूपित करते हैं।

इस बात की सत्यता आप निम्न प्रयोग द्वारा सरलतापूर्वक जाँच सकते हैं। किसी वृत्ताकार वस्तु (जैसे एक सिक्के या बटन) पर मोम से माचिस की एक तीली इस प्रकार चिपका लें कि वह त्रिज्या पर से गुजरती हुई कोर से काफी बाहर निकली रहे। खड़े स्केल के कोर के बिंदु C पर सिक्के को रख कर दाएँ से बाईं ओर लुढ़काएँगे (चित्र 8), तो तीली के निकले हुए भाग के बिंदु F, E, D आगे नहीं, पीछे खिसकेंगे। बिंदु वृत्त के कोर से जितना ही दूर होगा, उतना ही अधिक वह पीछे खिसकेगा (बिंदु D का स्थान D′ हो जाएगा)।

ट्रेन में चक्के की गोट की गति वैसी ही होती है, जैसी हमारे प्रयोग में तीली के निकले हुए भाग की।

अब आपको इस बात से आश्चर्य नहीं होना चाहिए कि ट्रेन में ऐसे बिंदु भी हैं, जो आगे की बजाय पीछे चलते हैं। यह सत्य है कि ऐसी गति सिर्फ सेकेंड के क्षुद्रांश में ही सीमित रहती है। पर जो भी हो, हमारी सामान्य धारणा के बावजूद ट्रेन में उसके विरुद्ध स्थानांतरण भी होते हैं। उक्त बातें चित्र 9 व 10 द्वारा स्पष्ट की गई हैं।

नाव कहाँ सी चली ?

कल्पना करें कि एक चप्पूदार नाव झील में चल रही है और हमारे चित्र 11 में तीर a उसकी गति की दिशा और वेग द्योतित करता है। उसके पथ के साथ समकोण बनाती रेखा पर एक पाल वाली नाव आ रही है। तीर b उसकी दिशा और वेग दर्शाता है। यदि आप से पूछा जाए कि यह नाव कहाँ से चली थी, तो आप बेशक तट पर बिंदु M दिखा देंगे। पर यही प्रश्न यदि चप्पूदार नाव के यात्रियों

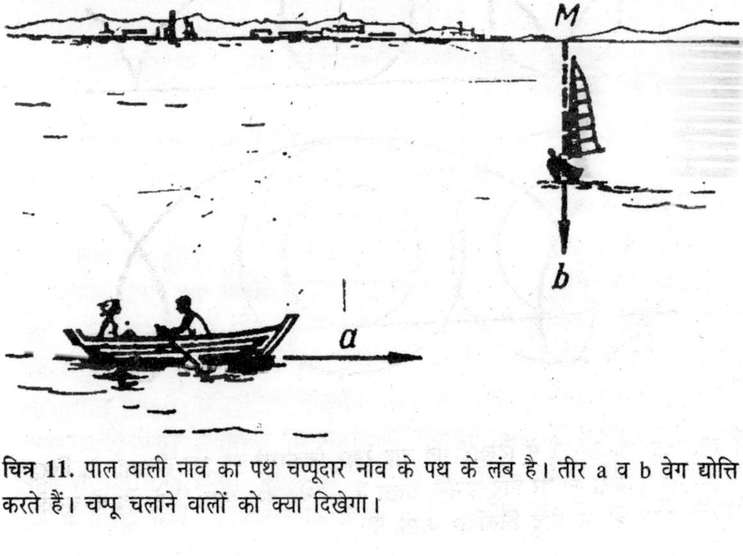

चित्र 11. पाल वाली नाव का पथ चप्पूदार नाव के पथ के लंब है। तीर a व b वेग द्योत्ति करते हैं। चप्पू चलाने वालों को क्या दिखेगा।

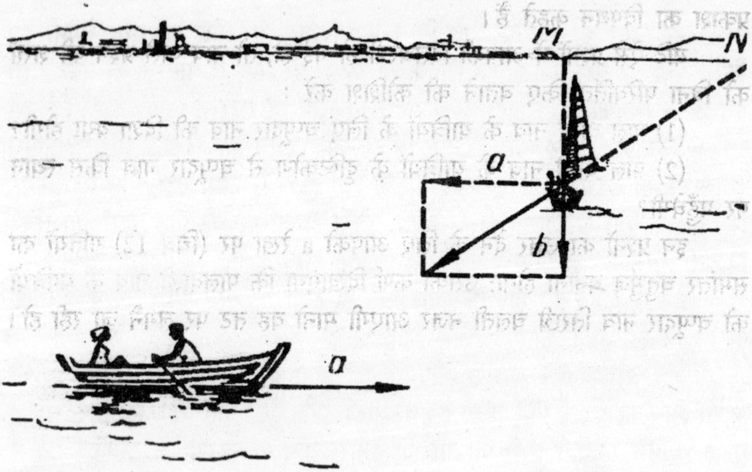

चित्र 12. चप्पू चलाने वालों को लगता है कि पाल वाली नाव बिंदु M से नहीं, N से आ रही है, अर्थात् वह उनके पथ के लंब नहीं, तिरछा चल रही है।

को दिया जाए, तो वे बिल्कुल ही दूसरा बिंदु बताएँगे। क्यों?

कारण यह है कि यात्री दूसरी नौका को अपने पथ के लंब चलती नहीं देखते। वे अपनी गति महसूस नहीं करते : उन्हें लगता है कि वे एक ही स्थान पर खड़े हैं और चारों ओर की चीजें उनकी खुद की गति से (पर विपरीत दिशा में) चल रही हैं। अतः **उनके लिए** पाल वाली नौका तीर b की दिशा में ही नहीं, बल्कि चप्पूदार नौका के विपरीत छिन्न-तीर a की दिशा में भी चल रही है (दे. चित्र 12)। पाल वाली नौका की वास्तविक व प्रतीयमान दोनों गतियाँ समांतर चतुर्भुज के नियम से जोड़ी जाती है। परिणामस्वरूप यात्रियों को लगता है कि पाल वाली नाव b और a भुजाओं से बने समांतर चतुर्भुज के कर्ण पर चल रही है। यही कारण है कि यात्री पाल वाली नाव की रवानगी का स्थान M नहीं बता कर बिंदु N बताते हैं, जो उनकी गति की दिशा में बहुत दूर है (चित्र 12)।

जिस प्रकार चप्पूदार नाव के यात्री पाल वाली नाव के प्रस्थान का स्थल गलत निर्धारित करते हैं, उसी प्रकार हम भी तारों से हमारी आँखों तक आती किरणों के उद्गम का स्थान आकाश में गलत बताते हैं। कारण यही है कि हम अपनी उस गति को ध्यान में नहीं रखते, जिससे हम पृथ्वी पर बैठे उसके कक्ष पर सूरज की परिक्रमा करते हैं। इसीलिए तारे हमें पृथ्वी की गति-पथ पर थोड़ा आगे विस्थापित करते हैं। यह सही है कि पृथ्वी का वेग प्रकाश-वेग की तुलना में नगण्य है (10000 गुना कम है) और इसीलिए तारों का आभासी विस्थापन नगण्य होता है। पर फिर भी उसे खगोलिकी के उपकरणों से ज्ञात किया जा सकता है। ऐसी परिघटना को

प्रकाश का विपथन कहते हैं।

यदि ऐसे प्रश्नों में आपकी दिलचस्पी हो गई हो, तो नाव वाले प्रश्न की शर्त्तों को बिना परिवर्तित किए बताने की कोशिश करें :

(1) पाल वाली नाव के यात्रियों के लिए चप्पूदार नाव की दिशा क्या होगी?

(2) पाल वाली नाव के यात्रियों के दृष्टिकोण से चप्पूदार नाव किस स्थान पर पहुँचेगी?

इन प्रश्नों का उत्तर देने के लिए आपको a रेखा पर (चित्र 12) गतियों का समांतर चतुर्भुज बनाना होगा; उसका कर्ण दिखाएगा कि पालवाली नाव के यात्रियों को चप्पूदार नाव तिरछी चलती नजर आएगी मानो वह तट पर लगने जा रही हो।

अध्याय 2

गुरुत्व और भार, उत्तोलक, दाब

उठिए

यदि मैं आप से कहूँ : "अभी आप कुर्सी पर ऐसे बैठेंगे कि उठ नहीं सकेंगे, हालाँकि आप बंधे नहीं होंगे", आप उसे बेशक मजाक मानेंगे।

ठीक है। आप ऐसे बैठिए जैसे चित्र 13 में आदमी बैठा है : धड़ सीधा हो और **पैर कुर्सी के नीचे न मुड़े हों**। अब खड़े होने की कोशिश करें; शर्त्त है कि पैरों की स्थिति न बदले और धड़ आगे न झुके।

चित्र 13. इस मुद्रा में बैठे रह कर खड़ा नहीं हो सकते।

नहीं हो रहा है? पेशियों की लाख कोशिश से भी आप खड़े नहीं हो सकते, जब तक आप पैरों को कुर्सी के नीचे नहीं मोड़ते या धड़ आगे नहीं झुकाते।

इसका कारण समझने के लिए हमें पिंडों के संतुलन पर व्यापक रूप से और आदमी के सन्तुलन पर विशेष रूप से बातें करनी होंगी। खड़ी वस्तु सिर्फ उस स्थिति में नहीं गिरती, जब उसके गुरुत्व केंद्र से खींची गई साहुल-रेखा (सीधी, लंबवत खड़ी रेखा) उसके आधार के दायरे (आलंब-क्षेत्र) में पड़ती रहती है। अतः चित्र 14 का नत बेलन अवश्य ही गिरेगा। यदि वह इतना चौड़ा होता कि उसके गुरुत्व केंद्र से खींची गई साहुल-रेखा उसके आलंब-क्षेत्र में ही पड़ती, तो बेलन नहीं गिरता। पीसा की 'झुकी मीनार' या अर्खांगेल्स्क का 'गिरता घंटाघर' इतना झुका होने पर भी नहीं गिरता, क्योंकि उनके गुरुत्व केंद्र से चली साहुल-रेखा उनके आधार के दायरे से बाहर नहीं पड़ती। (दूसरा एक गौण कारण यह भी है कि वे

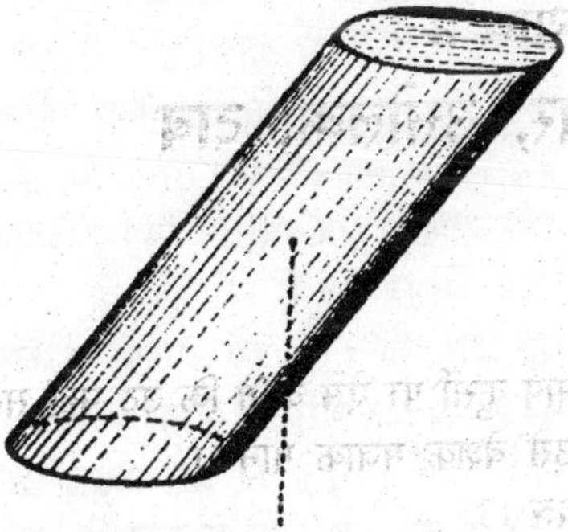

चित्र 14. यह बेलन गिर जाएगा, क्योंकि उसके गुरुत्व केंद्र से खींची गई शाहुल रेखा उसके आधार-क्षेत्र के बाहर पड़ रही है।

चित्र 15 अर्खांगेल्स्क का 'गिरता' घंटाघर (पुराने फोटोग्राफ से)।

काफी गहरी नींव पर खड़ें हैं)।

खड़ा आदमी तभी तक नहीं गिरता, जब तक कि उसके गुरुत्व केंद्र से गुजरती साहुल-रेखा उसकी एड़ियों से घिरे क्षेत्र के भीतर गिरती है। इसीलिए एक पैर पर खड़ा होना कठिन है; तनी रस्सी पर खड़ा होना और भी मुश्किल है : आधार या आलंब-क्षेत्र बहुत ही कम है और साहुल-रेखा के लिए उसकी सीमा से बाहर निकल आना बहुत सरल है। आपने कभी ध्यान दिया है कि पुराने घाघ नाविकों की चाल कितनी बेढब होती है? उनकी सारी जिंदगी हिचकोले खाते जहाजों पर बीतती है, जहाँ उनके शरीर के गुरुत्व केंद्र से गुजरती साहुल-रेखा किसी भी क्षण उनकी एड़ियों से घिरे क्षेत्र के बाहर चली आ सकती है। इसीलिए वे इस तरह चलने की आदत बना लेते हैं कि उनके शरीर का आधार अधिक से अधिक स्थान घेर कर रखे, अर्थात् पैर अधिक से अधिक खुले हों। इससे नाविकों को हिचकोलों के बीच आवश्यक स्थिरता प्राप्त होती है। स्वाभाविक है कि स्थिर जमीन पर चलते वक्त भी उनकी यह आदत नहीं छूटती। इसका विपरीत उदाहरण भी दिया जा सकता है, जिसमें संतुलन बनाए रखने की आवश्यकता मुद्रा की सुंदरता का आधार बन जाती है।

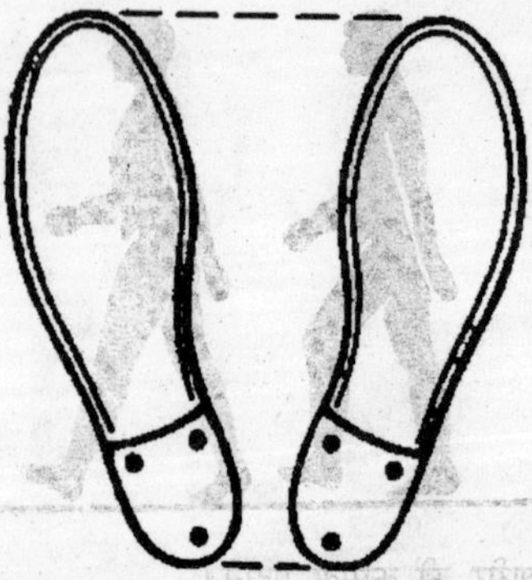

चित्र 16. खड़े आदमी के गुरुत्व केंद्र से गुजरती शाहुल रेखा दोनों तलवों से घिरे क्षेत्र में पड़ती है।

आपने कभी ध्यान दिया है कि सर पर बोझ ढोने वालों की आकृति कितनी सुडौल होती है? सिर पर घड़ा लिए स्त्री के रूप की मनोहरता सभी को ज्ञात है। सिर पर बोझ ढोते वक्त सिर और धड़ को बिल्कुल सीधा रखना पड़ता है : हल्का-सा झुकाव भी गुरुत्व केंद्र को आलंब-क्षेत्र से बाहर कर देगा (क्योंकि इस स्थिति में गुरुत्व केंद्र विशेष रूप से ऊपर उठ आया है!) और आकृति का संतुलन बिगाड़ देगा।

अब बैठे से खड़े होने के प्रयोग की ओर लौटें। बैठे हुए आदमी के धड़ का गुरुत्व केंद्र शरीर के भीतर मेरूदंड के पास नाभि से करीब 20 सेंटीमीटर ऊपर होता है। यहाँ से नीचे की ओर साहुल-रेखा खींचे : वह ठीक कुर्सी के नीचे, एड़ियों के पीछे पहुँचेगी। पर आदमी खड़ा हो सके, इसके लिए आवश्यक है कि यह रेखा **एड़ियों के बीच** खड़ी हो।

अतः उठते वक्त हमें या तो छाती आगे की ओर झुकानी चाहिए या पैरों को पीछे कर के गुरुत्व केंद्र को टेक देनी चाहिए। कुर्सी पर से उठते वक्त हम अक्सर यही करते हैं। लेकिन यदि हमें दोनों में से कुछ भी करने की अनुमति नहीं है, तो जैसा कि आप देख चुके हैं, उठना मुश्किल है।

चलना और दौड़ना

दैनिक जीवन में जो चाजें हम लाखों-हजारों बार दुहराते हैं, हमें अच्छी तरह ज्ञात होनी चाहिए। सोचा यही जाता है, पर हमेशा ऐसा नहीं होता। उसके सुंदर उदाहरण हैं—चलना और दौड़ना। इनसे बढ़ कर हमारे लिए परिचित शायद ही कोई दूसरी गति हो। पर कितने ऐसे लोग मिलेंगे, जो अच्छी तरह जानते हैं कि चलने और दौड़ने में शरीर आगे कैसे बढ़ता है और इन दो प्रकार की गतियों में क्या अंतर है? देखें कि शरीर क्रिया-विज्ञान चलने व दौड़ने के बारे में क्या कहता है।[1] मुझे विश्वास है कि अधिकतर लोगों के लिए यह वर्णन नया होगा।

"मान लें कि आदमी एक पैर पर खड़ा है, उदाहरणार्थ दाएँ पैर पर। अब कल्पना करें कि वह हल्के से पिछली एड़ी उठाता है और साथ ही धड़ को आगे

1. अवतरण प्रो. पोल बेर्ट के "जैविकी पर व्याख्यान' से लिए गए हैं; चित्र संकलनकर्ता की तरफ से।

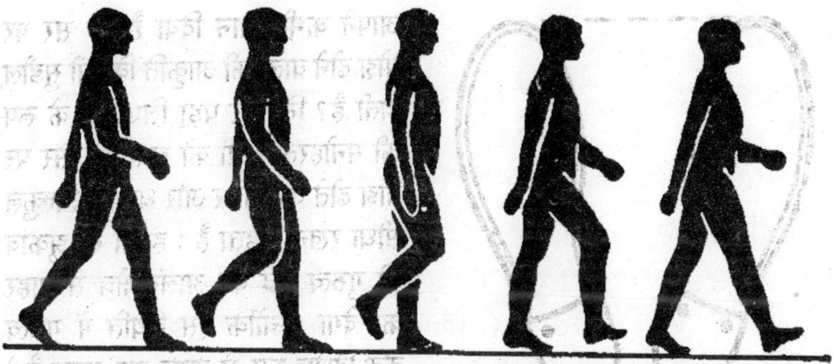

चित्र 17. आदमी का चलना। शरीर की क्रमिक मुद्रायें।

झुकाता है।[1] स्पष्ट है कि इस स्थिति में गुरुत्व केंद्र आलंब-क्षेत्र से बाहर निकल आएगा और आदमी आगे की ओर गिरेगा। लेकिन जैसे ही उसका गिरना शुरू होता है, हवा में लटका उसका बायाँ पैर जल्दी से आगे बढ़ता है और गुरुत्व केंद्र से खिंचे लंब के पाद से कुछ दूर समीन पर रुकता है। इससे लंब दोनों पैरों के आलंब-बिन्दुओं से घिरे क्षेत्र में आ जाता है और आदमी का गिरना रुक जाता है। सन्तुलन पुनः कायम हो जाता है और आदमी एक कदम पूरा कर लेता है।

आदमी इस उकताने वाली स्थिति में रुका रह सकता है, पर यदि वह आगे बढ़ना चाहता है, तो वह शरीर को थोड़ा आगे झुकाता है, गुरुत्व केंद्र से खींचे लंब को टेक-क्षेत्र के बाहर ले जाता है और फिर गिरने के क्षण पैर आगे बढ़ा देता है—लेकिन इस बार बायाँ नहीं, दायाँ पैर एक और कदम पूरा हो जाता है। इस प्रकार, चलने की क्रिया **आगे की ओर गिरने का सिलसिला** है, जो हर बार पीछे पड़े पैर द्वारा ऐन मौके पर रोक लिया जाता है।

बात को और नजदीक से देखें। मान लें कि पहला कदम पूरा होने जा रहा है। इस क्षण दायाँ पैर अभी भी जमीन छू रहा है और बायाँ जमीन पर आ रहा है। यदि कदम बहुत छोटा नहीं है तो दाईं एड़ी पीछे से कुछ उठी होनी चाहिए। संतुलन तोड़ने के लिए यदि शरीर आगे झुकाना है, तो यही करना होगा। बायाँ पैर एड़ी के सहारे जमीन पर उतरता है। इसके बाद जब सारा तलवा जमीन छूने लगता है, दायाँ पैर बिल्कुल हवा में उठ जाता है। इसके साथ ही बायाँ पैर, जो अब तक घुटनों पर मुड़ा हुआ था। कमर की विशिश पेशियों के सिकुड़ जाने से क्षणभर को सीधा हो जाता है। थोड़ा मुड़ा हुआ दायाँ पैर तभी बिना जमीन छुए आगे

1. चलने की प्रक्रिया में आधार-बिंदु को इस प्रकार धकेलते वक्त आदमी अपने भार के साथ-साथ उस पर लगभग 20 kg का अतिरिक्त दाब डालता है। इसी से यह निष्कर्ष निकलता है कि चलते वक्त आदमी जमीन को अधिक जोर से दबाता है, बनिस्बत कि जब वह खड़ा रहता है।—या. पे.

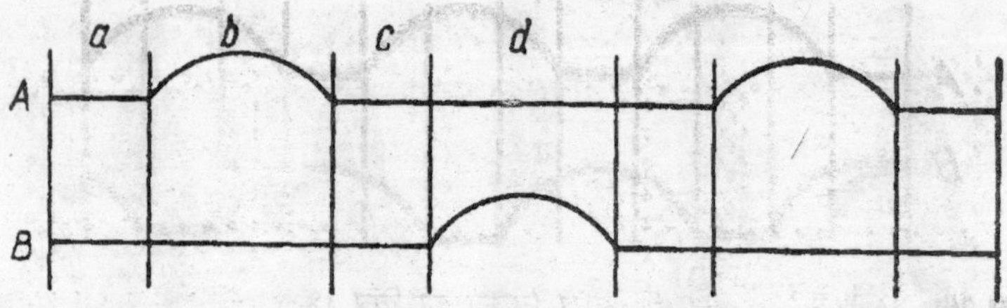

चित्र 18. चलते वक्त पैरों की गति का आरेख। ऊपरी रेखा A एक पैर की गति दिखाती है और निचली रेखा B–दूसरे पैर की। सरल रेखाएँ पैरों से जमीन टेकने के क्षणों को दिखाती है। और चाप–जब पैर बिना टेक के गतिमान रहते हैं। आरेख से स्पष्ट है कि अंतराल a के दरम्यान दोनों पैर जमीन पर टिके हैं; अंतराल b में–पैर A ऊपर उठा हुआ है, B जमीन पर टिका है; अंतराल c में–दोनों पैर पुनः जमीन पर हैं। जितनी ही तेजी से आदमी चलेगा, अंतराल a, c उतने ही छोटे होंगे (तुलना करें चित्र 20 में दौड़ के आरेख से)।

चित्र 19. आदमी का दौड़ना–क्रमिक मुद्राएँ (ऐसे भी क्षण हैं, जब दोनों पैर उटे हुए होते हैं)।

बढ़ सकता है और शरीर की गति के अनुसार अगले कदम के लिए पुनः एड़ी के सहारे जमीन पर उतर आता है।

इसके बाद गतियों का यही सिलसिला बाएँ पैर के साथ शुरू होता है, जो इस समय जमीन पर सिर्फ उँगलियों के सहारे टिका होता है और उठने की तैयारी करने लगता है।

चलने से दौड़ने में अंतर यह है कि जमीन पर खड़ा पैर पेशियों के अचानक सिकुड़ने से सीधा लमड़ता है और शरीर को इस तरह आगे फेंक देता है कि वह **क्षण भर को जमीन से बिल्कुल अलग हो जाता** है। इसके बाद वह पुनः जमीन पर दूसरे पैर के सहारे गिरता है, जो शरीर के हवा में उछलते वक्त शीघ्रता से आगे बढ़ चुका होता है। इस प्रकार, दौड़ने की क्रिया एक पैर से दूसरे पर **छलाँगों का सिलसिला है।**

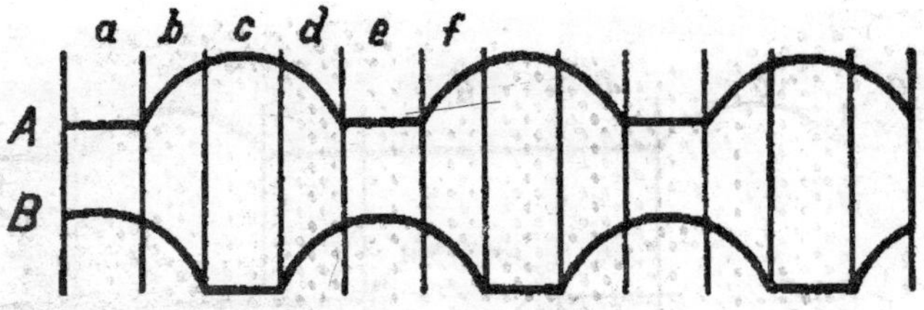

चित्र 20. दौड़ में पैरों की गति का आरेख (तुलना करें चित्र 18 से) स्पष्ट दिख रहा है कि दौड़ते आदमी के लिए ऐसे क्षण b d f होते हैं, जब दोनों पैर हवा में उठे रहते हैं। चलने की क्रिया से दौड़ इसी बात में भिन्न होती है।

जहाँ तक क्षैतिज पथ पर चलने से खर्च हुई मानव-ऊर्जा का प्रश्न है, वह शून्य के बराबर नहीं है, क्योंकि हर कदम के दौरान आदमी का गुरुत्व केन्द्र कुछ सेंटीमीटर ऊपर उठता है। हिसाब लगाया जा सकता है कि क्षैतिज पथ पर चलने से संपन्न कार्य चलने वाले के शरीर को पथ की लंबाई के पंद्रहवें भाग ऊँचा उठाने से संपन्न कार्य के बराबर होता है।[1]

चलती गाड़ी से कैसे कूदें?

किसी से यह पूछेंगे, तो आपको बेशक निम्न उत्तर मिलेगा : "जड़त्व नियम के अनुसार आगे की ओर, गाड़ी चलने की दिशा में"। अब आप इससे सविवरण समझाने का अनुरोध करें कि जड़त्व नियम से इसका क्या संबंध है। परिणाम का अंदाजा लगाया जा सकता है : आपका साथी पूरे विश्वास के साथ अपने विचारों को सिद्ध करने में लग जाएगा; पर यदि उसे टोका नहीं जाए, तो जल्द ही चक्कर में पड़ जाएगा : पता चलेगा कि जड़त्व नियम के अनुसार ठीक उल्टा–गति के विपरीत–कूदना चाहिए!

जड़त्व नियम की यहाँ सचमुच में गौण भूमिका है,–मुख्य कारण कुछ और है। यदि इस मुख्य कारण को छोड़ दें, तो निष्कर्ष सचमुच में यही निकलता है कि आगे नहीं, पीछे की ओर कूदना चाहिए।

मान लें कि आपको चलती गाड़ी से कूदना पड़ रहा है। क्या होगा इस स्थिति में?

जिस समय हम चलती गाड़ी के डब्बे से कूदते हैं, हमारा शरीर डब्बे के वेग से गतिमान रहता है (जड़त्व के कारण) और उसकी प्रवृत्ति आगे चलते जाने की होती है। आगे की ओर कूद कर हम इस वेग को नष्ट करने की बजाय और बढ़ा देते हैं।

---

1. यह कलन प्रो. गर्याछकिन की पुस्तक 'सजीव चलित्रों का कार्य' (1914) में दिया गया है।

इससे निष्कर्ष निकलता है कि आगे नहीं, **पीछे की ओर** कूदना चाहिए। क्योंकि पीछे कूदने से प्राप्त वेग उस वेग को **घटा देता है,** जिससे हमारा शरीर जड़त्व के कारण आगे चल रहा है। इसके फलस्वरूप हमारा शरीर जमीन पर कम शक्ति से गिरने की प्रवृत्ति रखेगा।

पर इसके बावजूद भी, यदि कूदना पड़ता है, तो सब आगे ही कूदते हैं। यह सचमुच ही उत्तम विधि है और इतनी खरी है कि पाठक को हम चलती गाड़ी से पीछे की ओर कूदने की असुविधाओं को जानने की कोशिश न करने की विशेष चेतावनी देते हैं।

फिर बात क्या है?

व्याख्या की त्रुटि है, उसका अधूरापन है। आगे कूदें या पीछे, गिरने का खतरा हमेशा है, क्योंकि धड़ जड़त्ववश चलता रहेगा और पैर जमीन को छूते ही रुक जाएँगे[1]। धड़ की गति इस स्थिति में कहीं अधिक होगी, बनिस्बत पीछे कूदने में। पर यहाँ महत्त्वपूर्ण बात यह है कि पीछे की अपेक्षा आगे की ओर गिरना **कम खतरनाक** है। आगे गिरते वक्त हम आदतवश पैर बढ़ा कर गिरना रोक लेते हैं (गाड़ी का वेग अधिक होने पर कुछ कदम दौड़ भी लेते हैं)। हम इस तरह की गतियों के आदी हैं, क्योंकि हर रोज चलते वक्त यही करते हैं : यांत्रिकी के दृष्टिकोण से चलना और कुछ नहीं, बल्कि **आगे की ओर गिरने और पैर बढ़ा कर इसे रोकने का सिलसिला है। पीछे की ओर गिरने से बचने के** लिए पैर कुछ भी नहीं करते (आदी नहीं हैं) और इसीलिए हमें खतरा अधिक है। अंततः, यदि हम आगे गिरते भी हैं, तो हाथ बढ़ा कर रोकने की कोशिश करते हैं और हमें वैसी चोट नहीं आती। यह बात भी कम महत्त्वपूर्ण नहीं है।

इस प्रकार, आगे कूदने में कम खतरा है। इसका कारण जड़त्व नियम में नहीं, खुद हमारे भीतर है। जाहिर है कि ये बातें **निर्जीव** वस्तुओं पर लागू नहीं होतीं : चलती गाड़ी से आगे की ओर फेंकी गई बोतल के फूटने की आशंका कहीं अधिक है; पीछे फेंकने पर उसे कम चोट आएगी। इसीलिए, यदि कभी आपको चलती ट्रेन से सामान के साथ कूदने की जरूरत पड़े, तो पहले सामान पीछे की ओर फेंकना चाहिए और तब आगे की ओर कूदना चाहिए।

ट्राम के कंडक्टर या टिकट-चेकर जैसे अनुभवी लोग अक्सर **गाड़ी की गति की ओर मुँह कर के पीछे छलाँग लगाते** हैं। इससे दो फायदे होते हैं : जड़त्व से प्राप्त हमारा वेग भी कम हो जाता है और पीठ के सहारे गिरने का खतरा भी नहीं रहता, क्योंकि कूदने वाले का मुँह उधर ही है, जिधर गिरने की संभावना है।

---

1. यहाँ गिरने का कारण एक और दृष्टिकोण से समझा जा सकता है (दे. 'मनोरंजक यांत्रिकी', अध्याय 3, उपशीर्षक : 'क्षैतिज रेखा कब अक्षैतिज होती है?'')

खाली हाथ बन्दूक की गोली पकड़ना

साम्राज्यवादी युद्ध के समय एक फ्रांसीसी पायलट के साथ असाधारण घटना घटी। दो किलोमीटर की ऊँचाई पर उसे सिर के पास कोई छोटी-सी चीज उड़ती नजर आई। फतिंगा समझ कर उसने उसे हाथ से पकड़ लिया। जब उसने मुट्ठी खोल कर देखा, उसके आश्चर्य का ठिकाना न रहा। उसके हाथ में थी...जर्मन गोली!

अखबारों में छपी खबर किस्से वाले गप्पबाज नवाब म्युनहाउजेन की याद दिलाती है, जो तोप से दागे गए गोलों को हाथ से पकड़ लिया करते थे। पर इस खबर में कोई असंभव बात नहीं है।

बन्दूक की गोली अपनी उड़ान के पूरे समय 800-900 m प्रति सेकेंड की गति से नहीं चलती। हवा के प्रतिरोध से उसका वेग धीरे-धीरे कम होता है और अंत में उसकी गति सिर्फ 40 मीटर प्रति सेकेंड रह जाती है। हवाई जहाज भी इसी गति से उड़ते हैं। अतः यह पूरी तरह संभव है कि हवाई जहाज और गोली समान गति से चल रहे हों। इस स्थिति में पायलट के सापेक्ष गोली अचल रहेगी या बहुत ही धीरे चलेगी। यदि हाथ दस्तानों में हों, तो ऐसी गोली को पकड़ लेने से कुछ नहीं होगा (हवा के घर्षण से गोली काफी गर्म हो जाती है)।

तरबूज या बम?

यदि स्थिति-विशेष में बंदूक की गोली खतरनाक नहीं रह जाती, तो इसका उल्टा भी संभव है : किसी निश्चल पिंड को यदि नगण्य वेग से फेंका जाए, तो भी वह घातक सिद्ध हो सकता है। सन् 1924 की लेनिनग्राद तिफलिस मोटर-रेस के समय रास्ते में पड़ने वाले कावकेशस गाँवों के किसान स्वागत के लिए उन पर तरबूज, सेब आदि फेंका करते थे। इन निर्दोष हार्दिक प्रेमोपहारों का परिणाम काफी दुखद रहा : तरबूज और खरबूज गाड़ियों के कार्पस पिचका देते थे या तोड़ देते थे और सेब यात्रियों को गंभीर चोट पहुँचाते थे। इसका कारण स्पष्ट है : मोटरों का अपना वेग फेंक गए तरबूजों और सेबों के वेग से जुड़ कर उन्हें घातक तोप के गोलों में परिणत कर देता था। आसानी से कलन कर के देख सकते हैं कि 10g की गोली में उतनी ही गति की ऊर्जा है, जितनी 120 km/h के वेग से दौड़ती गाड़ी पर फेंके गए 4kg के तरबूज में।

तरबूज और गोली की अनिष्टकारी शक्तियों की तुलना नहीं की जा सकती, क्योंकि तरबूज गोली जैसा कठोर नहीं होता।

वातावरण की ऊपरी परतों (तथाकथित समतापीय मंडल) में जब क्षिप्र विमानन शुरू होगा और विमानों का वेग लगभग 3000 km/h (बंदूक की गोली के वेग के बराबर) हो जाएगा, तब पायलटों का वास्ता ऐसी घटनाओं से पड़ेगा, जो हम अभी

चित्र 21. सामने से आती मोटर-कार पर फेंका गया तरबूज तोप के गोले का काम करता है।

ऊपर देख चुके हैं। ऐसे अतिक्षिप्र विमानों के रास्ते में आने वाली हर छोटी-मोटी चीज उसके लिए घातक गोली का काम करेगी। किसी दूसरे विमान द्वारा यूँ ही गिराई गई गोलियों से टकराने का परिणाम वैसा ही होगा, जैसा यदि विमान पर औटोमेटिक गन से गोलियों की चाँदमारी की जाए। गिरती गोलियाँ विमान में उसी शक्ति से छेद करेंगी, जिससे दागी गई गोली करती है। चूँकि दोनों ही स्थितियों में सापेक्षिक वेग समान है। (विमान और गोली लगभग 800 m/s के वेग से एक दूसरे के निकट आ रहे हैं), टकराने के अनिष्टकारी परिणाम दोनों ही हालतों में समान होंगे।

इसके विपरीत, यदि दागी गई गोली विमान के पीछे से आ रही है, तो, जैसा अब हम जानते हैं, वह पायलट के लिए खतरनाक नहीं है। इस तथ्य को, कि लगभग समान वेग से एक ही दिशा में गतिमान पिंड एक-दूसरे को बिना टकराव के स्पर्श करते हैं, सन् 1935 में एक इंजनचालक बोर्शेव ने बहुत निपुणता से काम में लाया : उसने अपनी ट्रेन को 36 डिब्बों वाली ट्रेन के साथ टकराने से बचा लिया। घटना दक्षिण के येलनिकोव-ओलशानूका पथ की है। बोर्शेव की ट्रेन से कुछ आगे एक और ट्रेन चल रही थी। आगे वाली ट्रेन पर्याप्त वाष्प न मिलने के कारण रुक गई। उसका चालक इंजन और कुछ डब्बों के साथ आगे स्टेशन की ओर बढ़ गया। बाकी 36 डब्बे उसे वहीं छोड़ देने पड़े। चूँकि इन डब्बों को रोकने की व्यवस्था नहीं की गई थी, वे पीछे की ओर ढलान पर करीब 15 km/h के वेग से लुढ़क पड़े। बोर्शेव की ट्रेन के लिए खतरा पैदा हो गया। बुद्धिमान चालक स्थिति भाँपते ही अपनी ट्रेन रोक कर करीब 15 km/h की गति से बैक करने लगा। इस युक्ति से वह 36 डब्बों की टुकड़ी अपनी ट्रेन से बिना किसी नुकसान के रोक सका।

चलती ट्रेन में लिखना आसान करने वाला साधन इसी सिद्धांत पर बना है।

चलती ट्रेन में लिखना सिर्फ इसलिए कठिन होता है कि पटरियों के जोड़ों पर उत्पन्न हिचकोले कागज और निब को एक ही साथ नहीं लगते। यदि ऐसा कुछ किया जाए कि कागज और निब को एक ही साथ धक्के लगें, तो दोनों एक दूसरे के सापेक्ष गतिहीन रहेंगे और चलती ट्रेन में लिखना कठिन नहीं रह जाएगा।

यह चित्र 22 में दिखाए गए साधन द्वारा संभव है। कलम वाला हाथ तख्ते a के साथ बांध दिया जाता है, जो पटरियों b के गड्ढे में आगे-पीछे हो सकता है। पटरियाँ भी डब्बे के टेबुल पर रखे तख्ते में आगे-पीछे हो सकती हैं। स्पष्ट है कि

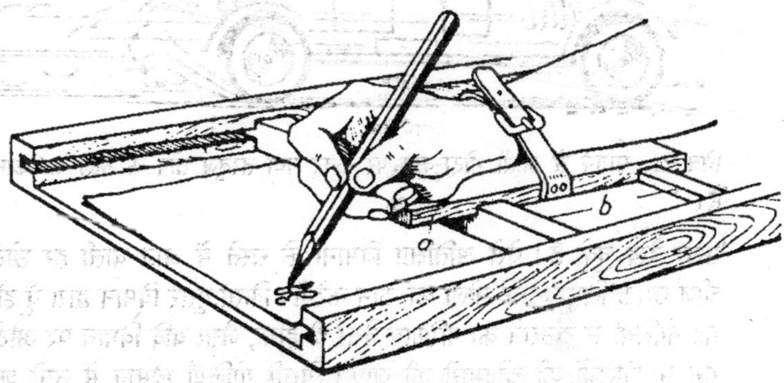

चित्र 22. चलती गाड़ी में लिखने के लिए सुविधाजनक प्रयुक्ति।

हाथ पर्याप्त स्वतंत्र है, ताकि वह अक्षरों के बाद अक्षर और पंक्तियों के बाद पंक्तियाँ लिख सके। और साथ ही तख्ते पर पड़े कागज को लगने वाला हर धक्का उसी क्षण उसी शक्ति से हाथ को भी लगता है, जिसमें कलम है। अतएव इन परिस्थितियों में लिखना उतना ही सरल होता है, जितना खड़े डब्बे में लिखना। सिर्फ एक चीज बाधा डालती है—कागज पर नजर उछलती रहती है, क्योंकि हाथ और सर को हिचकोले एक ही साथ नहीं लगते।

तराजू के चबूतरे पर

दशमलव प्रणाली के तराजू सिर्फ उस स्थिति में आपके शरीर का सही भार बताते हैं, जब आप उनके चबूतरे पर बिल्कुल बिना हिले-डुले खड़े रहते हैं। आप थोड़ा भी झुकेंगे कि तराजू आपके झुकने क्षण आपका वजन कम कर दिखाएगा। क्यों? क्योंकि धड़ के ऊपरी भाग को झुकाने वाली पेशियाँ उस क्षण शरीर के निचले भाग को ऊपर तानती हैं; जिससे टेक पर (जिस पर आप खड़े हैं) दबाव कम हो जाता है। इसके विपरीत, जब आप पेशियों की कोशिश से धड़ झुकाना रोक देते हैं, तो उनसे शरीर के ऊपरी और निचले भागों को अलग-अलग भिन्न दिशाओं में धक्के मिलते

हैं। शरीर के निचले भाग द्वारा नीचे की ओर धक्के खाने से शरीर के आलंब पर दबाव बढ़ जाता है और फलतः तराजू आपका वजन भी उतना ही बढ़ा हुआ दिखा देता है।

संवेदनशील तुला के परिणामों में हाथ उठाने से भी अंतर आ जाना चाहिए। यह अंतर आपके ववन में प्रतीयमान वृद्धि के बराबर होगा। हाथ को उठाने वाली पेशियाँ कंधे पर टेक लगाती हैं, अतः उसे धड़ सहित नीचे की ओर धक्का देती हैं : चबूतरे पर दबाव बढ़ जाता है। हाथ को रोकते वक्त हम दूसरी पेशियों को कार्यशील करते हैं, जो कंधे को ऊपर की ओर खींचती हैं, ताकि वह हाथ के सिरे से करीब आ जाए। इससे टेक पर दाब घट जाता है।

हाथ नीचे गिराते वक्त हम इसके विपरीत शरीर के वजन में कमी ला देते हैं, और जब हाथ का गिरना रोकते हैं—वजन बढ़ा देते हैं। तात्पर्य यह है कि अपनी आंतरिक शक्तियों की क्रियाशीलता से हम अपना वजन घटा-बढ़ा सकते हैं (यदि वजन को टेक या आलंब पर दबाव के अर्थ में लिया जाए)

चीजें कहाँ अधिक भारी होंगी?

पिंडों को पृथ्वी जिस बल से आकर्षित करती है, वह धरातल से ऊपर उठने पर क्रमशः घटता है। यदि हम एक किलोग्राम के मुग्दर को 6400 km की ऊँचाई पर ले जाएँ, तो आकर्षण–बल 2^2, अर्थात् 4 गुना कम हो जाएगा। मुग्दर स्प्रिंग-तुला पर 1000 g की बजाय सिर्फ 250 g भारी नजर आएगा। गुरुत्वाकर्षण नियम के अनुसार बाह्य पिंडों को पृथ्वी इस प्रकार आकर्षित करती है, मानो उसका सारा द्रव्यमान उसके केंद्र में जमा हो; और आकर्षण का बल दूरी के वर्ग का व्युत्क्रमानुपाती होता है। हमारे उदाहरण में पृथ्वी के केंद्र से मुग्दर की दूरी दुगुनी बढ़ गई है, इसीलिए आकर्षण 2^2 गुना अर्थात् चौगुना कम हो गया है। धरातल से 12800 km ऊपर, अर्थात् पृथ्वी के केंद्र से तिगुनी दूरी पर गुरुत्वाकर्षण बल 3^2 या 9 गुना कम हो जाता है। अतः ऐसे बिंदु पर 1000 ग्राम भारी मुग्दर का भार मात्र 111 g रहेगा।

स्वभावतः ऐसा विचार भी उठ सकता है कि मुग्दर को गहराई में, अर्थात् पृथ्वी-केंद्र के निकट ले जाने पर उसका वजन बढ़ना चाहिए : वहाँ पृथ्वी का गुरुत्वाकर्षण अधिक होगा। पर यह खयाल गलत है : पृथ्वी की गहराई में भी पिंड का वजन नहीं बढ़ता; वह घटता ही है।

इसका कारण यह है कि इस स्थिति में मुग्दर को आकर्षित करने वाले पृथ्वी-कण मुग्दर के एक ही तरफ नहीं है, उसके चारों ओर हैं। चित्र 23 पर नजर डालिए। आप देखेंगे कि पृथ्वी में गहराई पर रखा हुआ मुग्दर नीचे के कणों द्वारा तो आकर्षित हो ही रहा है, साथ-साथ ऊपर की ओर ऊपरी कणों द्वारा भी आकर्षित हो रहा है। सिद्ध किया जा सकता है कि अंततोगत्वा सिर्फ उस गोले के आकर्षण का महत्त्व

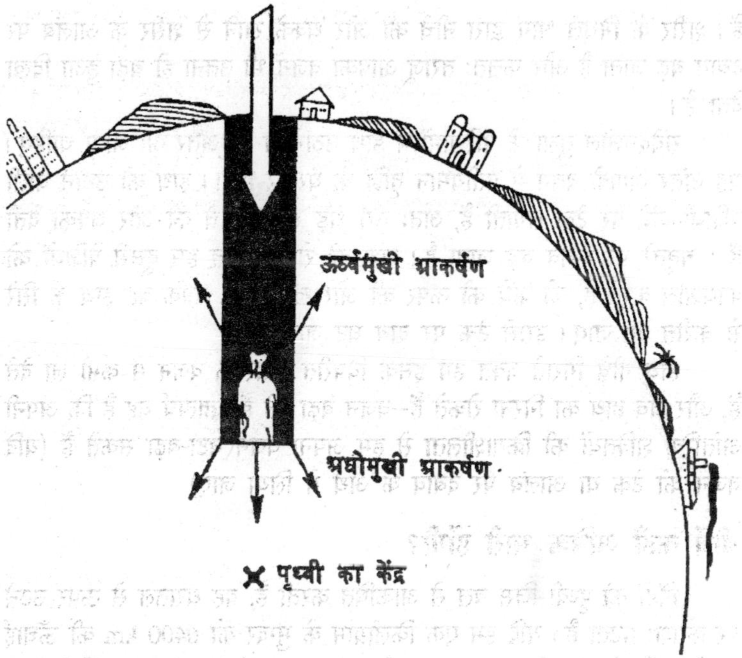

चित्र 23. पृथ्वी की गहराई में गुरुत्व शक्ति कम क्यों हो जाती है।

रह जाता है, जिसकी त्रिज्या पृथ्वी के केंद्र से मुग्दर तक है। इसीलिए पिंड का भार पृथ्वी की गहराई में जाने के साथ-साथ तेजी से घटना चाहिए। पृथ्वी-केंद्र पर पहुँच कर उसका भार बिल्कुल खत्म हो जाएगा, क्योंकि उसके गिर्द के कण उसे सभी दिशाओं में समान बल से खींचेंगे।

अतः पिंड का अधिकतम भार पृथ्वी-तल पर ही होता है : तल से ऊपर या नीचे (गहराई में) जाने पर उसका भार कम हो जाता है[1]।

गिरते पिंड का वजन

आपने कभी ध्यान दिया है कि जिस क्षण लिफ्ट नीचे उतरना शुरू करती है, कितना अजीब-सा महसूस होता है? शरीर क्षण भर को असाधारण रूप से हल्का हो जाता है, मानो आप गहरी खाई में गिर रहे हैं...यह और कुछ नहीं, बल्कि **भारहीनता की**

1. यह पूर्णतया सत्य होता, यदि पृथ्वी का घनत्व सर्वत्र एक रूप से समान होता; पर केन्द्र की और जाने पर पृथ्वी का घनत्व बढ़ता है। इसीलिए गुरुत्व-बल पृथ्वी की गहराई में जाने पर शुरू-शुरू में थोड़ा बढ़ता है और बाद में घटने लगता है।

अनुभूति है। गति के प्रथम क्षण, जब पैरों तले फर्श नीचे गिरना शुरू हो जाता है, आप फर्श का वेग तुरंत प्राप्त नहीं करते; जड़त्व के कारण वहीं उसी ऊँचाई पर रुके रह जाते हैं। इसलिए आपका शरीर फर्श को लगभग नहीं दबाता, अर्थात् शरीर का भार काफी कम हो जाता है। पर पल भर बाद ही यह विचित्र अनुभव समाप्त हो जाता है; आपका शरीर त्वरित वेग से गिरने लगता है, जबकि लिफ्ट का वेग स्थिर, समरूप होता है। लिफ्ट से अधिक तेज गिरने की कोशिश में आपका शरीर पुनः फर्श पर दबाव डालने लगता है, अर्थात आपका भार पूर्णतया वापिस लौट आता है।

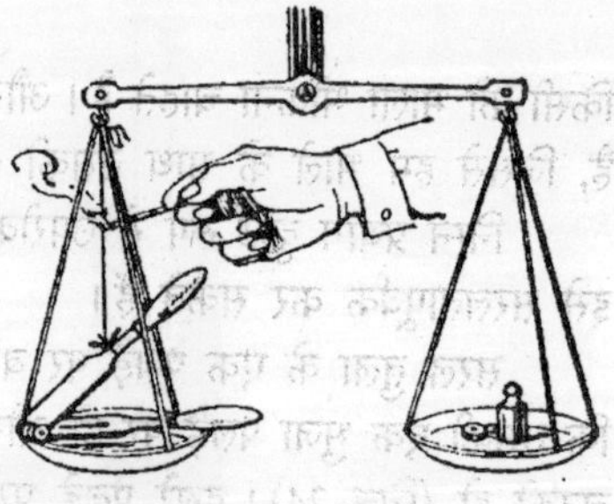

चित्र 24. गिरती वस्तु की भारहीनता दिखाने के लिए प्रयोग।

किसी मुग्दर को कमानीदार तुला के अंकुश से लटका दें। अब तुला को झटके से नीचे गिरने दें (उसे हाथ से छोड़े नहीं) और ध्यान दें कि उसकी सुई किस ओर जाती है (आसानी के लिए तुला की दरार में काग का टुकड़ा फँसा दें और उसकी स्थिति पहले से नोट कर लें)। आपको विश्वास हो जाएगा कि गिरते वक्त सुई मुग्दर का पूर्ण भार नहीं दिखाती, उससे काफी कम दिखाती है। यदि स्वतंत्र रूप से गिरती तुला की सुई को आप देख सकते, तो आप देखते कि गिरते वक्त मुग्दर बिल्कुल भारहीन है : सूई शून्य पर रुकी है।

भारी से भारी पिंड भी स्वतंत्र रूप से गिरते वक्त भारहीन रहता है। इसका कारण समझना आसान है। पिंड का 'भार' हम उस बल को कहते हैं, जिससे वस्तु अपने लटकन-बिंदु को खींचता है या आधार को दबाता है। तुला के साथ गिरता हुआ पिंड तुला की कमानी बिल्कुल नहीं तानता, क्योंकि कमानी उसके साथ-साथ नीचे आ रही होती है। गिरने की प्रक्रिया में पिंड किसी चीज़ को खींचता नहीं है, और न ही किसी चीज पर दबाव डालता है। अतः गिरते हुए पिंड का भार कितना होगा—यह पूछने का अर्थ है पूछना : पिंड कितना भारी है, जबकि वह भारहीन अवस्था में है?

XVII-वीं शती में ही यांत्रिकी के प्रतिष्ठापक गैलीली ने लिखा था[1] : हम कंधों पर बोझ तब महसूस करते हैं, जब हम उसके गिरने में बाधा डालने की कोशिश करते हैं। पर यदि हम बोझ के वेग से ही नीचे की ओर गतिमान हो जाएँ, तब फिर कैसे वह हमें दाबेगा, तब कैसे वह हमें थकाएगा? यह वही हुआ, जैसे हम

1. ''नवीन विज्ञान के दो क्षेत्रों से संबद्ध गणितीय प्रमाण' नामक कृति में।

किसी को भाला भोंकना चाहते है। और वह हमारे आगे उसी वेग से भागा जा रहा है, जिससे हम भाले के साथ उसकी ओर दौड़ रहे हैं।''

निम्न प्रयोग दृष्ट रूप से उपरोक्त विचारों की सत्यता सिद्ध करता है, आप इसे सरलतापूर्वक कर सकते हैं।

सरल तुला के एक पलड़े पर बादाम फोड़ने वाली सँड़सी इस प्रकार से रखें कि उसकी एक भुजा पलड़े पर हो और दूसरी भुजा डंडी के छोर से डोरी के सहारे लटकी हो (चित्र 24)। दूसरे पलड़े पर इतने बाट रखें कि तुला संतुलित हो जाए (डंडी क्षैतिज रहे)। माचिस की तीली जला कर डोरी के पास लाएँ; डोरी जल जाएगी और सँड़सी की लटकी भुजा पलड़े पर गिरेगी।

तुला के साथ क्या होगा? भुजा गिरने के क्षण संड़सी वाला पलड़ा ऊपर उठेगा, नीचे झुकेगा या स्थिर रहेगा?

अब, जब आप जान चुके हैं कि गिरता हुआ पिंड भारहीन होता है, सही उत्तर आप स्वयं बता दे सकते हैं : पलड़ा पल भर को ऊपर उठेगा।

सच भी है : यद्यपि ऊपरी भुजा निचली से जुड़ी है, स्थिरावस्था की अपेक्षा गिरते समय वह निचली भुजा को कम शक्ति से दबाती है। सँड़सी का कुल भार पल भर को घटता है और स्वाभाविक है कि पलड़ा ऊपर उठ जाता है।

तोप से चाँद पर

सन् 1865-1870 के दरम्यान फ्रांस में जूल वेर्न का 'तोप से छूटे, चाँद पर पहुँचे' नामक विज्ञान-गल्प प्रकाशित हुआ था। इसमें एक असाधारण विचार है : एक विशाल तोप के गोले में आदमियों समेत यान भर कर चाँद पर भेजना! पुस्तक में इस योजना का इतना विज्ञान-सम्मत वर्णन है कि अधिकांश पाठकों के मन में उत्सुकता उठती है : क्या सचमुच में इस विचार को मूर्त्त रूप नहीं दिया जा सकता? ऐसे प्रश्न के बारे में बातें करना निश्चय ही दिलचस्प रहेगा।[1]

पहले यह देखें कि कम से कम सैद्धांतिक तौर पर तोप इस प्रकार दागी जा सकती है या नहीं कि उसका गोला पृथ्वी पर कभी वापस न गिरे। सिद्धांत इसकी संभाव्यता को मानता है। तोप से क्षैतिज छोड़ा गया गोला पृथ्वी पर ही क्यों गिरता है? क्योंकि पृथ्वी गोले को आकर्षित करते हुए उसके पथ को वक्रित करती है : गोला सरल रेखा पर नहीं, वक्र रेखा पर चलता है, जो निरंतर पृथ्वी की ओर मुड़ती

1. पृथ्वी से कृत्रिम उपग्रहों और अंतरिक्षी राकेटों के छोड़े जा चुकने के बाद हम कह सकते हैं कि अंतरिक्ष यात्राओं के लिए राकेटों का प्रयोग होगा, तोप के गोलों का नहीं। पर उड़ने के क्षण जब राकेट के सभी इंधन-कक्ष कार्यशील हो जाते हैं, राकेट की गति उन्हीं नियमों का पालन करती है, जिनका कि तोप के गोले। इसीलिए लेखक की ये बातें अद्यातीत नहीं हैं।—संपादक

जाती है और इसीलिए अंततोगत्वा वह जमीन पर आ गिरता है। यह सत्य है कि धरातल भी वक्र है। पर गोले का पथ उससे कहीं अधिक वक्रित होता है। यदि गोले के पथ की वक्रता इतनी कम कर दी जाए कि वह पृथ्वीतल की वक्रता के बराबर हो जाए, तो गोला कभी भी पृथ्वी पर नहीं गिरेगा! वह पृथ्वी के केंद्र को अपना केंद्र बना कर एक वक्र पर चलता रहेगा; अन्य शब्दों में, वह पृथ्वी का एक उपग्रह बन कर रह जाएगा, जैसे कोई दूसरा चंद्रमा हो।

पर क्या किया जाए कि तोप से छुटा गोला पृथ्वी-तल से कम वक्रित पथ पर चले? इसके लिए उसे सिर्फ पर्याप्त वेग देना आवश्यक है। चित्र 25 पर ध्यान दें, जिसमें पृथ्वी के गोले के एक अंश का काट दिखाया गया है। पहाड़ की चोटी (बिंदु A) पर एक तोप रखा है। पहाड़ की ऊँचाई नगण्य मान लेते हैं। क्षैतिज दिशा में तोप से प्रक्षिप्त गोला एक सेकेंड बाद बिंदु B पर होता, यदि पृथ्वी की आकर्षण शक्ति बाधक नहीं बनती। पर आकर्षण शक्ति स्थिति में परिवर्तन ला देती है। उसके प्रभाव के कारण गोला एक सेकेंड बाद बिंदु C पर होगा। पाँच मीटर–यह वही दूरी है, जो शून्य में धरातल के निकट स्वतंत्र गिरती हुई वस्तु अपनी गति के प्रथम सेकेंड में तय करती है। यदि 5 मीटर नीचे आने के बाद भी पृथ्वी से गोले की ऊँचाई वही रह जाती है, जो बिंदु A पर थी, तो इसका अर्थ है कि वह पृथ्वी की परिक्रमा कर रहा है और उसके पथ की वक्रता का केंद्र पृथ्वी का ही केंद्र है। अब रह जाता है खंड AB (चित्र 25) की लंबाई ज्ञात करना। यह उस क्षैतिज पथ की लंबाई है, जो गोला प्रथम सेकेंड में तय करता है। इससे हमें ज्ञात होगा कि तोप के गोले को किस वेग से फेंकना चाहिए। त्रिभुज AOB की सहायता से यह कलन करना बिल्कुल कठिन नहीं है। OA–पृथ्वी की त्रिज्या (करीब 6370000 m) है; OC = OA, BC = 5 m; अतः OB = 6370005m। पिथागोरस प्रमेय में इन आँकड़ों का प्रयोग करने से प्राप्त होता है :

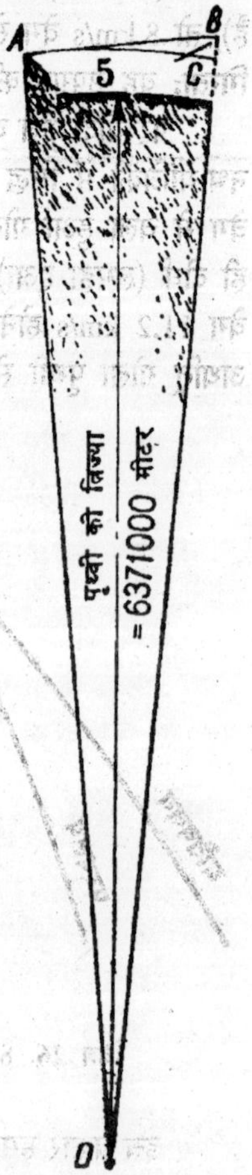

चित्र 25. तोप का गोला पृथ्वी पर कभी वापस न गिरे, इसके लिए उसके आवश्यक वेग का कलन।

$$AB^2 = (6370005)^2 - (6370000)^2$$

आंकित क्रियाएँ संपन्न करने पर ज्ञात होता है कि पथ AB करीब 8 km के बराबर है।

इस प्रकार, यदि हवा नहीं होती (क्षिप्र गतियों के लिए वह बहुत बड़ी बाधा है), तो 8 km/s वेग से क्षैतिज दिशा में फेंका गया गोला **पृथ्वी पर कभी वापस नहीं गिरता;** वह उपग्रह की भाँति उसका अनवरत चक्कर लगाता रहता।

पर यदि गोले को और भी अधिक वेग से फेंका जाए, तब कहाँ उड़ेगा वह? नभ-यांत्रिकी में सिद्ध किया जाता है कि 8.9 km/s (10 km/s तक) के आरंभिक वेग से चला हुआ गोला पृथ्वी के गिर्द दीर्घवृत्त निरूपित करता है। दीर्घवृत्त उतना ही दीर्घ (लमड़ा हुआ) होगा, जितना बड़ा गोले का आरंभिक वेग होगा। आरंभिक वेग 11.2 km/s होने पर गोले का पथ एक खुला, असंवृत्त वक्र (परवलय) होगा, अर्थात् गोला पृथ्वी से सदा के लिए दूर होता जाएगा (चित्र 26)।

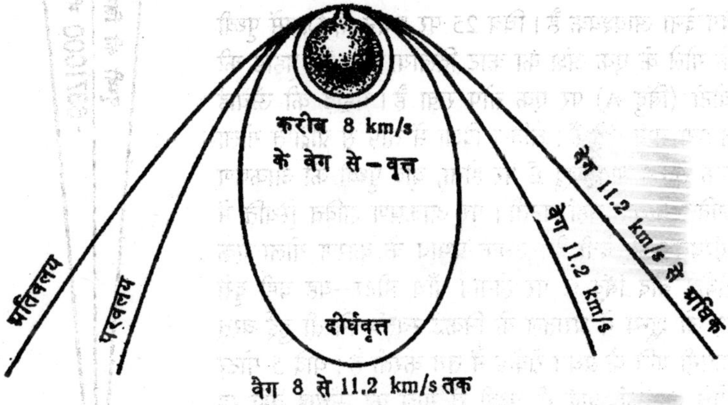

चित्र 26. 8 km/s और इससे अधिक वेग से प्रक्षिप्त गोले के पथ।

इस प्रकार हम देखते हैं कि तोप के गोले के भीतर बैठकर चाँद तक पहुँचना **सिद्धांततः** संभव है : इसके लिए इतना ही आवश्यक है कि गोले को पर्याप्त वेग से फेंका जाए।[1]

(उपरोक्त 'विचारक्रम इस मान्यता पर आधारित है कि गोले की इस मान्यता पर आधारित है कि गोले की गति में वातावरण बाधक नहीं रहता। पर वायु-प्रतिरोध की उपस्थिति के कारण इतने बड़े वेगों को प्राप्त करना दरअसल काफी मुश्किल है, या हो सकता है कि बिल्कुल ही असंभव है।)

1. इसमें उत्पन्न होने वाली कठिनाइयाँ बिल्कुल दूसरी तरह की है। 'मनोरंजक भौतिकी' के दूसरे भाग तथा मेरी अन्य पुस्तक 'अंतर्ग्रही यात्राएँ' में इस प्रश्न का सविस्तार अध्ययन किया गया है।

चंद्र-यात्रा : जूल वेर्न की कल्पना और सच्चाई

जिन लोगों ने उपरोक्त उपन्यास को पढ़ा है, उन्हें चंद्र-यात्रा का एक मनोरंजक क्षण याद होगा। गोला ऐसे स्थान को पार कर रहा होता है, जहाँ पृथ्वी और चाँद–दोनों का आकर्षण-बल समान है। यहाँ की घटनाएँ सचमुच में परिकथाओं की याद दिलाती हैं : गोले की सभी वस्तुएँ भारहीन हो जाती है। और यात्री उछल-उछल कर बिना किसी आधार के हवा में लटक जाते हैं।

वर्णन बिल्कुल सही किया गया है, पर उपन्यासकार ने इस पर ध्यान नहीं दिया कि समान आकर्षण वाले बिंदु को पार करने के पहले और बाद भी यही अवस्था होनी चाहिए थी। यह सरलतापूर्वक सिद्ध किया जा सकता है कि गोले के भीतर यात्रियों और सभी अन्य वस्तुओं को **मुक्त उड़ान के प्रथम क्षण से** ही भारहीन हो जाना था।

यह असंभव लगता है, पर मुझे विश्वास है कि आप जल्द ही आश्चर्य करेंगे : "इतनी बड़ी गलती पर मैंने खुद क्यों नहीं ध्यान दिया!"

जूल वेर्न के इसी उपन्यास से एक उदाहरण लें। आप निश्चय ही यात्रियों के आश्चर्य को नहीं भूले होंगे, जब उन्होंने मरे कुत्ते की लाश को बाहर फेंक दिया और देखा कि लाश वापस जमीन पर नहीं गिर रही है, गोले के साथ-साथ आगे चली आ रही है। उपन्यासकार ने इस परिघटना का सही वर्णन किया है और उसकी सही व्याख्या की है। शून्य में सभी वस्तुएँ सचमुच समान वेग से गिरती हैं : पृथ्वी का आकर्षण सभी वस्तुओं को समान त्वरण प्रदान करता है। हमारे उदाहरण में भी पृथ्वी का आकर्षण गोले और लाश दोनों को समान अभिपातन वेग (समान त्वरण) देता है। यदि और सही कहें तो, तोप से प्राप्त आरंभिक वेग दोनों ही के लिए समान रूप से कम होता है, समान रूप से घटता है। इससे निष्कर्ष निकलता है कि पथ के हर बिंदु पर गोले का वेग और लाश का वेग आपस में बराबर है। इसीलिए गोले से फेंकी गई लाश उनके साथ चलती रहती है, उनसे पीछे नहीं छूटती।

लेकिन उपन्यासकार ने इस पर ध्यान नहीं दिया : यदि कुत्ते की लाश गोले के **बाहर** होने पर पृथ्वी की ओर नहीं गिरती, तो गोले के **भीतर** क्यों गिरती है? आखिर एक ही तो बल बाहर और भीतर काम कर रहा है! गोले के भीतर कुत्ते के शरीर को बिना किसी आलंब के रखने पर उसे जैसे का तैसे व्योम में लटक जाना चाहिए : उसका वेग बिल्कुल गोले के वेग के बराबर है, अतः गोले के सापेक्ष वह अचल रहता है।

जो बात कुत्ते के लाश के लिए सही है, वही यात्रियों के शरीरों और गोले के भीतर अन्य सभी वस्तुओं के लिए सही है : पथ के हर बिंदु पर उन सबका वेग वही है, जो गोले का है, अतः उन्हें गिरना नहीं चाहिए, चाहे वे निरालंब ही

क्यों न हों। उड़ते गोले के फर्श पर खड़ी कुर्सी के पैरों को ऊपर कर के छत पर टिका दिया जा सकता है' वह 'नीचे' नहीं गिरेगी, क्योंकि वह छत के साथ-साथ आगे चलना जारी रखेगी। यात्री इस कुर्सी पर पैर ऊपर और सिर नीचे करके बैठा रह सकता है, पर फर्श पर गिरने की कोई प्रवृत्ति उसे महसूस नहीं होगी। कौन-सा बल उसे गिरने को बाध्य कर सकता है? यदि वह गिरती ही, अर्थात फर्श के निकट आने लगती, तो उसका अर्थ होता कि गोला कहीं अधिक वेग से चल रहा है, बनिस्बत कि यात्री (अन्यथा कुर्सी फर्श के निकट नहीं आती)। पर यह संभव नहीं है : हम जानते हैं कि गोले के भीतर सभी वस्तुएँ वही त्वरण रखती हैं, जो स्वयं गोले का है।

उपन्यासकार ने इन बातों पर ध्यान नहीं दिया : उसने सोचा कि मुक्त रूप से गतिमान गोले के भीतर वस्तुएँ, जो सिर्फ आकर्षण बल के प्रभाव में हैं, अपने आलंबों पर उसी तरह दबाव डालेंगी, जैसे गोले की अचलावस्था में डाला करती थीं। जूल वेर्न भूल गया कि पिंड और उसका आलंब एक दूसरे पर दाब नहीं डाल सकते, यदि वे व्योम में गतिमान हैं और समान त्वरण रखते हैं, जो उन्हें आकर्षण बल द्वारा मिल रहा है (अन्य बाह्य बल—वायु का संवाहक व प्रतिरोधी बल—अनुपस्थित हैं)।

निष्कर्ष निकलता है कि गोले के भीतर हवा में स्वतंत्र उड़ानें भरने के लिए यात्री उसी क्षण से भारहीन हो गए होंगे, जिस क्षण गोला गैसों के प्रभाव से बाहर निकला होगा। उन्हीं की तरह गोले के भीतर अन्य सारी वस्तुएँ भी भारहीन हो गई होंगी। भारहीनता के आधार पर यात्री सरलतापूर्वक निर्धारित कर सकते थे कि वे व्योम में उड़ रहे हैं या तोप की नली में ही स्थिर बैठे हैं। पर उपन्यासकार वर्णन करता है कि नभ-यात्रा के आरंभ में आधे घंटे तक लोग सिर खपाते रहे कि वे उड़ रहे हैं या जमीन पर ही पड़े हैं।

"—निकोल, हम उड़ भी रहे हैं या नहीं?

निकोल और अरदान ने देखा कि गोले में किसी प्रकार का कंपन नहीं है।

-सचमुच! हम उड़ रहे हैं या नहीं?—अरदान ने प्रश्न दुहराया।

—या आराम से फ्लोरीदा की धरती पर लेटे हैं?—निकोल ने पूछा।

—या मैक्सीकन खाड़ी के तल पर?—मिशेल ने जोड़ा"।

इस प्रकार के संदेह स्टीमर-यात्रियों के मन में उठ सकते हैं, पर स्वतंत्र रूप से गतिमान गोले के यात्रियों के मन में नहीं : स्टीमर के यात्री का भार बना रहता है, पर गोले में यात्री अवश्य ही ध्यान देंगे कि वे बिल्कुल भारहीन हो गए हैं।

यह गल्पित गोला-यान एक अजूबा-सा नजर आएगा। यह एक नन्हीं सी दुनिया होगी, जिसमें पिंडों के भार नहीं होते, हाथ से छूट कर वे गिरने की बजाय वहीं रुके रहते हैं, वस्तुएँ किसी भी स्थिति में संतुलन नहीं खोतीं, गिरे बोतल से पानी नहीं छलकता। ...यह सब 'चंद्र-यात्रा' के लेखक की दृष्टि से छूटा रह गया; और

ये आश्चर्यजनक संभावनाएँ उपन्यासकार की कल्पना को कितना विस्तृत करने का सामर्थ्य रखती हैं।[1]

खोटे तराजू से सही तौल

सही तौल के लिए क्या अधिक महत्त्व रखता है : तराजू या बाट?

यदि आप सोचते हैं कि दोनों ही का समान महत्त्व है, तो आप गलत हैं : खोटे तराजू से भी सही तौल ज्ञात किया जा सकता है, यदि हमारे पास सही बाट हों। खोटे तराजू से सही तौल ज्ञात करने के कई तरीके हैं; इनमें से दो को हम देखेंगे।

पहली विधि महान रसायनज्ञ दिमित्री मेंदेलीव द्वारा बताई गई थी। शुरू में किसी भी एक पलड़े पर कोई भारी वस्तु रखते हैं। उसका भार तौली जाने वाली वस्तु के भार से अधिक होना चाहिए। दूसरे पलड़े पर बाटों की मदद से इस भार को संतुलित करते हैं। इसके बाद बाटों वाले पलड़े पर तौली जाने वाली वस्तु रखते हैं और इतने बाट हटा लेते हैं कि टूटा हुआ संतुलन पुनः स्थापित हो जाए। हटाए गए बाटों का भार ही इष्ट भार होगा, क्योंकि तौली जाने वाली वस्तु बिना संतुलन बिगाड़े उनका स्थान ले सकती है।

इस विधि को स्थायी भार की विधि कहते हैं। यह विशेष कर उस स्थिति में सुविधाजनक है, जब एक के बाद एक कई वस्तुओं को तौलने की जरूरत पड़ती है। आरंभिक भार अपनी जगह से नहीं हटाते; उसका उपयोग सभी तौलों में करते हैं।

दूसरी विधि, जिसे उसका अविष्कार करने वाले वैज्ञानिक के नाम पर 'बोर्ड विधि' कहते हैं, इस प्रकार है : एक पलड़े पर तौली जाने वाली वस्तु रखते हैं और दूसरी पर रेत रखना शुरू करते हैं। तराजू संतुलित हो जाने पर वस्तु हटा लेते हैं (बालू नहीं छूते) और उसकी जगह बाट रखना शुरू करते हैं। जब संतुलन पुनः स्थापित हो जाता है, बाटों का भार तौली जाने वाली वस्तु के भार के बराबर होता है। कारण स्पष्ट है : ये बाट बिना संतुलन बिगाड़े पलड़े से वस्तु को प्रतिस्थापित कर सकते हैं। इसलिए इस विधि को 'प्रति स्थापन विधि' भी कहते हैं।

यदि आपके पास सही बाट हैं, तो आप इस विधि का उपयोग कमानीदार तुला के साथ भी कर सकते हैं, जिसमें सिर्फ एक पलड़ा होता है। इसमें बालू की आवश्यकता भी नहीं है। तौली जाने वाली वस्तु को पलड़े पर रख कर नोट कर

---

1. भारहीनता की परिस्थितियों का यथार्थ वर्णन आज अंतरिक्ष-यात्रियों की जुबानी सुना जा सकता है। राकेटों में खींचे गए चल-चित्र भी प्रदर्शित किए जाते हैं। टेलीविजन के पर्दे पर अंतरिक्ष में उड़ते यात्रियों और उनके भारहीन 'राकेटी-जीवन' को देखने का संयोग हमें अक्सर प्राप्त होता रहता है।—संपादक।

लें कि तुला की सुई पैमाने के किस अंश (चिह्न) पर रुकी है। फिर वस्तु को हटा कर पलड़े पर इतने बाट रखते हैं कि सुई पुनः उसी चिह्न पर आ रुके। स्पष्ट है कि इन बाटों का कुल भार ही वस्तु का भार होगा।

स्वयं से भी शक्तिमान

हाथ से आप कितना बड़ा बोझ उठा सकते हैं? मान लें कि 10 kg। आप सोचते हैं कि आपके हाथों में पेशियों की शक्ति यही है? गलतफहमी है। पेशियाँ कहीं अधिक शक्तिशाली हैं। उदाहरणार्थ, आप अपने हाथ के तथाकथित द्विशिरा पेशी की क्रिया पर ध्यान दें (चित्र 27)। उसका एक सिरा केहुनी की हड्डी के पास जुड़ा है (यही हड्डी हाथ रूपी उत्तोलक की टेक भी है)। बोझ इस सजीव उत्तोलक के दूसरे सिरे पर क्रियाशील है। भार से टेक-बिंदु, अर्थात जोड़, तक की दूरी पेशी के सिरे से टेक तक की दूरी से 8 गुनी अधिक है। अर्थात यदि बोझ 10 kg है, तो पेशी उसे 8 गुने अधिक बल से उठाती है। हाथ द्वारा 8 गुना अधिक बल लगा कर पेशी 10 kg नहीं, 80 kg उठा सकती है।

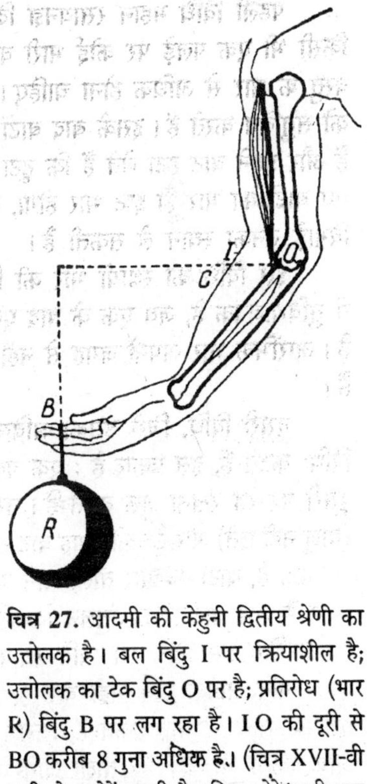

चित्र 27. आदमी की केहुनी द्वितीय श्रेणी का उत्तोलक है। बल बिंदु I पर क्रियाशील है; उत्तोलक का टेक बिंदु O पर है; प्रतिरोध (भार R) बिंदु B पर लग रहा है। I O की दूरी से BO करीब 8 गुना अधिक है। (चित्र XVII-वी शती के फ्लोरेंसवासी वैज्ञानिक बोरेल की एक रचना "जीव-जंतुओं की गतियां" से ली गई है। इस पुस्तक में पहली बार शरीर क्रिया-विज्ञान में यांत्रिकी के नियमों का उपयोग किया गया है)

हम बिना किसी अतिशयोक्ति के कह सकते हैं कि हर आदमी अपने-आप से कहीं अधिक शक्तिशाली होता है, अर्थात् हमारी पेशियाँ जो बल लगाती हैं, वह हमारी क्रियाओं में प्रकट होने वाले बल से काफी बड़ा होता है।

क्या इस प्रकार की संरचना को मितव्ययी या विवेकसंगत कहा जा सकता है? प्रथम दृष्टि में नहीं लगता—यहाँ हम बल की बरबादी देखते हैं, जिसके बदले में कुछ भी नहीं मिलता। पर यांत्रिकी के एक पुराने 'स्वर्ण-नियम' का स्मरण करें : ताकत की बरबादी कदमों की आबादी। बल में हानी स्थानांतरण में लाभ देता है

और इसीलिए वेग भी अधिक प्राप्त होता है। 8 गुना बल खर्च करने से हाथ 8 गुना जल्द हिल-डुल सकता है।

जीवों में पेशियों के जुड़ने की जो विधि हम देखते हैं, वह हाथ-पैर को फुर्तीलापन देता है। जीवनसंघर्ष में यह बात शक्ति से कहीं अधिक महत्त्व रखती है। हम काफी सुस्त जीव होते, यदि हमारे हाथ-पैर इस सिद्धांत पर नहीं बने होते।

तीक्ष्ण वस्तुएँ चुभती क्यों हैं?

आपने कभी इस प्रश्न पर सोचा है कि सुई इतनी आसानी से क्यों चीजों के आर-पार चुभ कर निकल जाती है? मोटे कपड़े या गत्ते को पतली सुई से भोंकना क्यों आसान है, बनिस्बत कि भोथी कांटी से? देखने पर लगता है कि दोनों ही स्थितियों में बल समान लगते हैं।

बल समान हैं, पर दबाव या दाब समान नहीं है। प्रथम स्थिति में सारा बल सुई की नोक पर संकेंद्रित हो जाता है और दूसरी स्थिति में—वही बल कहीं बड़े क्षेत्र पर वितरित होता है, क्योंकि कांटी भोथी है। अतः सुई का दाब भोथी कांटी के दाब से कहीं अधिक है, हालाँकि हाथ से हम समान बल लगाते हैं।

हर आदमी यही कहेगा कि 20 दांतों वाला हेंगा (ट्रैक्टरों में चक्केदार हेंगे होते हैं) अधिक गहराई तक जमीन ढीली कर सकता हैं, बनिस्बत की उसी भार का 60 दातों वाला हेंगा। क्यों? क्योंकि दूसरी स्थिति की अपेक्षा पहली में हर दाँत पर अधिक बोझ पड़ता है।

जब भी दाब का सवाल उठे, बल के सिवा उस क्षेत्र को भी ध्यान में रखना चाहिए, जिस पर बल कार्यशील है। जब हमें कहा जाता है कि एक आदमी का वेतन 100 रूबल है, हम नहीं जानते कि यह कम है या अधिक। इसके लिए जानना चाहिए कि यह वेतन मासिक है या वार्षिक। ठीक इसी प्रकार से बल की क्रिया इस पर निर्भर करती है कि वह एक वर्ग सेंटीमीटर पर वितरित है या वर्ग मिलिमीटर के सौंवे भाग पर संकेंद्रित है।

भुरभुरे बर्फ पर स्की पहन कर आप चल सकते हैं, पर बिना स्की के आप बर्फ में धंस जाते हैं। क्यों? क्योंकि प्रथम स्थिति में आपके शरीर का दाब कहीं बड़े तल पर वितरित होता है। उदाहरणतया, यदि तलुवों के क्षेत्रफल से स्की के तल का क्षेत्रफल 20 गुना कम है, तो पैरों की अपेक्षा स्की से हम बर्फ को 20 गुनी कम शक्ति से दबाते हैं। भुरभुरा बर्फ इस दाब को सह जाता है, पर खाली पैरों से पड़ने वाले दाब को नहीं सह पाता।

इसी कारणवश दलदली जमीन पर काम करने वाले घोड़ों के खुरों पर खास 'जूते' पहनाए जाते हैं, जिससे पैरों की टेक का क्षेत्रफल बढ़ जाता है और जमीन पर दाब घट जाता है। कुछ दलदली हिस्सों में रहने वाले लोग भी ऐसे 'जूते' पहना

करते हैं।

नदी या तालाब पर यदि बर्फ की परत काफी पतली हो, तो उस पर खड़े होकर नहीं, लेटकर रेंगते हुए चलते हैं, ताकि शरीर का भार अधिक बड़े क्षेत्र पर वितरित रहता हैं पट्टे पर चलने वाली 8 टन से अधिक भारी गाड़ी जमीन के 8 वर्ग सेंटीमीटर पर 6000 g से अधिक दाब नहीं डालती। इसी दृष्टिकोण से चक्कों की बजाय पट्टों पर चलने वाली ऑटोगाड़ियाँ दलदलों पर भार ढोने के काम में अधिक उपयोगी हो सकती हैं। इस तरह का ट्रक 2 टन का बोझ ढोते वक्त जमीन के एक वर्ग सेंटीमीटर पर सिर्फ 160g दाब डालता है। इसीलिए वह दलदली इलाकों में मजे से चल सकता है।

इन स्थितियों में बड़ा आलंब-क्षेत्र तकनीकी तौर पर उतना ही उपयोगी है, जितना सुई के उदाहरण में सूक्ष्म क्षेत्र।

उक्त बातों से स्पष्ट है कि वस्तुओं की नोक सिर्फ अपने नगण्य क्षेत्रफल के कारण ही चुभती है, जिस पर बल वितरित होता है। ठीक इसी कारणवश तेज छुरी अधिक अच्छी तरह काटती है, बनिस्बत कि भोथी : बल कम व्योम में संकेंद्रित होता है।

इस प्रकार, तीक्ष्ण वस्तुएँ सरलतापूर्वक चुभती और काटती हैं, क्योंकि नोक और धार पर अधिक दाब संकेंद्रित होता है।

लेविफान की तरह

साधारण स्टूल पर बैठने से वह कठोर क्यों लगता है, जबकि उसी लकड़ी की बनी कुर्सी मुलायम लगती है? कठोर रस्सी से बुनी खाट भी मुलायम लगती है, क्यों?

समझना कठिन नहीं है। साधारण स्टूल पर बैठने की जगह चौरस होती है और हमारा शरीर बहुत छोटे क्षेत्रफल वाले तल पर उसे स्पर्श करता है। धड़ का सारा बोझ इसी छोटे तल पर संकेंद्रित होता है। कुर्सी पर बैठने लायक जगह थोड़ी गहरी (नतोदर) होती है। हमारा शरीर उसके तल के साथ अधिक बड़े क्षेत्र पर सटा होता है और इसी क्षेत्र पर हमारे धड़ का भार वितरित होता है। यहाँ स्पर्श-तल के इकाई क्षेत्रफल पर कम बोझ पड़ता है। कम दाब होता है।

इस प्रकार, बात सिर्फ दाब के समरूप वितरण में है। जब हम मुलायम गद्दे पर सोते हैं, हमारे शरीर के ऊबड़-खाबड़ तलों के अनुरूप उसमें गड्ढे आदि बन जाते हैं। हमारे शरीर के निचले भाग के तल पर (जो बिस्तर के साथ स्पर्श में है) दाब का वितरण पर्याप्त समान रूप से होता है, जिसके कारण हर वर्ग सेंटीमीटर पर कुछ ग्राम के बराबर ही भार रहता है। आश्चर्य नहीं कि इन परिस्थितियों में हम बहुत आरामदेह महसूस करते हैं।

उपरोक्त अंतर को संख्याओं में भी व्यक्त किया जा सकता है। वयस्क आदमी

के शरीर पर तल का क्षेत्रफल करीब 2 m^2 या 2000 cm^2 होता है। मान लें कि जब हम बिस्तर पर लेटते हैं, हमारे शरीर के पूरे तल का करीब 1/4 अंश, अर्थात 0.5 m^2 या 5000 cm^2 उसके साथ स्पर्श में आता है। हमारे शरीर का भार (औसत) 60 kg या 6000 kg है, अतः हर वर्ग सेंटीमीटर पर सिर्फ 12 ग्राम दाब पड़ता है। जब हम नग्न तख्ते पर लेटते हैं, तो हमारे शरीर के कुछ छोटे उभरे हिस्से ही आलंब-क्षेत्र बनाते हैं, जिनका कुल क्षेत्रफल कुछेक सौ वर्ग सेंटीमीटर ही होता है। अतः हर वर्ग सेंटीमीटर पर दसेक ग्राम की बजाय कोई आधा किलोग्राम का दाब पड़ता है। यह अंतर बृहत है और हम अपने शरीर द्वारा तुरंत ही उसका अनुभव कर लेते हैं और कहते हैं कि काफी 'कड़ा' है।

पर सबसे कठोर बिस्तर भी हमें अत्यंत मुलायम लग सकता है, यदि दबाव उसके बड़े हिस्से पर समान रूप से वितरित किया जा सके। कल्पना कीजिए कि आप नर्म गीली मिट्टी पर लेटते हैं। उस पर आपके शरीर की छाप उखड़ आती है। अब आप उठकर मिट्टी को सूखने दें (सूखने पर मिट्टी 5-10% 'बैठती' या 'सिकुड़ती' है, पर मान लें कि ऐसा नहीं होता)। जब वह सूख कर पत्थर की तरह कठोर हो जाए, तो आप पुनः उस पर बने अपने शरीर के सांचे में लेट जाएँ। आप अपने को मुलायम रूई के गद्दे पर महसूस करेंगे, कोई भी कठोरता नहीं लगेगी, यद्यपि आप अक्षरशः पत्थर पर ही लेटे हैं। आप किस्से के लेविफान की तरह बन जाएँगे, जिसके बारे में लोमोनोसोव ने कविता लिखी है :

> पत्थरों पर सोता निर्विकार
> करता कठोरता का तिरस्कार,
> वज्र सा जीता शक्तिमान
> चट्टानों को नर्म मिट्टी मान।

पर कठोरता के प्रति हमारी असंवेदनशीलता का कारण हमारी 'वज्र-शक्ति' नहीं है, बल्कि विस्तृत आलंब-क्षेत्र पर हमारे शरीर के भार का समरूप वितरण है।

अध्याय 3

परिवेश का प्रतिरोध

हवा में बुलेट

बुलेट की उड़ान में हवा बाधा डालती है, यह सभी जानते हैं। पर हवा की रोध-शक्ति कितनी है, इसका सही अंदाजा बहुत कम ही लोग लगा पाते हैं। अधिकांश लोग सोचते हैं कि हवा जैसा नर्म परिवेश, जिसे साधारणतया हम महसूस भी नहीं करते, बंदूक की गोली के अबाध वेग में कोई बड़ी बाधा कैसे डाल सकता है।

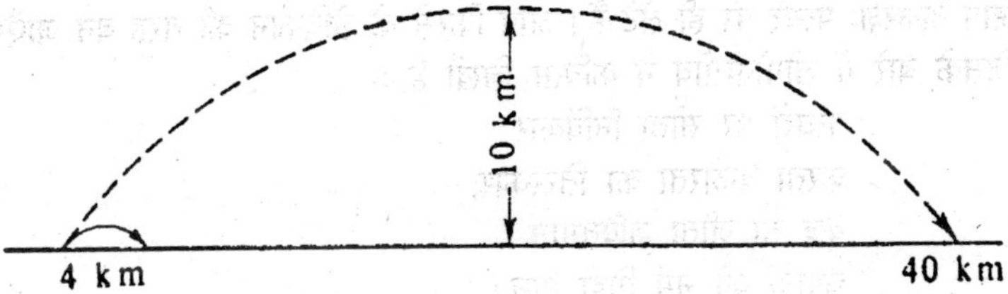

चित्र 28. हवा व निर्वात में गोली की उड़ान। बड़ा चाप उस पथ को द्योतित करता है, जिसपर गोली वातावरण की अनुपस्थिति में चलती। बाएँ छोटा चाप गोली का हवा में वास्तविक पथ द्योतित करता है।

पर यदि चित्र 28 पर ध्यान देंगे, तो आप समझ जाएँगे कि हवा बुलेट के रास्ते में सचमुच गंभीर रुकावट है। आरेख में बड़ा चाप इस पथ को दर्शाता है, जिस पर गोली हवा की अनुपस्थिति में चलती। 45° के कोण पर करीब 620 km/s के आरंभिक वेग से प्रक्षिप्त गोली बंदूक से निकल कर बहुत बड़ा मेहराबी पथ तय करती, जिसकी ऊँचाई 10 km होती और लंबाई करीब 40km होती, पर यथार्थ परिस्थितियों में गोली अपेक्षाकृत अत्यंत छोटा चाप बनाती है और बंदूक से सिर्फ 4 km की दूरी पर गिर जाती है। इसी आरेख में दर्शित यह चाप बिल्कुल नगण्य लगता है। यह है परिणाम हवा के प्रतिरोध का! यदि हवा नहीं होती तो दुश्मन पर

40 km की दूरी से गोली चलाई जा सकती थी। उनके लिए यह 10 km की ऊँचाई से छर्रों की बौछार होती।

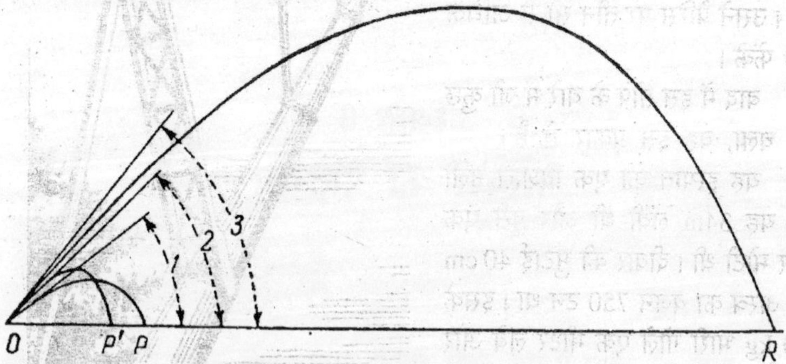

चित्र 29. अति दूर मारक तोप के झुकाव-कोणों को बदलने पर गोले की उड़ानों में अंतर; कोण 1 पर गोला p' बिंदू पर गिरता है, कोण 2 पर—p पर, कोण के 3 हो जाने पर उड़ान काफी लंबी हो जाती है, क्योंकि गोला वातावरण की विरल परतों में भ्रमण करता है।

अतिदूर की चाँदमारी

दुश्मन पर सौ से अधिक किलोमीटर की दूरी से गोली चलाना साम्राज्यवादी युद्ध के अंत (1918) में जर्मन तोपों ने शुरू किया, जब अंग्रेज और फ्रांसीसी विमानों ने जर्मनों के हवाई आक्रमण को निष्क्रिय कर दिया। जर्मन सैनिक मुख्यालय ने फ्रौंट से करीब 110 km से भी दूर फ्रांस की राजधानी पर गोले बरसाने के लिए तोपों का सहारा लिया।

यह विधि बिल्कुल नई थी, किसी ने भी इसका प्रयोग नहीं किया था। जर्मनों के हाथ यह विधि सिर्फ संयोगवश ही आई थी। अधिक कोणों पर खड़े वृहतम कैलीबरी तोपों से गोलेबारी करने पर देखा गया कि 20km की बजाए गोले 40km की दूरी पर गिरते हैं। यह परिणाम आशातीत था। पता चला कि वृहत आरंभिक वेग से गोले को सीधा ऊपर भेजने पर वह ऊँचाई पर स्थित वातावरण के विरल परतों में प्रविष्ट हो जाता है, जहाँ हवा का प्रतिरोध काफी नगण्य होता है। ऐसे क्षीण प्रतिरोधी परिवेश में गोला अपने उड़ान पथ का बहुत बड़ा भाग तय कर लेता है और फिर सीधा नीचे जमीन की ओर गिरने लगता है। चित्र 29 दृष्ट रूप से दिखाता है कि तोप की नली का कोण बदलने पर गोलों के पथों में कितना बड़ा अंतर हो जाता है।

जर्मनों द्वारा 115 km दूर स्थित पेरिस पर गोले बरसाने के लिए अति दूरमारी

तोपों की परिरचना के आधार में ये ही प्रेक्षण थे। सन् 1918 की गर्मियों में यह तोप सफलतापूर्वक बन कर तैयार हो गया। उसने पेरिस पर तीन सौ से अधिक गोले फेंके।

बाद में इस तोप के बारे में जो कुछ पता चला, वह इस प्रकार से है।

यह इस्पात की एक विशाल नली थी। यह 34m लंबी थी और पूरी एक मीटर मोटी थी। दीवार की मुटाई 40 cm थी। अस्त्र का वजन 750 टन था। इसके 120 kg भारी गोले एक मीटर लंबे और 21 cm मोटे थे। इसमें 150 kg बारूद होता था। तोप दागते वक्त यह बारूद 5000 वायुमंडलीय दबाव उत्पन्न करता था, जो गोले को 2000 m/s के आरंभिक वेग से प्रक्षिप्त करता था। गोलेबारी 52° के उत्थान कोण पर की जाती थी। गोले का उड़ान-पथ एक विशाल चाप था, जिसका उच्चतम बिंदु जमीन से 40km ऊपर, अर्थात् सुदूर स्ट्रेटोस्फेयर में था। अपने स्थान से पेरिस तक की दूरी–115km वह 3.5 मिनट में तय करता था, जिसमें से 2 मिनट की उड़ान स्ट्रेटोस्फेयर में भरता था।

चित्र 30. जर्मन तोप 'कोलोसल'। बाह्य रूप।

ऐसा था प्रथम अति दूर मारक तोप, आधुनिक अतिदूर मारक तोपों का पूर्वज।

गोली (या गोले) का आरंभिक वेग जितना ही अधिक होगा, वायु का प्रतिरोध उतना ही स्पृश्य होगा : वह वेग के अनुपात में नहीं बढ़ता, बल्कि और तेजी से, वेग के अन्य उच्च घातों के अनुपात में बढ़ता है। यह वेग के परिमाण पर निर्भर करता है।

पतंग की उड़ान

आपने कभी समझने की कोशिश की है कि पतंग **ऊपर पीछे** उठती है, जबकि

डोरी उसे पीछे खींचती है?

यदि आप इस प्रश्न का उत्तर दे सकते हैं, तो आप यह भी समझ जाएँगे कि विमान कैसे उड़ता है, मैपल (पुतली वृक्ष) के बीज कैसे हवा में तैरते हैं और यहाँ तक कि बूमरैंग की विचित्र गति के कारणों को भी समझ लेंगे। वे सारी परिघटनाएँ एक ही प्रकार की हैं। वही हवा, जो गोली की गति में गंभीर बाधक होती है, न केवल पतंग व मैपल-बीज के उड़ने का कारण बनती है, बल्कि दसियों यात्रियों समेत भारी विमानों के भी उड़ने में सहायक बनती है।

पतंग के ऊपर उठने के कारण को समझने के लिए हमें सरलीकृत आरेख का सहारा लेना पड़ेगा। माना कि रेखा MN (चित्र 31) पतंग का काट द्योतित करती है। जब हम पतंग उड़ाते हैं, हम उसे डोर के सहारे खींचते हैं। पूंछ के भार के कारण वह झुकी स्थिति में उड़ती है। माना कि यह गति दाईं से बाईं ओर की है। *a* द्वारा क्षितिज के साथ पतंग के झुकाव के कोण को व्यक्त करते हैं। अब देखें के इस प्रकार से गतिमान पतंग पर कौन-से बल कार्यशील हैं। हवा अवश्य ही उसकी गति में बाधा डालेगी और पतंग पर कोई दबाव डालेगी। यह दबाव चित्र 31 में तीर OC द्वारा दर्शाया गया है। चूँकि हवा समतल पर हमेशा लंबरूप से दबाव डालती है, रेखा OC लंब खींची गई है MN के। बलों का समांतर चतुर्भुज बना कर हम बल OC को दो घटकों में विघटित कर सकते हैं; बल OC की जगह पर हमें दो बल OD और OP मिलेंगे। उनमें से बल OD हमारे पतंग को पीछे खींचता है और इसीलिए उसके आरंभिक वेग को कम कर देता है। दूसरा बल OP पतंग को ऊपर उठाने में लगा है; वह पतंग के भार को कम करता है। यदि बल OP इतना बड़ा हो कि पतंग के भार पर विजय प्राप्त कर ले, तो वह पतंग को ऊपर उठा सकता है। यही कारण है कि क्यों पतंग ऊपर उठती है, जबकि हम उसे पीछे की ओर खींचते हैं।

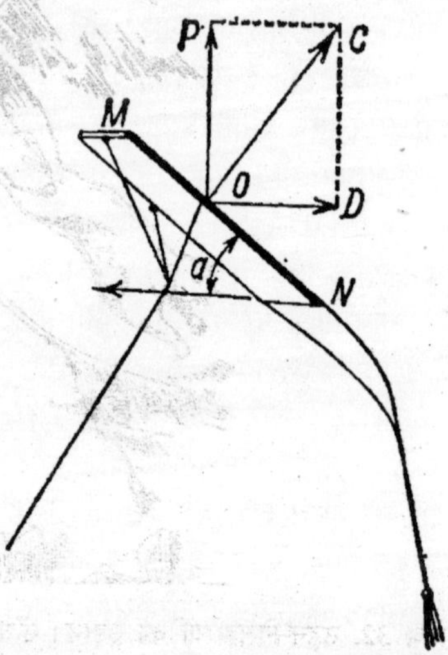

चित्र 31. पतंग पर क्रियाशील बल।

विमान भी पतंग ही है; सिर्फ उसमें हमारे हाथों की गति-प्रेरक शक्ति की जगह पर पंखुड़ियों या प्रतिकार चलित्रों की गति गति-प्रेरक शक्ति का काम करती है, जो विमान को पीछे की गति दे कर उसे उठने को विवश करती है। यहाँ पर परिघटना को मोटा-मोटी ही रेखांकित किया गया है। दूसरी परिस्थितियाँ भी हैं, जो विमान

के ऊपर उठने में सहायक होती हैं। उनके बारे में अन्यत्र बात होगी।[1]

सजीव ग्लाइडर

आप देखते हैं कि विमान पक्षियों की नकल नहीं है, जैसा कि साधारणतया लोग सोचते हैं : वह उड़न-गिलहरी या उड़न-मछली से कहीं अधिक मिलता जुलता है। वैसे, उपरोक्त जीव अपनी उड़ने वाली झिल्लियों का उपयोग ऊपर उड़ने के लिए नहीं करते, बल्कि सिर्फ लंबी छलांगों (पायलट के शब्दों में 'तैरती उड़ानों') के लिए करते हैं। उनके लिए बल OP (चित्र 31) पर्याप्त नहीं होता कि उनके शरीर के

चित्र 32. उड़न-गिलहरियों की उड़ान। ऊँचाई से छलांग लगा कर वे 20-30 मीटर दूर उड़ सकती हैं।

बोझ को पूर्णतया संतुलित कर सके; वह सिर्फ उनके भार को कम कर देता है, जिसकी मदद से वे बड़ी-बड़ी ऊँचाइयों से भी छलाँग लगा सकते हैं (चित्र 32)। उड़न-गिलहरियाँ एक पेड़ की फुनगी (20-30 मी. ऊँची) से दूसरे पेड़ की निचली शाखाओं पर छलांग लगाया करती हैं। लंका और इस्ट-इंडीज में काफी बड़ी उड़न-गिलहरियाँ होती हैं, जिन्हें तागुवान कहते हैं। वे आकार में बिल्ली के बराबर होती है। डैनों को फैलाने पर उनकी चौड़ाई आधे मीटर तक हो जाती है। इतनी बड़ी उड़ने की झिल्लियाँ

1. दे. 'मनोरंजक भौतिकी', दूसरी पुस्तक, शीर्षक 'तरंग और भंवर'।

अपेक्षाकृत बड़े वजन के बावजूद भी उन्हें 50 मीटर तक की उड़ान में मदद देती है। अंगुलास्थिक, जो जोंद व फिलिपाइन द्वीपों पर पाए जाते हैं, 70m तक की छलाँगे लगा सकते हैं।

पौधे बिना मशीन के उड़ते हैं

पौधे भी अपने फलों और बीजों को फैलाने के लिए ग्लाइडरों का इस्तेमाल करते हैं। अनेक फलों और बीजों में बालों के गुच्छे लगे होते हैं (डैंडेलियम, बकरदाढ़ी, कपास आदि की टीक), जो पैराशूट का काम करते हैं। बहुतों में अवलंब देने के लिए विशेष पंख सी झिल्ली लगी होती है। ऐसे वनस्पति-ग्लाइडर शकुलों, मैपलों, अल्मस, बर्च, चमखरक, लसौटा व अनेक छत्र-पुष्पों में देखे जाते हैं। केर्नेर फोन मैरिलाउन की विख्यात पुस्तक 'पादपों का जीवन' में निम्न पंक्तियाँ पढ़ सकते हैं :

"शांत हवा और धूप के दिन बहुत से बीज ऊर्ध्वमुखी वायु संवहन धाराओं के साथ काफी ऊपर उड़ आते हैं। इस तरह की उड़ानें पौधों को दूर-दूर तक फैलाने में उतना महत्त्व नहीं रखतीं, जितना पहाड़ी ऊँचाइयों, सीधी ढलानों पर बने छिद्रों, दरारों, चट्टानों आदि पर बीजों को पहुँचाने में। ऐसी जगहों पर बीज दूसरी विधियों से नहीं पहुँच सकते हैं। क्षैतिज पवन-धाराएँ बीजों को बड़ी-बड़ी दूरियों पर पहुँचा सकती हैं।

कुछ पौधों के बीज पंख और पैराशूट से सिर्फ तभी तक जुड़े रहते हैं, जब तक कि उड़ते रहते हैं। थिसल के बीज हवा में आराम से उड़ते हैं, पर जैसे ही मार्ग में कोई बाधा आती है, बीज पैराशूट से अलग होकर जमीन पर गिर जाता है। यही कारण है कि दीवारों और बाड़ों के पास थिसल इतना बहुतायत में पनपते हैं। दूसरी स्थितियों में बीज हमेशा पैराशूट से जुड़ा रहता है"।

चित्र 33 व 34 में चंद 'ग्लाइडर-युक्त' बीज दिखाए गए हैं।

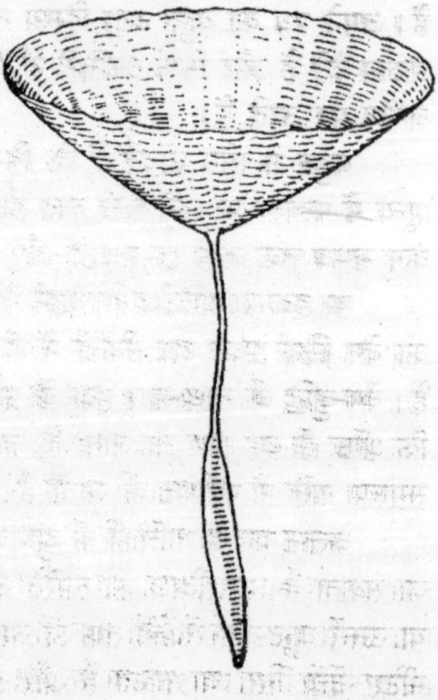

चित्र 33. बकरदाढ़ी का बीज

वनस्पति ग्लाइडर कई अर्थों में मानव-निर्मित ग्लाइडरों से भी अच्छे हैं। वे अपने वजन की तुलना में कहीं बड़ा बोझ उठा लेते हैं। इसके अतिरिक्त, वनस्पति ग्लाइडर में स्वपालित स्थिरता

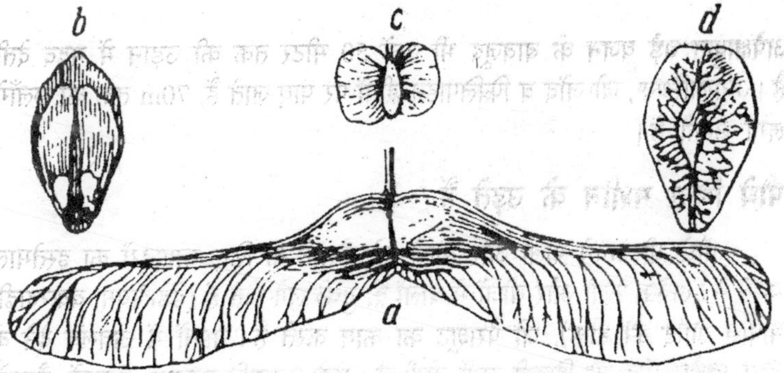

चित्र 34. पौधे के उड़ाकू बीज; a—मैपल b—पाइन c—करगच d—बर्च

होती है : यदि भारतीय चमेली के बीज को उलट दिया जाए, तो हवा में उसका उन्नतोदर भाग स्वयं नीचे हो जाएगा। यदि उसके मार्ग में बाधा आती है, तो वह संतुलन नहीं खोता, बल्कि तैरता हुआ नीचे उतर आता है।

पैराशूटीस्ट की विलंबित छलाँग

यहाँ आप पैराशूटी-छलाँग के निपुण खिलाड़ियों की वीरतापूर्ण छलांगों को याद कर सकते हैं, जो करीब 10km की ऊँचाई से पैराशूट खोले बगैर की छलाँग लगाते हैं। अपने पथ का बहुत बड़ा हिस्सा तय करने के बाद ही वे पैराशूट के छल्ले को झटका देते हैं और सिर्फ आखिरी सौ-एक मीटर अपनी छतरियों के सहारे उड़ कर जमीन पर आते हैं।

बहुत से लोग सोचते हैं कि बिना पैराशूट के आदमी वैसे ही गिरता है, जैसे शून्य में पत्थर। पर यदि ऐसी बात होती, तो विलंबित छलांग वास्तविकता से बहुत कम समय तक जारी रह सकती और छलांग के अंतिम क्षण में वेग विशाल होता।

पर हवा का प्रतिरोध वेग बढ़ने में बाधक होता है। विलंबित छलांग में पैराशूटिस्ट का वेग सिर्फ प्रथम दस सेकेंडों में ही प्रथम सौ-एक मीटर तय करते वक्त बढ़ता है। वेग-वृद्धि के साथ-साथ हवा के प्रतिरोध में इतनी तेजी से वृद्धि होने लगती है कि शीघ्र ही वह क्षण आ जाता है, जब वेग का बढ़ना रुक जाता है। त्वरित गति समरूप गति में परिणत हो जाती है।

कलन कर के यांत्रिकी के दृष्टिकोण से विलंबित छलांग का चित्र प्राप्त किया जा सकता है। छतरीबाज का त्वरित अभिपातन उसके वजन के अनुसार प्रथम 12 या उससे कुछ कम सेकेंडों तक ही जारी रहता है। इतने समय में करीब 400-500 मीटर नीचे गिरा जा सकता है और 50m/s का वेग प्राप्त कर लिया जा सकता

है। छतरी खुलने तक बाकी सारा पथ वह इसी वेग वाली समरूप गति से गिरता है।

वर्षा की बूंदे भी करीब इसी प्रकार गिरती हैं। फर्क बस इतना है कि अभिपातन का प्रथम अवकाश, जिसमें वेग बढ़ता रहता है, एक सेकेंड या इससे भी कम समय तक जारी रहता है। इसीलिए वर्षा की बूंद का अंतिम वेग इतना बड़ा नहीं होता, जितना छतरीबाज का : वह बूंद के आकार के अनुसार 2 से 7 मीटर प्रति सेकेंड तक का हो सकता है।[1]

बूमरैंग

यह मौलिक अस्त्र आदिम मानव के तकनीक की सबसे विकसित सृष्टि है। लंबे अर्से तक यह वैज्ञानिकों के आश्चर्य का कारण बना रहा। सचमुच में, विचित्र और जटिल आकृतियाँ, जो बूमरैंग का पथ हवा में बनाता है (चित्र 35), किसी को भी सोच में डाल दे सकती है।

चित्र 35. आस्ट्रेलियावासी छिप कर बुमरैंग से निशाना लगाते हैं। बूमरैंग का पथ (यहाँ निशाना चूक गया है।) बिंदु-रेखा द्वारा दिखाया गया है।

1. वर्षा की बूंद के वेग के बारे में मेरी पुस्तक 'मनोरंजक यांत्रिकी' में सविस्तार बताया गया है, और विलंबित छलांग के बारे में–'क्या आप भौतिकी जानते हैं?' नामक पुस्तक में।

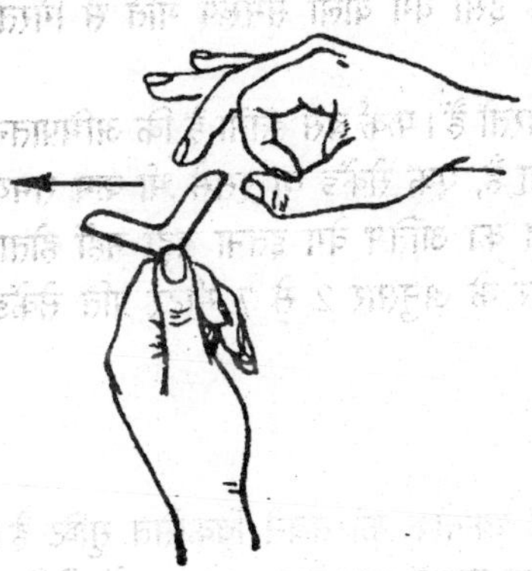

चित्र 36. कागजी बूमरैंग : उसे चलाने का तरीका।

चित्र 37. कागजी बूमरैंग : का एक और रूप (अपने वास्तविक आकार में)।

आधुनिक समय में बूमरैंग की उड़ान का सिद्धांत विस्तारपूर्वक प्रतिपादित हो चुका है और उसकी उड़ान अब कोई चमत्कार नहीं रह गई है। इन दिलचस्प विस्तारों में हम नहीं जाएँगे। सिर्फ इतना बता दें कि बूमरैंग की उड़ान के ये असाधारण पथ निम्न तीन कारणों की आपसी क्रिया के फल हैं : (1) आरंभिक प्रक्षेप, (2) बूमरैंग का घूर्णन और (3) हवा का प्रतिरोध। आस्ट्रेलियनवासी अंतर्प्रेरणा से इन तीन घटकों को संयुक्त करता है; वह कौशलतापूर्वक बूमरैंग का नति-कोण (झुकाव का कोण) और प्रक्षेप-बल व उसकी दिशा परिवर्तित करता है, ताकि इष्ट परिणाम प्राप्त हों। वैसे, इस कला में कुछ निपुणता हर व्यक्ति हासिल कर सकता है। कमरे में अभ्यास के लिए आपको कागजी बूमरैंग से ही संतोष करना पड़ेगा, जिसे पोस्टकार्ड को चित्र 36 में दर्शित आकार में काट कर प्राप्त कर ले सकते हैं। हर शाखा की लंबाई करीब 5 cm है और चौड़ाई 1cm ये कुछ कम है। अंगूठे के नाखून में इसे फंसा कर चुटकी से इस प्रकार मारें कि चोट की दिशा आगे, थोड़ा ऊपर की ओर। बुमरैंग कोई पाँच-एक मीटर उड़ जाएगा और तैरता हुआ वक्र-पथ बनाएगा, जो कभी-कभी जटिल भी

चित्र 38. मिस्र के एक प्राचीन चित्र में बूमरैंग चलाता हुआ एक सैनिक।

हो सकता है, और यदि कमरे में किसी चीज से टकराएगा नहीं, तो आपके पैरों के पास आकर गिरेगा।

प्रयोग और सफल साबित होगा, यदि बूमरैंग को चित्र 37 की भाँति रूप और आकार दिया जाए। बूमरैंग की शाखा को एक हल्का मरोड़ देना भी लाभदायक होगा (चित्र 37, नीचे)। ऐसे बूमरैंग को आप थोड़ी निपुणता से ही जटिल वक्रों पर चलने और फिर आपके पास वापस लौटने को विवश कर सकते हैं।

अंत में यह भी बता दें कि बूमरैंग सिर्फ आस्ट्रेलियन वासियों का ही अस्त्र नहीं रहा है, जैसा कि बहुत से लोग सोचते होंगे। वह भारत में भी कुछ स्थानों पर व्यवहृत होता है। भित्ति चित्रों के अवशेषों से लगता है कि वह कभी एसीरियन योद्धाओं के लिए आम अस्त्र था। प्राचीन मिस्र और नूबी में भी बूमरैंग ज्ञात था। आस्ट्रेलियनों के बूमरैंग में एक ही असाधारण बात है कि उसे बीच से एक हल्की ऐंठन दे दी जाती है। यही कारण है कि आस्ट्रेलियन बूमरैंग आश्चर्यजनक वक्र बनाते हैं और निशाना चूकने पर वापस फेंकने वाले के पैरों पर आ गिरते हैं।

अध्याय 4

घूर्णन, 'शाश्वत गति'

उबले और कच्चे अंडों की पहचान

यदि आवश्यकता पड़े, तो बिना छीले बता सकते हैं कि अंडा उबला हुआ है या कच्चा? यांत्रिकी का ज्ञान ऐसी छोटी-मोटी दिक्कतों से छुटकारा दिलाने में सहायक हो सकता है।

बात यह है कि उबले और कच्चे अंडे अलग-अलग प्रकार से घूर्णण करते हैं। उक्त समस्या को हल करने में इसी बात की सहायता ले सकते हैं। अंडे को थाली या प्लेट में रखते हैं और दो उँगलियों से पकड़ कर तेजी से घिरनी की तरह घुमाते हैं (चित्र 39)। उबला हुआ (खास कर अच्छी तरह से) अंडा काफी **तेजी से और देर तक** घूर्णन करता रहेगा। कच्चे अंडे को घूर्णन के लिए विवश करना भी कठिन है, जबकि अच्छी तरह उबला अंडा इतनी तेजी से घूमना शुरू कर देता है कि उसकी पर्याकृति घुल कर चपके दीर्घवृत्तज की तरह दिखने लगती है और वह अपने पतले सिरे पर भी खड़ा हो जाता है।

चित्र 39. अंडे को घिरनी की तरह घुमाना।

चित्र 40. लटकायी स्थिति में घूर्णन से कच्चे व उबले अंडों की पहचान।

इन परिघटनाओं का कारण यह है कि अच्छी तरह से उबला हुआ अंडा एक पूरे एकाश्म पिंड की तरह घूमता है, जबकि कच्चे अंडे के भीतर का द्रव घूर्णनगति तुरंत प्राप्त नहीं करता और जड़त्व के कारण ऊपरी कठोर कोष की गति को रोकने लगता है, ब्रेक का काम करने लगता है।

उबले और कच्चे अंडे रोकने पर भी भिन्न प्रकार से प्रतिक्रिया करते हैं। घूर्णनरत उबले अंडे की उंगली से छूने पर वह रुक जाएगा, पर उँगली हटाते ही फिर थोड़ा घूमना शुरू कर देगा। इसका कारण भी जड़त्व ही है : कच्चे अंडे में भीतरी द्रव तब भी घूमना जारी रखता है, जबकि ऊपरी कठोर कोष रुक चुका होता है। अच्छी तरह उबले अंडे के भीतर जो कुछ होता है, ऊपरी कोष के रुकने के साथ ही रुक जाता है।

इस तरह के परीक्षण दूसरी विधि से भी संपन्न किए जा सकते हैं। एक उबले और एक कच्चे अंडे की 'याम्योत्तर रेखा' पर रबड़ का एक छल्ला तान कर चढ़ा दीजिए और एक जैसी रस्सी से बाँध कर लटका दीजिए (चित्र 40)। रस्सियों को समान संख्या में ऐंठन दे कर छोड़ दें। कच्चे और उबले अंडों में अंतर तुरंत दिख जाएगा। उबला अंडा आरंभिक स्थिति में आकर रुकेगा नहीं, बल्कि रस्सी को उल्टा ऐंठता हुआ चक्कर खाने लगेगा; इसके बाद ऐंठन को खोलता हुआ घूमने लगेगा और रस्सी को पहले जैसे ऐंठने लगेगा। यह चक्कर काफी देर तक चलता रहेगा (हर बार चक्करों की संख्या कम होती जाएगी)। कच्चा अंडा पुरानी स्थिति में आकर एकाध बार इधर-उधर घूम कर रुक जाएगा; उबले अंडे के शांत होने के बहुत पहले ही। उसकी गति में बाधक भीतर का द्रव पदार्थ होता है।

हास-चक्र

छाता खोलें और फर्श पर उलट कर नोक के सहारे घुमाना शुरू करें; उसे क्षिप्र गति देना कठिन नहीं होगा। अब छतरी में मुड़ा-तुड़ा कागज या एक छोटा गेंद डालें। डाली गई वस्तु छाते के भीतर नहीं रुकेगी, वह बाहर उछल आएगी। इसे 'केंद्रापसारी बल' का नाम गलत ही दिया गया है। दरअसल यह सिर्फ जड़त्व की अभिव्यक्ति है। गेंद्र त्रिज्या की दिशा में नहीं, चक्रीय गति के पथ की स्पर्शरेखा की दिशा में भागती है।

घूर्णन गति के इसी प्रभाव पर आधारित है मनोरंजन का एक साधन 'हास-चक्र' (चित्र 41)। ये सांस्कृतिक पार्कों में देखे जा सकते हैं। इसमें आपको खुद अपने ऊपर जड़त्व के प्रभाव को झेलने का अवसर मिलता है। लोग एक गोल चबूतरे पर रहते हैं—बैठकर, लेटे या खड़े, जैसे पसंद हो। नीचे छिपा हुआ चलित्र (मोटर) चबूतरे को ऊर्ध्वमुखी अक्ष के गिर्द नचाना शुरू कर देता है—पहले धीमी गति से, फिर धीरे-धीरे त्वरित करते हुए तेज गति से। शुरू में यह गति महसूस नहीं होती, पर इसके 'यात्री';

चित्र 41. 'हास-चक्र'। घूमते चक्के पर ये लोग किनारी की ओर फिसलने लगते हैं।

जैसे-जैसे केंद्र से दूर बड़ी से बड़ी त्रिज्या वाली परिधियों पर पहुँचते हैं, वेग, और इसीलिए गति का जड़त्व, अधिक अनुभूत होने लगता है। अपने स्थान पर टिके रहने के लिए कोई भी कोशिश क्यों न की जाए, लोग धीरे-धीरे 'हास-चक्र' से बाहर फेंक दिए जाते हैं।

पृथ्वी का गोला भी सच पूछें तो 'हास-चक्र' ही है सिर्फ इसका आकार विराट है। पृथ्वी हमें अपने ऊपर से फेंकती तो नहीं है, पर वह हमारा वजन कम अवश्य कर देती है। विष्वक पर, जहाँ घूर्णन-वेग महत्तम है, **उक्त कारण से** भार 1/300 अंश तक घटता हैं इसके साथ ही एक दूसरे कारण (पृथ्वी के संकोचन) से विष्वक पर वजन में कुल कमी आधे प्रतिशत (अर्थात, 1/200 अंश) की होती है। अतः विष्वक पर वयस्क आदमी का भार 300 g कम होता है, बनिस्बत की ध्रुव पर।

स्याही का बवंडर

सफेद चिकने गत्ते को गोल काट कर उसके केंद्र में नुकीली की हुई माचिस की तीली चुभा लें। आपके हाथों में एक घिरनी होगी, जैसी चित्र 42 में बाएँ (वास्तविक माप से आधी छोटी) दिखाई गई है। तीली की तेज नोक पर घिरनी नचाने के लिए किसी खास कौशलता की जरूरत नहीं हैं; उँगलियों के बीच तीली को नचाते हुए जल्दी से किसी चिकने तल पर उसे गिरा देना काफी रहेगा।

ऐसी घिरनी के साथ बहुत ही काम के प्रयोग किए जा सकते हैं। उसे नचाने के पहले गत्ते की ऊपरी सतह पर स्याही की कुछ नन्हीं बूंदें डाल दें। उनके सूखने के पहले ही घिरनी नचाएँ। जब वह रुक जाए, तो देखें कि बूंदों के साथ क्या हुआ

है : उनमें से प्रत्येक बह कर सर्पिलाकार रेखा में परिणत हो गई है और सभी सर्पिल मिल कर बवंडर का सा चित्र बनाते हैं।

ऐसा चित्र बन जाना कोई संयोग की बात नहीं है। घिरनी पर स्याही के ये सर्पिल क्या बताते हैं? ये बूंदों की गति के निशान हैं। बूंद उसी प्रभाव के अंतर्गत आ जाती है, जिसके अंतर्गत आदमी नाचते 'हास-चक्र' पर होता है। केंद्रापसारी प्रभाव के कारण केंद्र से दूर होने पर बूंद चकरी के उस स्थान पर पहुँच जाती है, जहाँ चक्रीय वेग बूंद के वेग से अधिक होता है। इन स्थानों पर चकरी बूंद के नीचे से खिसक जाती है, उसे पीछे छोड़ देती है। यहाँ बात इस प्रकार से है : बूंद मानों चकरी से पीछे रह जाती है, त्रिज्या से पीछे हट जाती है। इसीलिए उसका पथ वक्रित हो जाता है और हम चकरी पर वक्ररेखिल गति का निशान देखते हैं।

चित्र 42. कागज की घिरनी पर स्याही की बूंदों का बहना।

यह बात पवन-धाराओं के साथ घटती है, जो वातावरण के उच्च दबाव वाले स्थान से दूर भागती हैं (प्रतिचक्रवात में) या निम्न दबाव वाले स्थान की ओर दौड़ती हैं (चक्रवात में)। स्याही की सर्पिलें इन्हीं विराट बवंडरों के छोटे रूप हैं।

धोखे में पड़ा पौधा

क्षिप्र घूर्णन से केंद्रापसारी प्रभाव इतनी बड़ी मात्राएँ धारण कर सकता है कि वह गुरुत्व से भी बड़ा हो जाता है। एक दिलचस्प प्रयोग पेश है, जो दिखाता है कि साधारण चक्का भी घूमने पर कितना बड़ा फेंकने वाला बल उत्पन्न कर सकता है। हमें ज्ञात है कि नन्हा पौधा अपना डंठल गुरुत्व बल की विपरीत दिशा में बढ़ाता है, अर्थात् यदि सरल शब्दों में कहें, ऊपर की ओर पनपाता है। लेकिन क्षिप्र घूर्णित चक्के की किनारी पर बीज को पनपने दें, जैसा कि अंग्रेज वनस्पति-वैज्ञानिक नाइट ने सौ साल से भी पहले किया था। आप आश्चर्यजनक चीज देखेंगे : पौधों की जड़ें बाहर की ओर निकली होंगी और

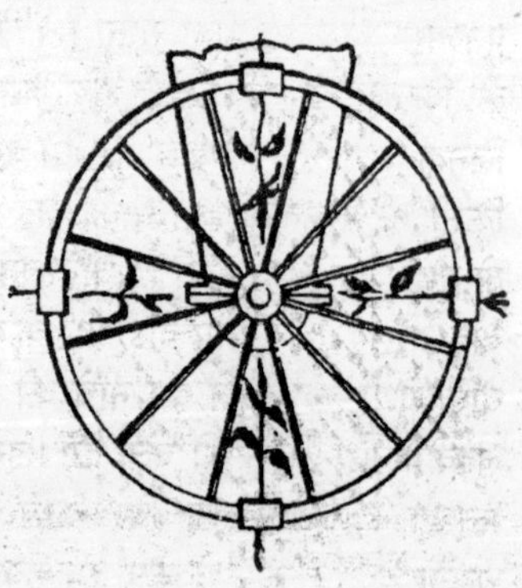

चित्र 43. घूमते चक्के की किनारी पर पनपता बीज। फुनगी अक्ष की ओर बढ़ रही है और जड़—बाहर की ओर।

डंठल, पत्ते आदि चक्के के केंद्र की ओर त्रिज्या की दिशा में (चित्र 43)।

हमने मानों पौधे को धोखे में डाल दिया है : उस पर गुरुत्व बल के बदले दूसरे बल का प्रभाव डाल दिया, जिसकी क्रियाशीलता चक्के के केंद्र से बाहर की ओर निर्दिष्ट है। और चूँकि अंकुर हमेशा गुरुत्व के विपरीत दिशा में बढ़ता है, उसे इन परिस्थितियों में चक्के के भीतर किनारी से अक्ष की ओर बढ़ना पड़ा। हमारा कृत्रिम गुरुत्व प्राकृतिक गुरुत्व से अधिक शक्तिशाली निकला[1] और पौधा उसी के प्रभाव में पनपा।

'चिर-चलित्र'

'चिर-चलित्र' और 'चिर-गति' के बारे में अक्सर लोग प्रत्यक्ष या परोक्ष अर्थों में बोला करते हैं, पर शायद ही सभी समझते हों कि इन शब्दों का अर्थ क्या है। चिर-चलित्र एक ऐसा काल्पनिक यंत्र है, जो अविराम स्वयं चलता रहता है और साथ ही कोई कार्य भी संपन्न करता रहता है (जैसे भार उठाना)। ऐसा यंत्र कोई भी नहीं बना सका, हालाँकि बनाने की कोशिशें पुराने जमाने से हो रही हैं। इन प्रयत्नों की असफलता से चिर-चलित्र की असंभाव्यता में विश्वास और आधुनिक विज्ञान में ऊर्जा संरक्षण नियम की स्थापना में सहायता मिली। जहाँ तक चिर-गति (शाश्वत गति) का प्रश्न है, इसका अर्थ बिना कार्य-संपन्नता के अविराम गति है।

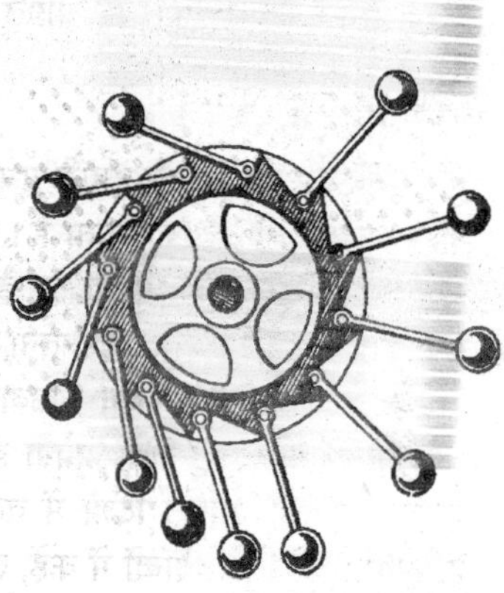

चित्र 44. मध्ययुगीन मिथ्या शाश्वत चलित्र।

चित्र 44 में एक मिथ्या स्वचल यंत्र दिखाया गया है। यह चिर-चलित्र की प्राचीनतम प्रायोजनाओं में से एक है, जो अभी भी असफल दुराग्रहियों के कारण पुनर्जन्म को प्राप्त होता रहता है। चक्के के किनारों पर छोटे-छोटे छड़ लगे हैं, जिनके दूसरे सिरों पर बोझ जुड़े हैं। चक्का किसी भी स्थिति में हो, उसकी दाईं ओर के बोझ केंद्र से दूर रहते हैं, बनिस्बत कि बाईं ओर के। इसीलिए दाईं ओर के बोझ बाएँ बोझों को उठाते हुए नीचे की ओर लुढ़केंगे और चक्के को चला देंगे। इसका मतलब है कि चक्का चिर काल तक चलना चाहिए, कम से कम तब तक, जब तक कि अक्ष घिस न जाए। आविष्कारक

1. गुरुत्व की प्रकृति पर आधुनिक दृष्टिकोण इन दोनों के बीच कोई सैद्धांतिक फर्क नहीं देखता।

ने यही सोचा होगा। फिर भी, यदि ऐसा चलित्र बनाया जाए, वह घूमेगा नहीं। आविष्कारक का सोचा हुआ कामगर नहीं रहा, क्यों?

कारण यह है : दाहिनी तरफ के गुल्ले चक्के के केंद्र से दूर जरूर है।पर कभी न कभी ऐसा क्षण आएगा ही, जब इन गुल्लों की संख्या बाएँ गुल्लों की संख्या से कम हो जाएगी। चित्र 44 पर नजर डालिए : दाएँ गुल्लों की संख्या सिर्फ 4 है, बाएँ-8। इससे सारी प्रणाली संतुलित हो जाएगी और चक्का घूमेगा नहीं; कुछेक बार झूल कर इसी स्थिति में रुक जाएगा।[1]

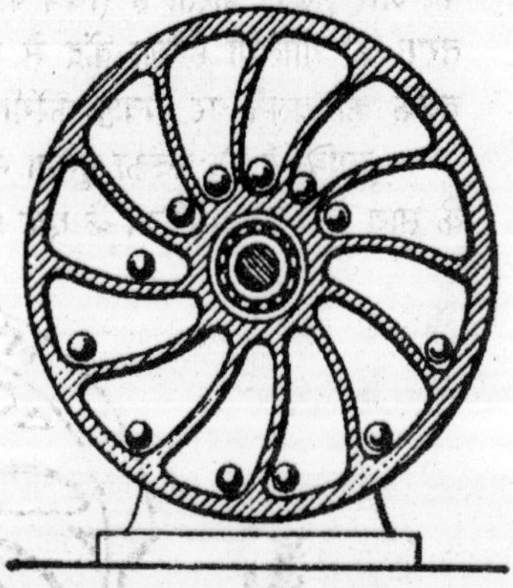

चित्र 45. लुढ़कते गोलों वाला मिथ्या शाश्वत चलित्र।

जब अकाट्य रूप से सिद्ध किया जा चुका है कि ऐसा यंत्र नहीं बनाया जा सकता, जो अनवरत अपने-आप चलता रहे और साथ-साथ कोई कार्य भी संपन्न किया करे। इस समस्या पर श्रम करना बिलकुल निरर्थक है। पुराने जमाने में, खासकर मध्य युग में, लोगों ने इस समस्या के लल पर बहुत ही सर खपाया और 'चिर-चलित्र' (लातीनी में पेरपेतुउम मोबीले, perpetuum mobile) के आविष्कार में बहुत ही श्रम और समय बरबाद किया। ऐसा चलित्र प्राप्त करना सस्ते धातुओं से सोना बनाने की कला से भी अधिक आकर्षक था।

पुश्किन ने अपने 'सामंतकालीन शूरवीरों के जीवन से कुछ दृश्य' में एक ऐसा ही सपना देखने वाले व्यक्ति बेरतोल्द का चित्रण किया है :

"—perpetuum mobile क्या है? —मार्तीन ने पूछा।

"—perpetuum mobile—बेर्तोल्द उसे बताता है,—शाश्वत गति है। यदि शावत गति बना सकूँ, तो फिर मनुष्य की सृजनात्मक शक्तियों की कोई सीमा नहीं रह जाएगी...देखो, मेरे अच्छे मार्तीन! स्वर्ण बनाना आकर्षक काम है, मनोरंजक भी और फायदेमंद भी, पर perpetuum mobile ढूँढ़ लेना...अरे..."।

सैंकड़ों 'चिर-चलित्र' सोच-सोच कर निकाले जा चुके हैं, पर उनमें से एक भी चला नहीं। आविष्कारक हर बार, जैसा कि हमारे उदाहरण में हुआ था, कोई न कोई छोटी सी चीज भूल जाया करता था, या ध्यान नहीं देता था, जिससे उसकी योजना भंग हो जाती थी।

यह रहा चिर-चलित्र का एक और नमूना : चक्के में भारी गोलियाँ हैं जो नीचे

---

1. इस प्रकार की प्रणालियाँ आघूर्ण-प्रमेय की सहायता से निरूपित होती हैं।

की ओर लुढ़का करती हैं (चित्र 45)। आविष्कारक ने सोचा था कि चक्के में एक तरफ की गोलियाँ हमेशा केंद्र से दूर वाली किनारी पर रहेंगी और अपने भार से चक्के को चलने पर विवश करेंगी।

जाहिर है कि चक्का घूमेगा नहीं। कारण वही है, जो चित्र 44 में दर्शित चक्के के साथ था। पर अमेरिका के एक शहर में एक ऐसा ही चक्का बनाया गया। इसका

चित्र 46. लोस-ऐंजेल्स शहर (कैलीफोर्निया) में विज्ञापन के लिए रचा गया मिथ्या शाश्वत चलित्र।

लक्ष्य एक रेस्तरां के लिए खूबसूरत विज्ञापन देना था, ताकि ग्राहकों का ध्यान आकर्षित हो (चित्र 46)। यह 'शाश्वत चलित्र' यत्न से छिपा कर रखी गई मशीन से चला करता था, पर दर्शकों को लगता था कि चक्का दरारों में रखे भारी गोलियों के लुढ़कने से चल रहा है। एक समय था, जब लोगों को आकर्षित करने के लिए घड़ीसाज अपनी दुकानों में ऐसे नकली शाश्वत चलित्र रखा करते थे। इन चलित्रों को छुपे-रुस्तम

बिजली से चलाया जाता था।

एक बार एक ऐसे ही विज्ञापन वाले 'शाश्वत चलित्र' के कारण मुझे काफी तंग होना पड़ा। मेरे कुछ मजदूर छात्र इससे इतने आश्चर्यचकित थे कि उन पर शाश्वत चलित्र की असंभाव्यता के प्रमाणों का कोई असर नहीं पड़ रहा था। कंचों का लुढ़क-लुढ़क कर चक्का चलाना और फिर इसी चक्के से ऊपर उठना—यह दृश्य मेरे तर्कों से अधिक प्रभावशाली निकला। मेरे भाग्य से उस समय छुट्टियों के दिन बिजली नहीं मिलती थी। मैंने अपने छात्रों को सलाह दी कि वे किसी ऐसे दिन शो-केस के निकट जा कर देखें। उन्होंने मेरी बात मान ली।

—क्या हाल है चलित्र का, आपने देखा? —मैंने प्रश्न किया।

—नहीं,—निराश उत्तर दिया उन्होंने।—वह दिखा नहीं; अखबार से ढका था...

ऊर्जा संरक्षण नियम ने पुनः उनका विश्वास जीत लिया और इसके बाद फिर कभी खोया नहीं।

'अड़चन'

अनेक रूसी स्वशिक्षित आविष्कारक भी 'शाश्वत चलित्र' की मोहक समस्या को हल करने में लगे थे। ऐसे एक साइबेरियन किसान अलेक्सांदर शेग्लोव का चित्रण शेद्रिन के उपन्यास 'आधुनिक रमण-काव्य' के एक पात्र 'प्रेजेंतोव बाबू' के रूप में किया गया है। शेद्रिन इस आविष्कारक की कर्मशाला देखने गए थे, जिसका वर्णन उन्हीं के शब्दों में प्रस्तुत कर रहे हैं :

"प्रेजेंतोव बाबू की उम्र पैंतिस वर्ष थी, शरीर दुबला-पतला, चेहरा पीला, आँखें बड़ी और चिंतनशील, बाल डोरी-से गरदन तक लटके हुए। उनकी लकड़ी की झोपड़ी काफी बड़ी थी, लेकिन आधी जगह एक बहुत बड़े गति-पालक चक्के ने घेर रखा था और इसीलिए हम मुश्किल से अंट रहे थे। चक्का तीलियों वाला था। उसकी रिम तख्तों को ठोक कौर बनाई गई थी ओर काफी मोटी, बक्सों जैसी भीतर से खोखली थी। इसी खाली स्थान में आविष्कारक निर्मित यंत्र का राज छिपा था। राज कोई खास जटिल नहीं था; बस बालू की बोरियाँ थीं, जो मिलकर एक-दूसरे को संतुलित कर सकती थीं। चक्के में एक डंडा फँसा था, ताकि वह चलता रहे।

—हम लोगों ने सुना कि आप शाश्वत गति के नियम को व्यवहार में ला रहे है।? —मैंने बात शुरू की।

—क्या कहूँ, पता नहीं,—हिचकिचाते हुए उसने उत्तर दिया,—लगता है, मानों कि...

—हम देख सकते हैं?

—क्या कहते हैं? यह तो सौभाग्य है...

वह हमें चक्के के पास ले गया, फिर चारों ओर से दिखाया। पता चला कि

आगे, पीछे—सब तरफ से चक्का-चक्का ही था।

—घूमता है?

—घूमना तो चाहिए। नखरे कर रहा है वैसे...

—सिटकिनी हटाई जाए?

प्रेजेंतोव ने डंडा खींच कर निकाल लिया। चक्का हिला भी नहीं।

—नखरे कर रहा है!—उसने दुहराया,—थोड़ा जोर लगाना पड़ेगा।

उसने दोनों हाथों से चक्का पकड़ लिया, कुछेक बार ऊपर-नीचे झुलाया और एक जोर की पेंग देकर छोड़ दिया। चक्का चल पड़ा। कुछ चक्कर तो उसने काफ़ी तेजी से और बिना किसी बाधा के आराम से पूरे कर लिए। पर सुनाई दे रहा था, किस प्रकार रेत की बोरियाँ चक्के की भीतरी दीवारों से घिस रही थीं और कैसे उनसे छूट-छूट कर गिर रही थीं। इसके बाद चक्के का घूमना मंद होने लगा। एक चरमराहट की आवाज आई और इसके बाद वह बिल्कुल रुक गया।

—कोई अड़चन लग रही है भीतर,—आविष्कारक ने व्यग्र स्वर में समझाया और फिर से दम लगा कर चक्के का एक जोर की पेंग दी।

पर दूसरी बार भी वही हुआ।

—घर्षण का हिसाब शायद आपने नहीं लगाया था?

—घर्षण का भी लगाया था... घर्षण है ही क्या? घर्षण के कारण नहीं; बस, यूँ ही...कभी-कभी तो मन खुश कर देता है, और इसके बाद फिर एकदम से...नखरे करने लगता है, अड़ जाता है—और बस। जरा ढंग का सामान होता...चक्का तो इधर-उधर की टुकड़ियों से जोड़-जाड़ कर बना है।"

स्पष्ट है कि यहाँ सवाल 'अड़चन' या 'अच्छी निर्माण सामग्री का नहीं, बल्कि यंत्र के मुख्य विचार की जटिलता का है। चक्का आविष्कारक द्वारा धक्का खाने पर थोड़ा बहुत चल लेता है, लेकिन जब यह बाह्य-संप्रेषित ऊर्जा घर्षण के साथ संघर्ष में समाप्त हो जाती है, तो चक्के को रुकना ही पड़ता है।

उफिम्त्सेव का संचालक

गति के कारण को पता लगाए बगैर सिर्फ उनके बाह्य रूप और ढाँचे के आधार पर उसे 'शाश्वत' कहना गलत होगा। इस बात की सत्यता उफिम्त्सेव द्वारा आविष्कृत यांत्रिक ऊर्जा के संचायक से सिद्ध होती है। कूर्स्की शहर के अ. गि. उफिम्त्सेव ने एक नए प्रकार के पवनशक्ति-केंद्र का निर्माण किया। इसमें गतिसामक चक्र की तरह के सस्ते 'जड़त्वीय' संचायक का इस्तेमाल हुआ था। सन् 1920 में उफिम्त्सेव ने अपने संचायक का एक चक्कीनुमा प्रतिमान तैयार किया। चक्की ऊर्ध्व अक्ष पर बाल-बेयरिंग के सहारे घूमती थी। यह सब एक चमड़े की थैली में रखा था, जिसमें से पंप द्वारा हवा निकाली जा चुकी थी। चक्की को 20000 चक्कर प्रति मिनट का

आरंभिक वेग दिया गया और वह 15 दिनों तक इसी तरह घूमती रही। सतही तौर पर देखने वाला व्यक्ति चक्की के अक्ष को देख कर इसे शाश्वत गति का कार्यान्वयन ही कहता, क्योंकि ऊर्जा का कोई स्पष्ट स्रोत सामने नहीं था।

चमत्कार : है भी और नहीं भी

'शाश्वत' चलित्रों के पीछे निरर्थक दौड़ ने अनेक लोगों की जिंदगी बर्बाद की है। मैं एक मजदूर को जानता हूँ, जो अपनी सारी बचत और तनख्वाह शाश्वत चलित्रों के प्रतिमान बनाने में खर्च कर दिया करता था। वह अपने असंभव विचारों का बलिदान बन गया था। उसके पास पहनने को कपड़े नहीं होते थे, भूखा रहता था, पर वह लोगों से साधन मांगता था 'अंतिम प्रतिमान' के लिए, जो 'अवश्य ही चलता रहता'। अफसोस होता था कि यह आदमी भौतिकी के आरंभिक ज्ञान न होने के कारण ही इतनी गरीबी में जी रहा था।

मजे की बात यह है कि 'शाश्वत' गति की खोज हमेशा निष्फल रही है, पर उसकी असंभाव्यता के गूढ़ ज्ञान ने अनेक लाभप्रद वैज्ञानिक निष्कर्षों को जन्म दिया है।

इसका एक सुंदर उदाहरण है नत-तलों पर बल-संतुलन के नियम की खोज। खोजकर्ता हालैंड (XVI-वीं–XVII-वीं शती) के वैज्ञानिक स्टेविन थे। उन्हें इतनी ख्याति नहीं प्राप्त हुई, जितनी होनी चाहिए थी। उन्होंने अनेक महत्त्वपूर्ण खोजें कीं, जिनका हम निरंतर प्रयोग करते हैं, जैसे दशमलव भिन्न, बीजगणित में घात का प्रयोग, जल-स्थैतिक नियम, जिसकी बाद में पास्कल ने पुनः खोज की।

नत-तल पर बल-संतुलन के नियम की खोज स्टेविन ने बल समांतर चतुर्भुज के नियम की सहायता के बिना सिर्फ एक आरेख की मदद से की (दे. चित्र 47)। त्रिफलकी प्रिज्म पर 14 मोती की एक माला लटकी है। मोती समान हैं। माला के साथ क्या होगा? नीचे लटके मोती आपस में संतुलन कर लेते हैं। पर माला के अन्य दो भाग एक दूसरे को संतुलन में रखते हैं या नहीं? अन्य शब्दों में : दाईं ओर के दो मोती बाईं ओर के चार मोतियों से संतुलित होते हैं या नहीं? अवश्य होते हैं, अन्यथा माला निरंतर दाएँ से बाएँ ससरती रहती, क्योंकि आगे बढ़े मोतियों की जगह नए मोती आ जाते और संतुलन कभी भी स्थापित नहीं होता। पर हम जानते हैं कि माला उक्त स्थिति में स्थिर रहती

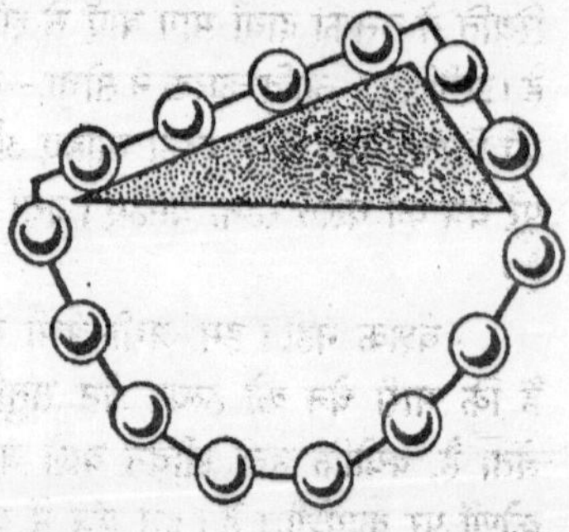

चित्र 47. ''चमत्कार भी, और नहीं भी''।

है, खुद ब खुद घूमती नहीं रहती, इसीलिए स्पष्ट है कि दाईं ओर के दो मोती बाईं ओर के चार मोतियों को संतुलित कर लेते हैं। यह एक चमत्कार-सा लगता है : दो मोती उसी बल से खींच रहे हैं, जिससे कि चार।

स्टेविन ने इस मिथ्या चमत्कार से यांत्रिकी का एक महत्त्वपूर्ण नियम निकाला। उसने इस प्रकार सोचा। माला के ये दो भाग—लंबा और छोटा—अलग-अलग प्रकार से लटके हैं : एक भाग दूसरे से उतना ही गुना अधिक भारी है, जितना गुना प्रिज़्म का लंबा फलक छोटे वाले से अधिक है। इससे निष्कर्ष निकलता है कि रस्सी से जुड़े दो बोझ नत तलों पर एक दूसरे को संतुलित कर लेते हैं, यदि उनका भार तलों की लंबाइयों के समानुपाती होता है।

स्थिति-विशेष में, यदि छोटा तल लम्बवत खड़ा हो, हमें यांत्रिकी का एक विख्यात नियम प्राप्त होता है : नत तल पर पिंड को रोक रखने के लिए इस तल की दिशा में ऐसे बल को लगाना चाहिए, जो पिंड के भार से उतना ही गुना छोटा हो, जितनी तल की ऊँचाई उसकी लंबाई से छोटी है।

इस प्रकार, शाश्वत चलित्र की असंभाव्यता के आधार पर यांत्रिकी के एक महत्त्वपूर्ण नियम की खोज हुई।

कुछ और 'शाश्वत चलित्र'

चित्र 48 में आप एक भारी चेन देखते हैं, जो चक्कों पर इस प्रकार लगा है कि हर स्थिति में उसका दायाँ भाग बाएँ से लंबा रहता है। इसीलिए,—आविष्कारक ने सोचा,—दाएँ भाग को निरंतर नीचे गिरते रहना चाहिए और इससे पूरे यंत्र को चलते रहना चाहिए। क्या यह सही है?

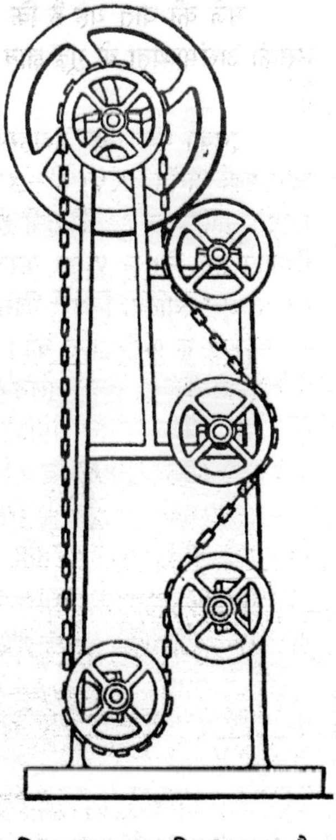

चित्र 48. क्या चलित्र शाश्वत है?

बेशक नहीं। हम अभी-अभी देख चुके हैं कि भारी चेन को हल्का चेन संतुलित कर लेता है, क्योंकि उन्हें खींचने वाले बल भिन्न कोणों पर कार्यशील हैं। इस यंत्र में बायाँ चेन लंबवत लटक रहा है और दायाँ तिरछे लगा हुआ है। इसीलिए दायाँ चेन भारी होने के बावजूद भी हल्के को नहीं खींचेगा। यहाँ प्रत्याशित 'शाश्वत' गति प्राप्त नहीं हो सकती।

पिछली शती की साठवीं दशाब्दी में एक

अत्यंत चालाक आविष्कारक का 'शाश्वत' चलित्र पेरिस की प्रदर्शनी में दिखाया जा रहा था। चलित्र एक चक्का था जिसमें भारी गोलियाँ लुढ़कती रहती थीं। आविष्कारक का दावा था कि चक्के की गति को कोई नहीं रोक सकता। दर्शक एक के बाद एक चक्के को रोकने की कोशिश करते थे, पर हाथ हटाते ही चक्का पुनः चालू हो जाता था। किसी को यह शक नहीं होता था कि चक्का दर्शकों द्वारा रोकने की कोशिश से ही चलता था; रोकने के लिए चक्का पीछे घुमाने से यंत्र में घड़ी की तरह चाबी पड़ जाती थी—स्प्रिंग अत्यंत सावधानी से छिपा हुआ था...

प्योत्र प्रथम के समय का 'शाश्वत चलित्र'

1715-1722 में प्योत्र प्रथम द्वारा लिखे गए पत्र और उनके उत्तर बचे हैं, जिनमें जर्मनी में आविष्कृत एक शाश्वत चलित्र के बारे में बातचीत चल रही थी। आविष्कारक कोई डॉ. ओरफीरेउस था। जर्मनी में उसके 'स्वचालित चक्के' के कारण उसे काफी ख्याति मिल रही थी। त्सार[1] से वह काफी बड़ी कीमत ऐंठना चाहता था। विद्वान पुस्तकालयाध्यक्ष शुमाखेर, जिसे प्योत्र ने दुर्लभ वस्तुओं के संग्रह के लिए पाश्चात्य देशों में भेजा था, ओरफीरेउस की मांग के बारे में त्सार को लिखा :

"आविष्कारक अंतिम मूल्य बता रहा है : 100000 येफीमक[2] रख दीजिए और मशीन ले जाइए।"

अपनी मशीन के बारे में आविष्कारक का कहना था कि (पुस्तकालयाध्यक्ष के शब्दों में) वह 'सही है और कोई भी उसका मजाक नहीं उड़ा सकता; दुर्जनों की बात दूसरी है और दुनिया ऐसे ही लोगों से भरी है, जिनका विश्वास नहीं किया जा सकता"।

1725 की जनवरी में प्योत्र इस 'शाश्वत चलित्र' को देखने के लिए जर्मनी जाने वाले थे, पर इसी बीच उनकी मृत्यु हो गई।

यह ओरफीरेउस कौन था और उसकी मशीन कैसी थी। इन प्रश्नों पर प्रकाश डालने वाली सूचनाएँ प्राप्त करने में मुझे कुछ सफलता मिली।

ओरफीरेउस का वास्तविक नाम बेस्लेर था। उसका जन्म 1680 में जर्मनी में हुआ था। उसने ईश्वर-विज्ञान, चिकित्सा-विज्ञान, चित्रकला आदि का अध्ययन किया और अंत में वह 'शाश्वत' चलित्र के आविष्कार में लग गया। ऐसे हजारों आविष्कारकों में सबसे भाग्यशाली ओरफीरेउस ही था। मशीन दिखा-दिखा कर कमाए पैसों से उसने मृत्यु-पर्यंत आराम की जिंदगी बसर की। उसकी मृत्यु सन् 1745 में हुई थी।

---

1. अंग्रेजी में 'ज़ार'।
2. येफीमक—करीब एक रूबल मूल्य की पुरानी रूसी मुद्रा-इकाई।

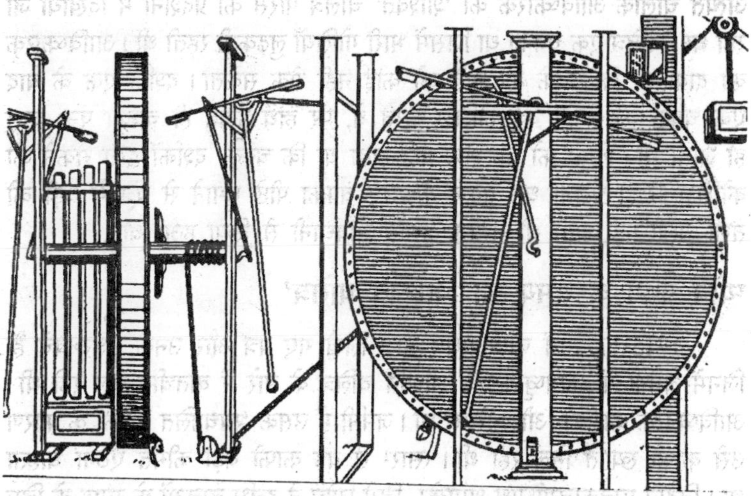

चित्र 49. ओरफीरेउस का स्वचलित चक्का, जिसे प्योत्र-I खरीदते-खरीदते रह गए। (एक पुराने चित्र से)।

चित्र 49 एक पुरानी पुस्तक से लिया गया है। इसमें ओरफीरेउस की मशीन दिखाई गई है। 1714 में वह ऐसी ही थी। आप एक बहुत बड़ा चक्का देखते हैं, जो मानों खुद घूमता रहता था और साथ ही एक बड़ी ऊँचाई तक भारी बोझ भी उठा लेता था।

इस अद्भुत आविष्कार की ख्याति, जिसे विद्वान डाक्टर पहले मेलों में दिखाया करता था, शीघ्र ही पूरे जर्मनी में फैल गई। ओरफीरेउस ने कई प्रभावशाली व्यक्तियों का वरद-हस्त प्राप्त कर लिया। पोलैंड के राजा ने उसमें दिलचस्पी ली, फिर नवाब कासेल-हेसेन ने निमंत्रण दिया। नवाब ने उसे अपने किले में स्थान दिया और हर तरह से मशीन की परीक्षा ली।

उदाहरणार्थ, 12 नवंबर 1717 को मशीन एक अलग कमरे में चला दी गई और कमरा ताले से बंद कर दिया गया। दरवाजे पर मुहर लगा दी गई और दो सेनाध्यक्षों के ऊपर पहरे की जिम्मेवारी डाल दी गई। 14 दिनों तक कोई भी कमरे के निकट नहीं गया। सिर्फ 26 नवंबर को सील तोड़ा गया और नवाब अपने दरबारियों के साथ कमरे में घुसे। चक्का उसी गति से चल रहा था! मशीन को अच्छी तरह से देख-सुन लेने के बाद उसे पुनः चालू किया गया और इस बार कमरे को चालिस दिनों तक सील-बंद रखा गया। सेनाध्यक्ष पहरा देते रहे। जब 4 जनवरी 1718 को दरवाजा खोला गया, विशेषज्ञों की टोली ने मशीन को चलती अवस्था में पाया!

नवाब को इससे भी संतोष नहीं हुआ। उसने अपना प्रयोग फिर से दुहराया और मशीन दो महीने तक बंद रखी गई। अवधि समाप्त होने पर मशीन चालू पाई गई!

नवाब ने खुश हो कर आविष्कारक को एक प्रमाणपत्र दिया, जिसके अनुसार उसका 'शाश्वत चलित्र' प्रति मिनट 50 बार घूमता था, 16kg भारी वस्तु को 1.5 मीटर की ऊँचाई तक उठा सकता था; उससे लुहार की भाथी और छूरी पिंजाने का चक्का चल सकता था। ओरफीरेउस उसी प्रमाणपत्र को लिए यूरोप में भ्रमण कर रहा था। पैसे उसे काफी मिल रहे थे; शायद इसीलिए वह अपनी मशीन 100000 रूबल से कम में बेचने को तैयार नहीं हो रहा था।

डॉ. ओरफीरेउस के इस आश्चर्यजनक आविष्कार की खबर अब जर्मनी के बाहर यूरोपीय देशों में फैलने लगी। वह रूस भी पहुँची। प्योत्र, जो अजीबोगरीब मशीनों का बेहद शौकीन था, इसकी ओर आकर्षित हुआ।

सन् 1715 की अपनी एक विदेश-यात्रा के दरम्यान ही प्योत्र ओरफीरेउस के चक्के के बारे में सुन चुका था। उस समय उसने एक विख्यात राजनीतिज्ञ अ. इ. ओस्तेरमान के हाथ इस मशीन के अध्ययन का कार्य सौंपा। ओस्तेरमान ने मशीन के बारे में एक सविस्तार प्रतिवेदन लिख कर भेजा, यद्यपि मशीन देखने का सुअवसर

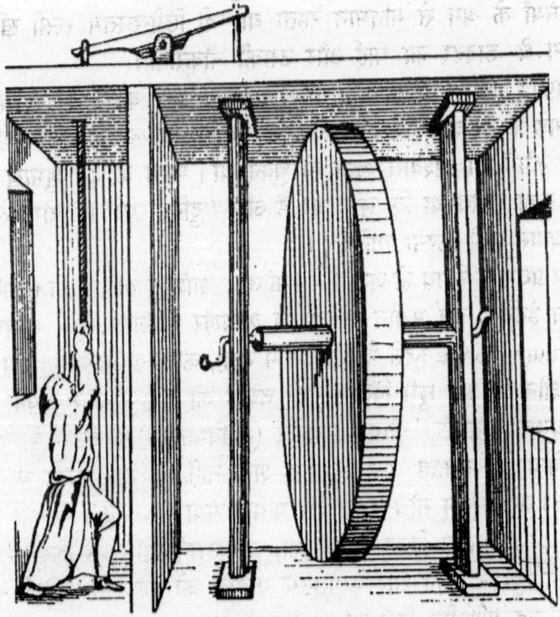

चित्र 50. ओरफीरेउस के चक्के का रहस्य। (पुराने चित्र से)

उसे नहीं प्राप्त हुआ। प्योत्र, ओरफीरेउस को एक महान आविष्कार के रूप में अपने यहाँ काम करने के लिए आमंत्रित करना चाहता था और इसके बारे में उस समय के विख्यात दर्शनशास्त्री ख्रिष्टियान वोल्फ (लोमोनोसोव के गुरु) का खयाल जानना चाहता था।

विख्यात आविष्कारक को हर तरफ से लाभप्रद आमंत्रण मिल रहे थे। ऐश्वर्यशाली लोग उस पर दया की वर्षा कर रहे थे; कवि उसकी मशीन के लिए कीर्त्तिगान लिख रहे थे। लेकिन कुछ ऐसे लोग भी थे, जिन्हें इसमें धोखा दिख रहा था। कुछ साहसी लोग ओरफीरेउस को खुले-आम ठग कह रहे थे; धोखा सिद्ध करने वाले को 1000 मार्क का इनाम ऐलान किया जा रहा था। ओरफीरेउस की ठगी का पर्दाफाश करते हुए किसी पुस्तिका ने एक चित्र छापा, जिसे हम यहाँ दे रहे हैं (चित्र 50)। इसके अनुसार रहस्य सिर्फ यही है कि अच्छी तरह से छिपा हुआ आदमी रस्सी खींचता रहता है। खंभे के भीतर चक्के के अक्ष का जो भाग है, उसी पर रस्सी लपेटी गई है, इसीलिए यह दिखती नहीं।

इतना बारीक धोखा सिर्फ एक संयोग के कारण ही खुल सका। विद्वान डाक्टर का उसकी पत्नी और नौकरानी के साथ झगड़ा हो गया। उन्हें डाक्टर की मशीन का रहस्य मालूम था। यदि यह झगड़ा नहीं होता, तो शायद हम आज भी इस 'शाश्वत चलित्र' के रहस्य को नहीं समझ पाते। ज्ञात हुआ कि 'शाश्वत चलित्र' सचमुच में छिपे आदमियों के श्रम से गतिमान रहता था, जो छिपे-रुस्तम रस्सी खींचा करते थे। ये लोग थे–डाक्टर का भाई और उसकी नौकरानी।

भंडाफोड़ होने पर भी आविष्कारक ने हार नहीं मानी; वह मरने तक यही दुहराता रहा कि झगड़े के उसकी पत्नी और नौकरानी ने उस पर लांछना लगाया है। लेकिन उस पर से लोगों का विश्वास खत्म हो चुका था। प्योत्र के दूत शुमाखेर को वह यूँ ही नहीं कहा करता था कि लोग बुरे हैं और "दुनिया ऐसे ही लोगों से भरी है, जिनका विश्वास नहीं करना चाहिए"।

प्योत्र प्रथम के समय ही जर्मनी में एक और 'शाश्वत चलित्र' था। आविष्कारक का नाम था हेर्टनेर। इस मशीन के बारे में शुमाखेर ने लिखा था : श्रीमान हेर्टनेर का Perpetuum mobile जिसे मैंने ड्रेस्डेन में देखा, कपड़े का बना है। उस पर बालू रखा है। मशीन का रूप छुरी पिंजाने वाले चक्के की तरह है और अपनी जगह से आगे-पीछे घूमता रहता है। श्रीमान इन्वेन्टर (आविष्कारक) के शब्दों में, वह काफी बड़ा नहीं किया जा सकता"। इसमें कोई शक नहीं कि यह चलित्र भी लक्ष्य से बहुत दूर था। उसे अच्छा सोच-समझ कर बनाया गया था, लेकिन वह भी 'शाश्वत' चलित्र नहीं था। शुमाखेर बिल्कुल सही था, जब उसने प्योत्र को लिखा कि अंग्रेज और फ्रांसीसी विद्वान "इन सारे पेरपेतुउम मोबीले को कोई महत्त्व नहीं देते और कहते हैं कि यह गणितीय सिद्धांतों के विरुद्ध है"।

अध्याय 5

द्रव और गैस के गुण

दो केतलियों से संबंधित प्रश्न

आपके सामने समान चौड़ाई की दो केतलियाँ हैं : एक कुछ ऊँची है, दूसरी—कुछ नीची। किसमें अधिक पानी अँटेगा?

बहुत से लोग शायद बिना कुछ सोचे-समझे कह देंगे कि ऊँची केतली में अधिक अंटेगा। यदि आप ऊँची केतली में कोई द्रव ढालना शुरू करेंगे, तो देखेंगे कि टोंटी की ऊँचाई से अधिक नहीं ढाल सकते; द्रव गिरने लगेगा। चूँकि दोनों केतलियों में टोंटियों के छेद समान ऊँचाई पर स्थित है, बड़ी केतली में उतना ही द्रव अंटेगा, जितना छोटी में।

चित्र 51. किस केतली में अधिक पानी ढाला जा सकता है।

यह स्पष्ट है, क्योंकि केतली और उसकी टोंटी में द्रव का स्तर समान ऊँचाई पर होगा। जुड़े बरतनों में यही होता है। टोंटी में स्थित द्रव का भार केतली के द्रव से काफी कम होता है, फिर भी द्रव के स्तरों की ऊँचाइयाँ दोनों जगह समान होती हैं। यदि टोंटी पर्याप्त ऊँची नहीं है, तो आप केतली को द्रव से किसी भी तरह नहीं भर सकते हैं। पानी टोंटी से गिरने लगेगा। इसीलिए टोंटी अक्सर केतली की किनारी से कुछ ऊँची ही रखी जाती है, ताकि केतली को थोड़ा ही झुकाने पर पानी न गिरने लगे।

प्राचीन काल में क्या नहीं जानते थे

आधुनिक रोम के निवासी आज भी प्राचीन काल में निर्मित पन-संचारी नाले के अवशेषों का उपयोग करते हैं। रोमन गुलामों का बनाया नाला बहुत ही ठोस था।

चित्र 52. प्राचीन रोम की जल-प्रदाय प्रणाली का आरंभिक रूप।

पर गुलामों के काम का नेतृत्व करने वाले रोमन इंजिनियरों का ज्ञान इतना ठोस नहीं था; बिल्कुल साफ है कि वे भौतिकी के नियमों से अनभिज्ञ थे। म्युनिख में स्थित जर्मन संग्रहालय से लिए गए इस चित्र को देखें (चित्र 52)। आप देखते हैं कि रोमन पन-नाला जमीन के भीतर नहीं, पत्थर के ऊँचे खंभों पर रखा जाता था। ऐसा क्यों? क्या आज की तरह जमीन में जलनली बिछाना सरल नहीं होता? बेशक, यह सरल होता, पर उस समय के रोमन इंजीनियरों को संचारी (जुड़े) बरतनों के नियम का पर्याप्त ज्ञान नहीं था। उन्हें डर था कि अत्यंत लंबे नालों से जुड़े जलाशयों में जल का स्तर समान नहीं रहेगा। यदि पाइप जमीन की प्राकृतिक ढलानों पर बिछाए जाएँ, तो कहीं-कहीं पर पानी को ऊपर की दिशा में बहना होगा। रोमनों को यही डर था कि पानी ऊपर नहीं बहेगा। इसीलिए वे पानी-नलों को उनके पूरे पथ पर समरूप झुकाव देते थे (और इसके लिए या तो नलियों को घुमा-फिरा कर ले जाना पड़ता था या फिर ऊँचे खंभों पर बिछाना पड़ता था। रोमन पाइपों में से एक, आक्वा मार्शिया, करीब 100 km लंबा है, जबकि उसके छोरों के बीच की सीधी दूरी दुगुनी कम है। पत्थर का पचास किलोमीटर लंबा पुल बनाना पड़ा, सिर्फ इसलिए कि भौतिकी के सरल नियमों का ज्ञान नहीं था।

द्रव का दबाव...ऊर्ध्वमुखी!

द्रव नीचे बरतन के तल पर और बगल में दीवारों पर दबाव डालता है—यह वे भी जानते हैं, जिन्होंने कभी भौतिकी का अध्ययन नहीं किया है। लेकिन बहुतों को शक भी नहीं होता होगा कि द्रव ऊपर की दिशा में दबाव डालते हैं। साधारण

चित्र 53. द्रव नीचे से ऊपर की ओर दबाता है—यह देखने का आसान तरीका।

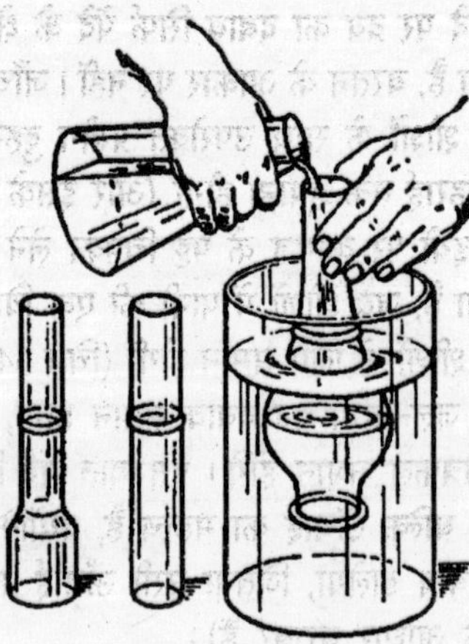

चित्र 54. पेंदे पर द्रव का दाब सिर्फ पेंदे के क्षेत्रफल और द्रव-स्तर की ऊँचाई पर निर्भर करता है। चित्र में दिखाया गया है कि इस नियम की जाँच कैसे की जाए।

लालटेन के शीशे की मदद से यह दिखाया जा सकता है। गत्ते से एक वृत्त काट लें, जो लालटेनी शीशे का एक मुँह बंद कर सके। उससे मुँह बंद कर के चित्र 53 की भाँति शीशे को पानी में डुबाएँ (बंद मुंह नीचे होना चाहिए)। वृत्त नीचे न गिर जाए, इसलिए उसे या तो उँगली से दबा कर रखें या उसके केंद्र से बंधी डोरी द्वारा पकड़े रहें। शीशे को एक विशेष गहराई तक डुबा लेने पर आप देखेंगे कि वृत्त खुद अपनी जगह पर चिपका रह सकता है; उसे उंगली या धागे से पकड़े रहने की आवश्यकता नहीं है। पानी नीचे से ऊपर की ओर दबाता हुआ उसे अपनी जगह पर चिपका देता है।

आप इस ऊर्ध्वमुखी दबाव को नाप भी सकते हैं। शीशे में सावधानी से पानी ढालना शुरू करें। जैसे ही शीशे के भीतर पानी का स्तर बाहरी पानी के बराबर हो जाएगा, गत्ते का वृत्त नीचे गिर जाएगा। इसका अर्थ है कि गत्ते पर नीचे से पड़ने वाला दबाव ऊपर से पड़ने वाले शीशे में स्थित जल-स्तंभ के दबाव द्वारा संतुलित हो जाता है सजल-स्तंभ की ऊँचाई उतनी ही है, जितनी गहराई पर गत्ते का वृत्त है)। द्रव में डूबे किसी भी पिंड पर दबाव पड़ने का यही नियम है। द्रव में भार का लोप, जिसके बारे में आर्क्रमेडिस ने बताया था, इसी ऊर्ध्वमुखी दबाव के कारण होता है।

यदि आपके पास समान छेद वाले, पर भिन्न आकार के शीशे हों, तो द्रवों से संबंधित आप एक और नियम की जांच कर ले सकते हैं। नियम यह है : बरतन

के पेंदे पर द्रव का दबाव सिर्फ पेंदे के क्षेत्रफल और द्रव स्तर की ऊँचाई पर निर्भर करता है, बरतन के आकार पर नहीं। जाँच यही है कि आप लालटेन के भिन्न आकार वाले शीशों के साथ उपरोक्त प्रयोग दुहराते हैं। सिर्फ सभी शीशों को द्रव में एक ही गहराई तक डुबाना होगा (और इसके लिए आपको शीशों पर पहले से ही समान ऊँचाइयों पर कागज के पट्टे चिपका लेने होंगे)। आप देखेंगे कि हर बार गत्ता तभी गिरता है, जब शीशों में पानी की एक विशेष ऊँचाई होगी। यह ऊँचाई सभी आकार वाले शीशों के लिए समान होगी (चित्र 54)। इसका मतलब यही है कि भिन्न आकार वाले जल-स्तंभों का दबाव समान होगा, यदि उनकी ऊँचाइयाँ और उनके आधार के क्षेत्रफल समान होंगे। इस बात पर विशेष ध्यान दें कि यहाँ स्तंभों की **लंबाई नहीं, बल्कि ऊँचाई** का महत्त्व है, क्योंकि लंबा, पर तिरछा झुका हुआ स्तंभ उतना ही दबाव डालेगा, जितना उसी ऊँचाई का सीधा खड़ा छोटा स्तंभ डालता है (यदि उनके आधार बराबर हैं)।

कौन-सा पलड़ा भारी है?

तराजू के एक पलड़े पर पानी से लबालब भरी बाल्टी रखी है। दूसरे पर भी पानी से लबालब भरी वैसी ही बाल्टी है, पर उसमें लकड़ी का एक टुकड़ा तैर रहा है (चित्र 55)। कौन-सा पलड़ा अधिक भारी होगा?

मैंने यह प्रश्न कई अलग-अलग लोगों से किया और उत्तर भी अलग-अलग ही मिला। कुछ लोगों ने जवाब दिया कि लकड़ी वाली बाल्टी अधिक भारी होगी, क्योंकि उसमें "पानी के सिवा लकड़ी का टुकड़ा भी है"। दूसरों ने बताया कि लकड़ी के टुकड़े वाली बाल्टी हल्की होगी, "क्योंकि लकड़ी पानी से हल्की होती है"।

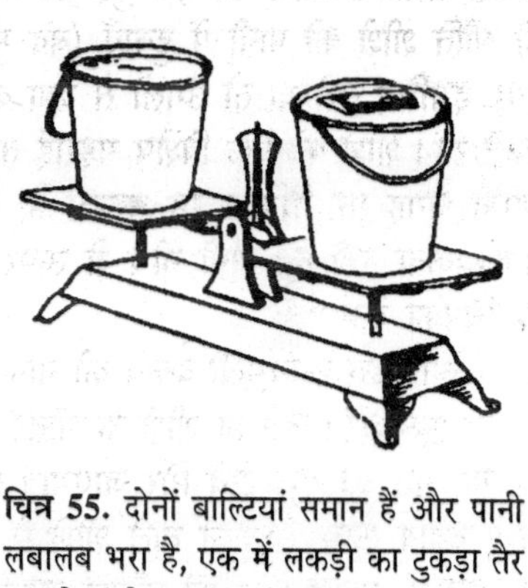

चित्र 55. दोनों बाल्टियां समान हैं और पानी लबालब भरा है, एक में लकड़ी का टुकड़ा तैर रहा है। कौन अधिक भारी होगा।

दोनों ही उत्तर गलत हैं : दोनों बाल्टियों का **भार समान** होगा। यह सच है कि दूसरी बाल्टी में पहली की अपेक्षा कम पानी है, क्योंकि तैरता हुआ लकड़ी का टुकड़ा पानी का कुछ आयतन विस्थापित कर देता है। पर प्लवन के नियम के अनुसार **तैरता हुआ** पिंड द्रव्य में डुबे हुए अपने भाग द्वारा ठीक **उतना द्रव** (भार के दृष्टिकोण से) विस्थापित करता है, **जितना पूरे पिंड का भार होता है**। इसीलिए तराजू संतुलन की अवस्था में रहेगा।

अब एक दूसरा प्रश्न हल करें। एक पलड़े पर अगल-बगल एक बाट और

एक गिलास में थोड़ा पानी रख देता हूँ। जब दूसरे पलड़े पर आवश्यक बाट रख कर तराजू संतुलित कर लेता हूँ, गिलास के बगल में रखा बाट गिलास में डाल देता हूँ। तराजू के संतुलन का क्या होगा?

आर्कमेडिस के नियमानुसार बाहर से उठा कर पानी में रखने से बाट हल्का हो जाता है। अतः उम्मीद की जा सकती है कि गिलास वाला पलड़ा ऊपर उठ जाएगा। पर ऐसा होता नहीं। कैसे आप यह समझाएँगे?

गिलास में आकर बाट पानी का कुछ भाग विस्थापित कर देता है, जिसके कारण गिलास में पानी का स्तर कुछ ऊपर उठ आता है। जल-स्तंभ की ऊँचाई में वृद्धि गिलास के पेंदे पर पड़ने वाले दबाव में वृद्धि ला देता है, जो बाट के भार में ह्रास के बराबर होता है।

द्रव का स्वाभाविक रूप

हम सोचने के आदी हो गए हैं कि द्रवों का **अपना** कोई रूप नहीं होता। यह गलत है। द्रव का स्वाभाविक रूप है गोला। अक्सर गुरुत्व भार द्रवों को गोले का रूप नहीं धारण करने देता। द्रव या तो तल पर पतली परत के रूप में फैल जाता है, या बरतन का रूप धारण कर लेता है (यदि उसमें ढाला जाए)। यदि द्रव को उसी विशिष्ट भार वाले दूसरे द्रव में ढाला जाए, तो आर्कमेडिस के नियम के अनुसार वह अपना भार 'खो' देता है, जैसे उसका भार हो ही न। गुरुत्व उस पर कार्य नहीं करता और तब इस हालत में द्रव अपना स्वाभाविक गोलाकार रूप धारण करता है।

जैतून का तेल पानी में तैरता है, पर स्पिरिट में डूब जाता है। इसलिए पानी और स्पिरिट का ऐसा मिश्रण तैयार किया जा सकता है, जिसमें जैतून का तेल न तो डूबेगा और न ही तैरेगा। ऐसे मिश्रण में सुई देने वाली पिचकारी द्वारा थोड़ा तेल

चित्र 56. पानी और स्पिरिट के मिश्रण में तेल न डूबता है, न तैरता है—वह गोले का आकार ग्रहण कर लेता है।

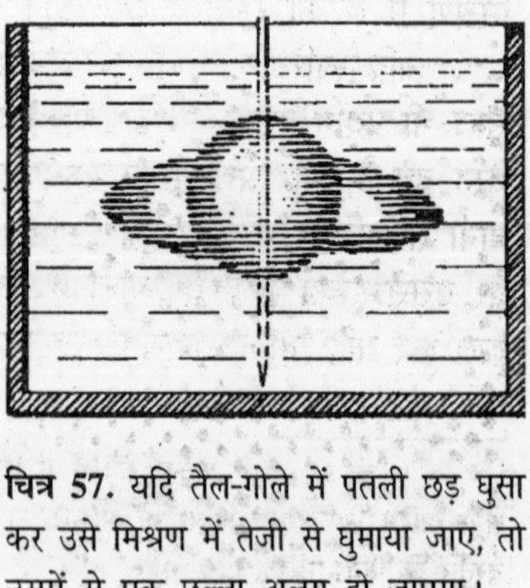

चित्र 57. यदि तैल-गोले में पतली छड़ घुसा कर उसे मिश्रण में तेजी से घुमाया जाए, तो उसमें से एक छल्ला अलग हो जाएगा।

डाला जाए, तो एक विचित्र बात नजर आएगी : तेल एक बड़ी गोल बूंद का रूप धारण कर लेगा, जो न डूबेगी, न तैरेगी; मिश्रण में गतिहीन लटकी रहेगी[1] (चित्र 56)

प्रयोग बहुत धीरज व सावधानी के साथ करना चाहिए, अन्यथा एक बड़ी बूंद के बदले कई नन्हीं बूंदे बन जाएँगी। वैसे, प्रयोग इस रूप में भी रोचक रहेगा।

काम यहीं खत्म नहीं हो जाता। तैलीय गोले के केंद्र से एक लकड़ी की पतली छड़ (यदि छड़ न हो, तो पतला तार) अक्ष की तरह गुजार कर उसे घिरनी-सा घुमाते हैं। तैलीय गोला भी नाचने लगता है। (प्रयोग और भी सफल होगा, यदि अक्ष पर तेल में भीगे गत्ते का वृत्त चिपका दें; वृत्त गोले के भीतर ही होना चाहिए।) घूर्णन के प्रभाव से गोला पहले थोड़ा चपटा होना शुरू कर देता है, और फिर कुछ सेकेंड बाद उससे एक छल्ला-सा अलग हो जाता है (चित्र 57)। छल्ला अनियमित रूप वाले टुकड़ों में नहीं टूटता। उससे नई छोटी-छोटी गोल बूंदे बन जाती हैं, जो बड़े वाले गोले के चारों तरफ घूमना शुरू कर देती है।

इस शिक्षाप्रद प्रयोग को प्रथमतः बेल्जियन भौतिकविद प्लेटों ने किया था। हमने उनके प्रयोग को उसी रूप में प्रस्तुत किया है। उसका अधिक सरल और कारगर रूप निम्न है। एक नन्हा गिलास पानी से खंगाल लेते हैं और उसमें जैतून का तेल भर कर उसे एक बड़े गिलास में रख देते हैं। बड़े गिलास में सावधानीपूर्वक इतना स्पिरिट ढालते हैं कि छोटा गिलास डूब जाए। अब चम्मच से बड़े गिलास में दीवार के सहारे थोड़ा-थोड़ा कर के पानी ढालते हैं। छोटे गिलास में तेल का ऊपरी तल उन्नतोदर होने लगेगा और तेल धीरे-धीरे गोले का रूप धारण करता हुआ छोटे गिलास से ऊपर उठ आएगा और बड़े गिलास में बने पानी और स्पिरिट के मिश्रण में लटका रहेगा (चित्र 58)।

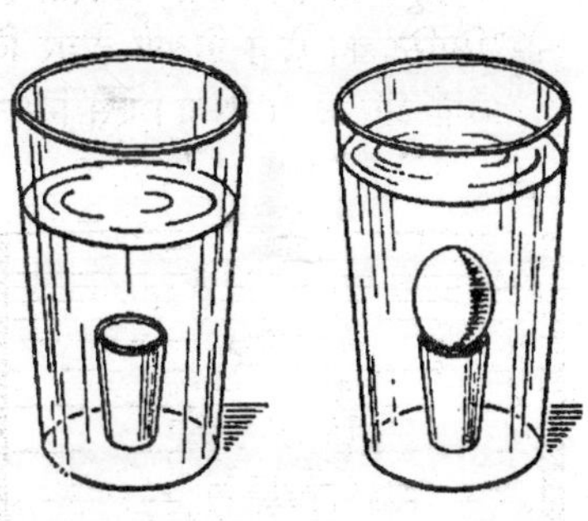

चित्र 58. प्लेटो के प्रयोग का सरलीकरण

यदि स्पिरिट न हो, तो ऐनिलिन के साथ भी प्रयोग कर सकते हैं। यह एक ऐसा द्रव है, जो साधारण तापक्रम पर पानी से भारी होता है। और 75-85°C पर उससे हल्का होता है। पानी में उसे ढाल कर यदि गर्म किया जाए, तो एक

1. बूंद का गोला विकृत रूप में न दिखे, इसके लिए शीशे की समतल दीवारों वाला बरतन लेना चाहिए (या बरतन किसी भी आकार का ले लीजिए, पर उसे पानी से भरे समतल दीवारों वाले बरतन के भीतर रखिए)।

बड़े गोले का रूप धारण कर लेगा। कमरे के तापक्रम पर ऐनिलिन की बूंद नमक के घोल में संतुलित की जा सकती है।[1]

छर्रे गोल क्यों होते हैं?

अभी बताया गया कि कोई भी द्रव भारहीनता की अवस्था में अपना स्वाभाविक गोलाकार रूप धारण कर लेता है। इसके पहले कहा गया था कि गिरता हुआ पिंड अपना भार खो देता है और उसके गिरने के बिल्कुल शुरू में हवा का प्रतिरोध नगण्य होता है[2]। इन सब बातों को यदि ध्यान में रखेंगे, तो फौरन समझ जाएँगे कि स्वतंत्र गिरते हुए द्रवांश का रूप गोल होना चाहिए। वर्षा की गिरती बूंदे गोल ही होती हैं। छर्रे और कुछ नहीं, बल्कि पिघले सीसे की बूंदे हैं, जिन्हें कारखानों की विधि के अनुसार एक बड़ी ऊँचाई से ठंडे पानी के टब में गिराया जाता है। यहाँ वे बिल्कुल गोलाकार रूप धारण किए जम जाती हैं।

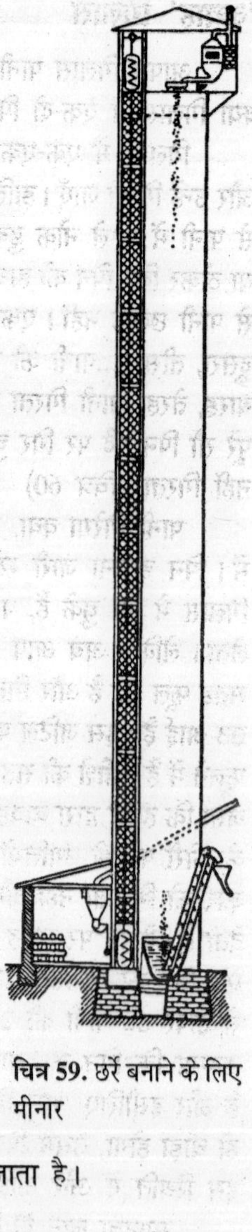

चित्र 59. छर्रे बनाने के लिए मीनार

इस विधि द्वारा ढाला गया छर्रा 'मीनारी' कहलाता है, क्योंकि उसे छर्रे की ढलाई करने वाले मीनार से पिघली बूंदों के रूप में गिराया जाता है (चित्र 50)। कारखानों में छर्रे की ढलाई करने वाला मीनार धातु का बना होता है और 45m ऊँचा होता हैं। सबसे ऊपर ढलाई की जाती है; वहाँ कड़ाहों में सीसा पिघलाया जाता है। नीचे ठंडे पानी का टब होता है। यहाँ के बाद छर्रों की चुनाई-बिनाई होती है। पिघले सीसे की बूंदे गिरते वक्त रास्ते में ही जमकर छर्रों में बदल जाती हैं। पानी उनके गोल आकार को चोट से विकृत नहीं होने देता। (6 mm से अधिक व्यास वाले छर्रे दूसरी विधि से बनाए जाते हैं : तार को छोटे-छोटे टुकड़ों में काट कर उन्हें गोलाकार बेल दिया जाता है।

---

1. दूसरे द्रवों में सुविधाजनक आर्थोतोलाइडीन रहेगा। यह गाढ़े लाल रंग का द्रव है; 24° पर इसका घनत्व उतना ही होता है, जितना नमकीन पानी का, जिसमें इस द्रव को ढालते हैं।

2. वर्षा की बूंदे त्वरित गति से सिर्फ गिरने के आरंभ में ही चलती है; लगभग आधे सेकेंड के बाद से ही उनकी गति समरूप हो जाती है। सभी बूंदे हवा की प्रतिरोधक शक्ति द्वारा संतुलित हो जाती हैं (हवा का प्रतिरोध बूंदों की गति के बढ़ने के साथ-साथ बढ़ता है)।

'अथाह' गिलास

आपने गिलास पानी से लबालब भर दिया है। गिलास के पास पिन पड़े हैं। क्या गिलास में एक-दो पिन के लिए जगह बन सकती है? कोशिश कर के देखें।

गिलास में एक-एक कर पिन डालना शुरू करें और उन्हें गिनते जाएँ। डालिए देख-सुन कर : सावधानी से पानी में पहले नोक डुबायें, फिर बिना दबाव डाले या ठोकर दिए पिन को हाथ से छोड़ दें, ताकि हिचकोले से पानी छलके नहीं। एक पिन पेंदे पर गिर चुका है, दूसरा, तीसरा,...पानी की सतह ज्यों की त्यों है। दस, बारह, तेरह...पानी गिरता नहीं है। पचास, साठ, सत्तर पूरे सौ पिन पेंदे पर गिर चुके हैं, पर गिलास का पानी नहीं गिरता (चित्र 60)

चित्र 60. पानी भरे गिलास में पिनों को डालने का प्रयोग।

पानी गिरेगा क्या, वह उठा भी नहीं है गिलास में। पिन डालना जारी रखें। दो, तीन, चार सौ पिन गिलास में आ चुके हैं, पर पानी गिरने का नाम नहीं लेता। लेकिन अब आप देख सकते हैं कि पानी की सतह फूल गई है और गिलास की कोर से काफी ऊपर उठ आई है। इस जटिल परिघटना का सारा रहस्य इसी फूलने में है। शीशे की सतह यदि थोड़ी भी तैलीय हो, तो पानी शीशे को नहीं भिगोता। जैसा कि हमारे द्वारा व्यवहार में लाए जाने वाले सभी बरतनों के साथ होता है, गिलास के कोरों पर भी उंगलियों की तैलीय छाप रह जाती है। पिनों द्वारा विस्थापित जल कोर को भिगोता नहीं और इसीलिए ऊपर उठने के साथ-साथ उन्नतोदर सतह बना देता है। देखने पर सतह अधिक फूला हुआ नहीं लगता, पर यदि आप कलन द्वारा एक पिन का आयतन ज्ञात करने का श्रम करेंगे और उसकी तुलना गिलास के कोर से ऊपर उठे पानी की उत्तलता के आयतन के साथ करेंगे, तो आपको विश्वास हो जाएगा कि पिन का आयतन पानी की उत्तलता के आयतन से सैकड़ों गुना कम है और इसीलिए 'भरे' गिलास में कुछेक सौ पिन और अँट जाएँगे। बरतन जितना ही चौड़ा होगा, उसमें पिन भी उतने ही अधिक अँटेंगे, क्योंकि फुलावट का आयतन इस स्थिति में और अधिक होगा।

स्पष्टता लाने के लिए, मोटा-मोटी हिसाब लगाएँ। पिन की लंबाई करीब 25 mm है और मुटाई आधा मिलिमीटर। ऐसे बेलन का आयतन ज्यामिति के जाने-पहचाने सूत्र $\left(\frac{\pi d^2 h}{4}\right)$ की मदद से ज्ञात करना कठिन नहीं है; वह 5 घन मिलीमीटर के

बराबर होगा। सिर समेत पिन का आयतन 5.5 mm से अधिक नहीं होगा।

अब गिलास के कोर से ऊपर उठे पानी की परत का आयतन ज्ञात करते हैं। गिलास का व्यास 9 cm = 90 mm है। यदि ऊपर उठे पानी की परत 1mm मोटी है, तो उसका आयतन 6400 mm^3 होगा। यह पिन के आयतन से 1200 गुना अधिक है। अन्य शब्दों में, 'पूरी तरह भरे' गिलास में हजार से ज्यादा पिन डाले जा सकते हैं! और सचमुच में, सावधानी से डालते हुए आप गिलास में हजार पिन डुबा दे सकते हैं। देखने पर लगेगा कि गिलास में पिन ही पिन हैं, गिलास से अधिक भी लग सकते हैं, पर पानी की एक बूंद भी नहीं गिरेगी।

किरासिन की दिलचस्प खूबी

जो किरासिन की लालटेन व्यवहार में लाते हैं, उन्हें उसकी एक अवांछित विशेषता का पता होगा। आप लालटेन की टंकी में तेल भर देते हैं और बाहर से पोंछ-पांछ कर बिल्कुल सुखा देते हैं। एक घंटे बाद देखते हैं कि ऊपर से वह पुनः गीला है।

इसका अर्थ है कि आपने ठेपी अच्छी तरह घुमा कर बंद नहीं की होगी। किरासिन भीतरी दीवारों पर फैलता हुआ बाहर निकल आता है और बाहरी दीवारों पर फैल जाता है। यदि आपको इस तरह के 'मजाक' पसंद नहीं हैं, तो ठेपी कस के घुमा कर बंद कीजिए।[1]

किरासिन का इस तरह रिसना उन जहाजों पर अखरता है, जिनकी मशीन किरासिन (या पेट्रोल) से चलती है। यदि रिसना रोकने के लिए विशेष व्यवस्था न हो, तो ऐसे जहाजों में किरासिन या पेट्रौल के सिवा और कोई सामान नहीं ढोया जा सकता, क्योंकि ये द्रव सिर्फ पीपों और कनस्तरों के बाह्य सतह तक ही पसरना सीमित नहीं रखते। ये हर जगह प्रविष्ट हो जाते हैं और जो भी चीज इनके संपर्क में आती है, उसी पर हावी हो जाते हैं; यात्रियों के कपड़े तक इनसे अछूते नहीं बचते। और जाहिर है कि इन सब चीजों को ये अपनी गंध भी प्रदान करते जाते हैं, जिसे नष्ट करना एक असंभव-सा काम है। इसके साथ संघर्ष अक्सर बेकार सिद्ध होता है।

अंग्रेज व्यंग्यकार जेरोम ने 'एक नाव में तीन' नामक पुस्तक में किरासिन पर कोई अतिशयोक्ति नहीं की है :

मैं नहीं जानता कि किरासिन से अधिक कोई चीज फैलने में माहिर है। हमने उसे नाव की नाक के पास रखा और वह दुम तक पहुँच गया। उसके

---

1. पर ठेपी कस कर बंद करते वक्त यह न भूलें कि टंकी लबालब नहीं भरी होनी चाहिए। गर्म करने पर किरासिन का आयतन काफी बढ़ता है (100°C तापक्रम बढ़ाने पर आयतन का लगभग दसवाँ भाग)। किरासन के आयतन प्रसार के लिए जगह छोड़नी चाहिए, ताकि टंकी फटे नहीं।

रास्ते में जो भी चीज आई, उसने अपनी गंध में लपेट लिया। जोड़ों से रिसता हुआ वह पानी में पहुँच गया; वह हवा से लेकर आकाश तक को दूषित कर रहा था; सर्वत्र जीवन को विषाक्त कर रहा था। किरासिनी हवा बह रही थी, कभी पश्चिम से, तो कभी पूरब से; कभी-कभी उत्तरी किरासिनी हवा भी बहती थी, या शायद दक्षिणी, पर चाहे हिमाच्छादित आर्कटिक से चली हो या मरुभूमि की रेत में पैदा हुई हो, किरासिन की सुगंध से ओत-प्रोत वह हमेशा हम तक पहुँच जाती थी। शामों को यह खुशबू सूर्यास्त के सौंदर्य को नाश करने में लग जाती थी, और चंद्र-किरणें सिर्फ किरासिन बरसाया करती थीं...पुल के पास नाव बांध कर शहर के चक्कर लगाने चले, पर इस भयानक गंध ने हमारा पीछा नहीं छोड़ा। लगता था जैसे सारा शहर इसमें डूबा हो।" (दरअसल यात्रियों के कपड़े इस गंध में डूबे हुए थे।)

टंकियों के बाह्य तल को भिगोने के गुण ने लोगों में गलतफहमी ला दी कि किरासिन धातु और शीशे के आर-पार जा सकता है।

पानी में नहीं डूबने वाला सिक्का

सिर्फ किस्सों में नहीं होता। ऐसा सिक्का सचमुच में है। कुछ सरल प्रयोगों से ही आपको यह विश्वास हो जाएगा। कुछ छोटी वस्तुओं से शुरू करते हैं। शायद आपको लगे कि इस्पात की सुई को पानी के तल पर तैराया नहीं जा सकता, पर यह बहुत आसान है। पानी के तल पर टीशू पेपर (महीन सिगरेटी कागज) का टुकड़ा रख दें और इस पर–बिल्कुल सूखी सुई। अब सावधानीपूर्वक सूई के नीचे से सिर्फ कागज हटाना रह जाता है। यह इस प्रकार करते हैं : एक दूसरी सुई या आलपीन से लैस हो कर गाज के टुकड़े को एक किनारी से पानी में डुबाना शुरू करते हैं। जब टुकड़ा पूरी तरह भीग जाएगा, वह पानी के अंदर चला जाएगा और सुई तैरती रहेगी (चित्र 61) । चुंबक निकट ला कर आप सुई को मनचाही दिशा में घुमा-फिरा सकते हैं।

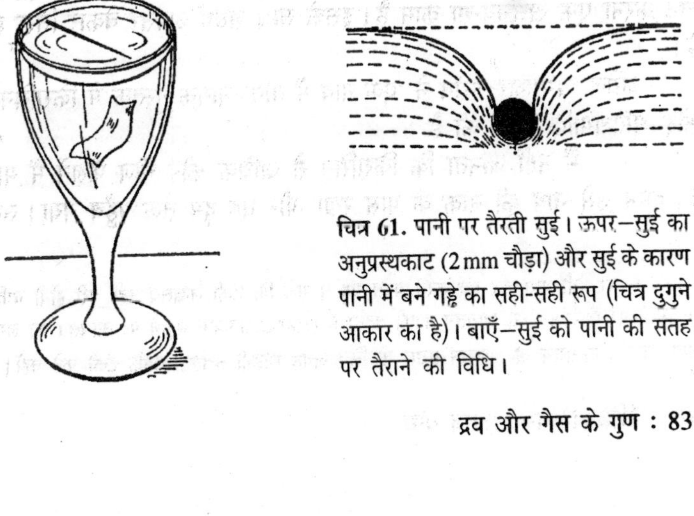

चित्र 61. पानी पर तैरती सुई। ऊपर–सुई का अनुप्रस्थकाट (2 mm चौड़ा) और सुई के कारण पानी में बने गड्ढे का सही-सही रूप (चित्र दुगुने आकार का है)। बाएँ–सुई को पानी की सतह पर तैराने की विधि।

विशेष अभ्यास के बाद कागज की भी जरूरत नहीं पड़ती : सुई को बीच से पकड़ कर क्षैतिजावस्था में पानी के तल पर गिरा दे सकते हैं; वह तैरती रहेगी।

सुई की बजाय आप पिन को तैरा सकते हैं (ये चीजें 2 mm से अधिक मोटी नहीं होनी चाहिए); या फिर हल्के-फुल्के बटन, छोटी चौरस धातुई वस्तुओं आदि के साथ भी यह प्रयोग कर सकते हैं। इन चीजों के साथ अच्छा अभ्यास हो जाने पर छोटे सिक्के को तैराने की कोशिश कीजिए।

इन धातुई वस्तुओं के नहीं डूबने का कारण यह है कि पानी हमारे हाथ में आई धातु की वस्तुओं को भिगोने में असमर्थ होता है, क्योंकि हमारे हाथों में लगे तैलीय पदार्थ उन पर महीन झिल्ली के रूप में छा जाते हैं। सुई को पानी भिगो नहीं सकता, इसीलिए सुई के गिर्द पानी के तल पर गड्ढा सा बना दिखता है (दूसरे शब्दों में, पानी तैलीय सुई से चिपक नहीं सकता, उससे थोड़ा अलग ही रहता है)। द्रव में सतह की झिल्ली सीधी होने की प्रवृत्ति रखती है और इसीलिए सुई पर नीचे से दबाव डालती है। सुई इसी दबाव के कारण तल पर टिकी रहती है। प्लवन नियम के अनुसार द्रव में ऊपर धकेलने वाला बल भी सुई को तल पर टिके रहने में मदद करता है; सुई द्वारा विस्थापित जल के भार के बराबर का बल सुई को ऊपर की ओर धकेलता है।

सुई को पानी पर तैराना और आसान होगा, यदि आप उस पर तेल मल लें। इस स्थिति में आप सुई को सीधे पानी के तल पर रख दे सकते हैं; वह डूबेगी नहीं।

चलनी में पानी

चलनी में पानी भर कर लाना भी सिर्फ किस्सों की बात नहीं है। प्राचीन काल से असंभव माने जाने वाले इस कार्य को भौतिकी के ज्ञान से सफलतापूर्वक संपन्न किया जा सकता है। इसके लिए महीन तार की बनी करीब 15cm चौड़ी चलनी लें। इसके छेद बहुत बड़े नहीं होने चाहिए—करीब 1 mm के हों, तो काम चल जाएगा। इसे गर्म पिघले पैराफीन में डुबा कर निकाल लें : तारों को पैराफीन की पतली परत ढक लेगी, पर दिखेगी नहीं (मुश्किल से दिखेगी!)। चलनी चलनी ही रहेगी, अर्थात

चित्र 62. पैराफीन में भीगी चलनी से पानी क्यों नहीं चूता।

उसके छेद बंद नहीं हो जाएँगे—यह आप सुई की मदद से जाँच कर के देख सकते हैं। अब आप इस चलनी में पानी भर सकते हैं। ऐसी चलनी में पानी की पर्याप्त मोटी परत को रोक रखने की क्षमता होती है। पानी छेदों से नहीं गिरेगा, यदि आप सावधानी से पानी ढालेंगे और चलनी में ठोकर नहीं लगने देंगे।

पानी क्यों नहीं गिर जाता? क्योंकि पानी पैराफीन से चिपकता नहीं (उसे भिगोता नहीं) और इसीलिए चलनी के छेदों के पास महीन झिल्लियाँ बनाता है, जिनकी निचली सतहें नीचे की ओर उत्तल होती हैं। ये ही पानी को गिरने से रोकती है। (चित्र 62)

पैराफिन में डुबायी गई ऐसी चलनी पानी पर रख सकते हैं, उसमें पानी नहीं भरेगा। अतः ऐसी चलनी में सिर्फ पानी ही नहीं लाया जा सकता, उसमें बैठ कर उसे नाव की तरह चलाया भी जा सकता है।

उपरोक्त विरोधाभासी प्रयोग अनेक साधारण परिघटनाओं को समझाता है, जिनके हम इतने आदी हो गए हैं कि उनके कारणों के बारे में सोचते भी नहीं। नावों और पीपों पर कोलतार पोतना, ठेपी और कागों पर तैलीय पदार्थ लगा देना, तैलरंगों से रंगना, जल-सह बनाने के लिए वस्तुओं की सतह को तैलीय कर देना, कपड़े पर रबड़ की महीन परत जमाना—यह सब और कुछ नहीं, बल्कि उपरोक्त प्रकार की चलनी तैयार करना ही है। सार हर जगह एक ही है, सिर्फ़ चलनी के उदाहरण में बात असाधारण-सी लगने लगती है।

फेन से तकनीकी सेवा

इस्पात की सुई और तांबे के सिक्के को तैराने के प्रयोग से मिलती-जुलती एक और घटना है, जिसे खनिज उद्योगों में अयस्कों के सांद्रण के लिए उपयोग करते हैं। सांद्रण का अर्थ है अयस्कों में निहित कीमती अवयवों की मात्रा अधिक करना। अयस्क-सांद्रण की कई तकनीकी विधियाँ हैं, पर जिसके बारे में हम बताने जा रहे हैं, वह सबसे कारगर विधि है; इसका उपयोग उस समय भी सफलतापूर्वक किया जा सकता है, जब अन्य विधियाँ लक्ष्य-सिद्धि के लिए पर्याप्त नहीं होतीं। उसे 'उत्प्लवन विधि' कहते हैं।

उत्प्लवन (अर्थात् तैर कर ऊपर आ जाना) विधि का सार निम्न है। बारीक पिसे अयस्क को पानी और तैलीय पदार्थों से भरे कड़ाहों में डाला जाता है। तैलीय पदार्थ ऐसे होते हैं, जो मूल्यवान खनिजों के कणों पर महीन झिल्ली के रूप में छा कर उन्हें पानी से अलग घेर देते हैं। मिश्रण को हवा के साथ तेजी से मिलाया जाता है, जो छोटे-छोटे बुलबुलों के रूप में फेन बना लेती है। तेल से चिपटे खनिज-कण इन बुलबुलों से चिपक जाते हैं और बुलबुलों के साथ ऊपर उठ जाते हैं (चित्र 63)। बुलबुले यहाँ गुब्बारे की तरह काम करते हैं। अन्य बेकार पदार्थों के कण, जिन पर

तेल की झिल्ली नहीं हैं, बुलबुलों के साथ नहीं चिपकते; नीचे द्रव में ही रह जाते हैं। यहाँ यह ध्यान देने योग्य है कि बुलबुलों का आयतन काफी बड़ा होता है और इसीलिए वे खनिज-कणों को अपने साथ ऊपर उठाने में समर्थ होते हैं। प्रक्रिया के अंत में लगभग सारे खनिज-कण फेन के साथ द्रव के ऊपर उठ आते हैं। फेन अलग करके उससे सांद्रस प्राप्त किया जाता है, जिसमें आरंभिक अयस्क से दस गुना अधिक बहुमूल्य खनिज होता है।

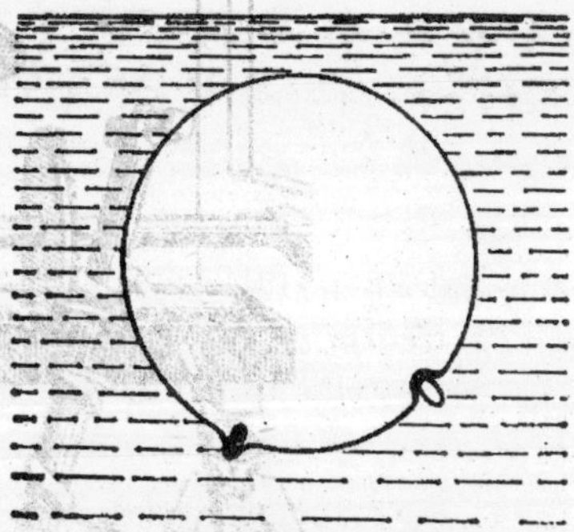

चित्र 63. उत्प्लवन का कारण।

उत्प्लवन विधि इतनी सविवरण ज्ञात हो चुकी है कि अयस्क में कितना भी बेकार पदार्थ क्यों न हो, उससे कोई भी खनिज अलग कर लिया जा सकता है। इसके लिए सिर्फ आवश्यक द्रवों का चयन करना चाहिए।

उत्प्लवन विधि को सिद्धांत नें नहीं जन्म दिया है, एक आकस्मिक तथ्य के ध्यानपूर्वक अवलोकन ने दिया है। पिछली शती के अंत में एक अमरीकी शिक्षिका (कैरी एवर्सन) तेल से गंदी बोरियों को धो रही थी, जिसमें पहले ताम्र पायराइट था। उसने ध्यान दिया कि पायराइट के कण साबुन के फेन के साथ ऊपर उठ आते हैं। इसी प्रेक्षण के आधार पर उत्प्लवन विधि का विकास हुआ।

मिथ्या 'शाश्वत चलित्र'

किताबों में एक सच्चे 'शाश्वत चलित्र' के रूप में अक्सर निम्न उपकरण का वर्णन दिया जाता है (चित्र 60) : एक बरतन से बाती के सहारे तेल (या पानी) ऊपरी बरतन में आ कर जमा होता है। इस बरतन में एक छेद होता है, जिससे तेल बहता हुआ चक्की पंखुड़ियों पर गिरता है और चक्की को घुमाने लगता है। यहाँ से बह कर गिरे तेल को पुनः बातियों द्वारा क्रमशः ऊपरी बरतनों में पहुँचाया जाता है। इस प्रकार, तेल का छेद से हो कर पंखुड़ियों पर गिरना कभी बंद नहीं होता और इसीलिए चक्की को अनंत काल तक गतिमान रखना चाहिए...

यदि इस घिरनी का वर्णन करने वाले लेखक कभी खुद इसे बनाने का श्रम करते, तो वे मान लेते कि चक्की तो क्या घूमेगी, ऊपरी बरतन में तेल की एक बूंद

चित्र 64. असफल घिरनी।

चित्र 65. छुरी पिंजाने की मशीन के लिए जल 'शाश्वत' चलित्र की पुरानी योजना।

भी नहीं जमा होगी।

वैसे, घिरनी बनाना शुरू किए बगैर भी यह सिद्ध किया जा सकता है। आविष्कारक आखिर यह क्यों सोचता है कि तेल बाती के सहारे ऊपर चढ़कर उसके ऊपरी मुडे सिरे से चूना शुरू कर देगा? केशीय (कैपिलरी) आकर्षण द्रव को गुरुत्व बल के विरुद्ध ऊपर चढ़ाता है; फिर यही कारण भीगी बाती के पोरों में द्रव को कैदी बनाए रखेगा, वहाँ से चूने नहीं देगा। यदि यह मान ही लें कि हमारी मिथ्या घिरनी के ऊपरी बरतन में द्रव केशीय बल द्वारा लाया जाता है, तो यह भी मानना पड़ेगा कि वे ही बातियाँ तेल को वापस नीचे ले जाएँगी।

यह मिथ्या शाश्वत चलित्र एक दूसरे जल-यंत्र की याद दिलाता है जिसे सन् 1575 में एक इटालियन मैकेनिक स्त्राद ज्येष्ठ ने 'शाश्वत' गति की मशीन के रूप में प्रस्तुत किया था। यह दिलचस्प उपकरण चित्र 65 में दिखाया गया है। आर्कमेडिस स्क्रू से घूमता हुआ पानी ऊपरी हौज में भरता है और फिर टोंटी से धार के रूप में चक्के की पंखुडियों पर गिरता है। यह चक्का कई दंति-चक्रों की मदद से छूरी पिंजाने वाले चक्के और आर्कमेडिस स्क्रू को धुमाता है, जो पानी ऊपर के हौज तक ले जाता है। स्क्रू चक्के को घुमाता है और चक्का स्क्रू को!... यदि ऐसे उपकरण

संभव होते, तो उनमें सबसे आसान होता : घिर्री पर रस्सी चढ़ा कर उसके छोरों से बोझ लटका देना। जब एक बोझ गिरता, तो वह दूसरे को ऊपर उठाता और जब दूसरा गिरता, तो वह पहले वाले को ऊपर उठाता। अच्छा-खासा 'शाश्वत' चलित्र होता यह!

साबुन के बुलबुले

आपको साबुन के बुलबुले उड़ाना आता है? यह इतना आसान नहीं है, जितना कि लगता है। मुझे भी लगता था कि इसके लिए किसी खास निपुणता की आवश्यकता नहीं है, पर बाद में मानना पड़ा कि सुंदर और बड़े बुलबुले छोड़ना भी अपने ढंग की एक कला है और इसमें माहिर होने के लिए अभ्यास की आवश्यकता है। लेकिन साबुन के बुलबुले बनाने जैसे निरर्थक कार्य से भी कोई फायदा है?

लोगों के बीच इस कार्य को कोई खास प्रतिष्ठा नहीं प्राप्त है; इस काम में रत लोगों को कोई अच्छी उपमा नहीं दी जाती। पर भौतिकविद् इसके बारे में कुछ और ही कहते हैं। "साबुन का बुलबुला बनाए,–महान अंग्रेज भौतिकविद् केल्विन ने लिखा है,–और उस पर गौर से देखिए; आप सारी जिंदगी उसके अध्ययन में बिता सकते हैं। आपको इससे निरंतर भौतिकी का ज्ञान मिलता रहेगा"।

साबुन की महीनतम झिल्लियों की सतह पर रंगों की मोहक क्रीड़ा सचमुच में ज्ञानवर्धन का साधन है। उसकी सहायता से भौतिकविद प्रकाशतरंगों की दीर्घता नाप सकता है। इन सुकुमार झिल्लियों की तनाव के अध्ययन से कणिकाओं के पारस्परिक बलों की क्रियाशीलता के नियम ज्ञात हो सकते हैं। ये वही संसंजक बल हैं, जिनके लुप्त होने पर दुनिया में महीन धूल के सिवा और कुछ भी नहीं बचता।

जो चंद प्रयोग नीचे दिए जा रहे हैं, उनका लक्ष्य ऐसी गंभीर समस्याओं को हल करना नहीं हैं। ये सिर्फ मनोरंजन के लिए दिए जा रहे हैं; इनसे साबुनी बुलबुले बनाने की कला का ज्ञान भर हो सकता है। अंग्रेज भौतिकविद चार्ल्स ब्वायज की पुस्तक 'साबुन के बुलबुले' में तरह-तरह के अनेक प्रयोग दिए गए हैं। जिन्हें साबुन के बुलबुलों में रुचि हो, इस पुस्तक को पढ़ सकते हैं। यहाँ हम सिर्फ चंद सरल प्रयोगों का वर्णन कर रहे हैं।

ये प्रयोग कपड़े साफ करने वाले साधारण साबुन के घोल के साथ किए जा सकते हैं,[1] पर जिन्हें इच्छा हो, जैतून या बादाम के तेल से बने साबुन का व्यवहार कर सकते हैं। इनसे बुलबुले बड़े और सुंदर बनते हैं। साफ ठंडे पानी में ऐसे साबुन के टुकड़े को सावधानीपूर्वक घोल लेते हैं। घोल पर्याप्त गाढ़ा होना चाहिए। साबुन वर्षा या पिघले बर्फ से प्राप्त साफ पानी में घोलना चाहिए। यदि

1. टवायलेट सोप इन प्रयोगों के लिए खास उपयुक्त नहीं हैं।

ऐसा पानी न हो, तो खौला कर ठंडा किए गए पानी से भी काम चल जाएगा। बुलबुले देर तक टिकें, इसके लिए प्लेटो सलाह देते हैं कि घोल में आयतनानुसार करीब एक तिहाई ग्लिसरीन मिलाना चाहिए। घोल की सतह पर बने फेन और बुलबुलों को चम्मच द्वारा हटा लेते हैं। मिट्टी की महीन नलिका के एक छोर को भीतर और बाहर साबुन से मल कर घोल में डुबाते हैं। यदि निलका नहीं हो, तो करीब दस सेंटीमीटर लंबा पुआल का टुकड़ा लें और इसके एक सिरे को क्रौस की तरह थोड़ा फाड़ लें। इससे भी काम चल जाएगा।

बुलबुला बनाने की विधि इस प्रकार है : नलिका को घोल में डुबा कर निकालते हैं और उसे सीधा खड़ा पकड़े रहते हैं, ताकि उसके सिरे पर घोल की एक महीन झिल्ली बन जाए। अब नलिका में सावधानीपूर्वक फूँकते हैं। बुलबुला हमारे फेफड़ों से निकलने वाली गर्म हवा से भरा होता है, जो कमरे की हवा से हल्की होती है। इसीलिए बुलबुला तुरंत ऊपर की ओर उड़ता हैं।

यदि पहली बार में ही करीब दस सेंटीमीटर व्यास वाला बुलबुला छोड़ने में सफलता मिल जाती है, तो घोल ठीक बना है। यदि ऐसा नहीं है, तो घोल में और साबुन मिलाएँ, जब तक कि उपरोक्त आकार के बुलबुले नहीं प्राप्त होने लगें। लेकिन यह परीक्षण पर्याप्त नहीं हैं। उंगली को घोल में गीली कर उसे बुलबुले में भोंकने की कोशिश करते हैं। यदि बुलबुला फट जाता है, तो घोल में और साबुन मिलाना चाहिए और यदि बुलबुला नहीं फटता है, तो आप प्रयोग शुरू कर सकते हैं।

प्रयोग सावधानीपूर्वक धीरे-धीरे और शांत चित्त से करना चाहिए। प्रकाश काफी तेज होना चाहिए, अन्यथा बुलबुले अपनी इंद्रधनुषी आभा नहीं दिखाएँगे।

बुलबुलों के साथ चंद मनोरंजक प्रयोग निम्न हैं।

बुलबुले के भीतर फूल। थाल या ट्रे में साबुन का इतना घोल ढालते हैं कि थाल की पेंदी पर करीब 2-3 mm मोटी परत बन जाए। बीच में एक फूल या नन्ही सुराही रखते हैं और उसे कांच की कीप से ढक देते हैं। इसके बाद कीप को धीरे-धीरे उठाते हुए, उसकी संकरी नली में फूँकते हैं। इससे साबुनी बुलबुला बनता है। जब बुलबुला पर्याप्त बड़ा हो जाए, कीप को चित्र 66 की भाँति तिरछा करते हुए बुलबुले से अलग कर लें। फूल एक महीन अर्द्धगोलाकार पारदर्शक गुंबज से ढक जाएगा, जिस पर आपको सारे इंद्रधनुषी रंगों की आभाएँ दिखेंगी।

फूल की बजाय आप छोटी प्रतिमा भी ले सकते हैं। प्रतिमा के सिर पर एक छोटा बुलबुला भी रख सकते हैं (चित्र 66)। इसके लिए प्रतिमा के सिर पर घोल की कुछ बूंदें रख देते हैं। जब प्रतिमा के गिर्द गुंबजनुमा बुलबुला बन जाए, तो इस बुलबुले में नलिका भोंक कर प्रतिमा के सिर पर पड़ी घोल की बूंद से एक छोटा बुलबुला बना देते हैं।

बुलबुले में बुलबुले (चित्र 66)। उपरोक्त विधि द्वारा ही कीप से एक बड़ा

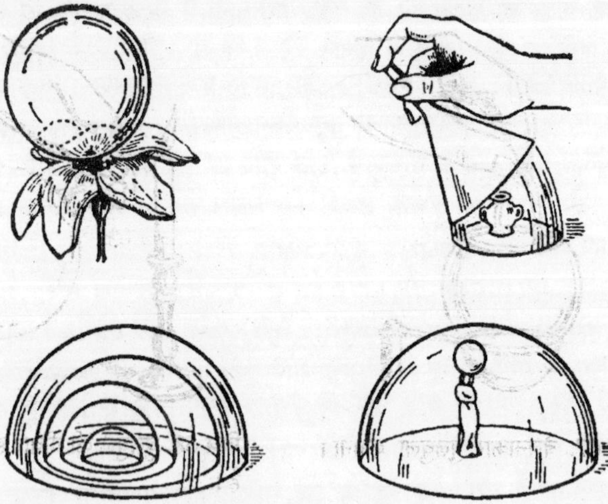

चित्र 66. साबुन के बुलबुलों के साथ प्रयोग : फूल पर बुलबुला; गमले के चारों ओर बुलबुला; बुलबुलों में बुलबुले; बुलबुले के भीतर बुलबुला धारण किए प्रतिमा।

बुलबुला बना लेते हैं। फिर पुआल को ऊपरी सिरे तक (मुँह में ले कर फूंके जाने वाले हिस्से को छोड़ कर) घोल से गीला कर देते हैं। फिर उसे सावधानीपूर्वक बुलबुले की दीवार में भौंक कर केंद्र तक ले जाते हैं। उस में फूंक देते हुए उसे वापस खींचते हैं, पर इतना नहीं कि बड़े बुलबुले की दीवार से सटे। इस प्रकार बड़े बुलबुले में उससे कुछ छोटा बुलबुला प्राप्त होगा। इसके भीतर आप तीसरा और तीसरे के भीतर चौथा आदि बुलबुले बना सकते हैं।

साबुनी झिल्ली का बेलन (चित्र 67) तार के दो छल्लों द्वारा प्राप्त किया जा सकता है। पिछले छल्ले पर साधारण गोल बुलबुला बना कर रखते हैं और इसपर दूसरा गीला किया हुआ छल्ला रख कर ऊपर उठाते हैं। उससे बुलबुला खिंचने लगता है और बेलन के आकार का हो जाता है। मजे की बात यह है कि यदि आप छल्ले को बुलबुले की परिधि से अधिक ऊँचा उठाएँगे, तो बेलन का आधा भाग संकीर्ण होने लगेगा और दूसरा अर्द्ध मोटा होने लगेगा। और अधिक खींचने पर बुलबुला टूट कर दो बुलबुलों में विभक्त हो जाएगा।

साबुनी झिल्ली हर समय तनाव की स्थिति में होती है और बुलबुले में कैद हवा को दबाती रहती है। कीप की नली मोमबत्ती की लौ के निकट लाएँ; आपको मानना पड़ेगा कि इतनी महीन झिल्लियों में भी कोई कम शक्ति नहीं है; लौ एक ओर को झुक जाती है (चित्र 68)।

गर्म स्थान से ठंडे स्थान में लाए गए बुलबुले का प्रेक्षण भी दिलचस्प है :

चित्र 67. बेलनाकार बुलबुला बनाना।

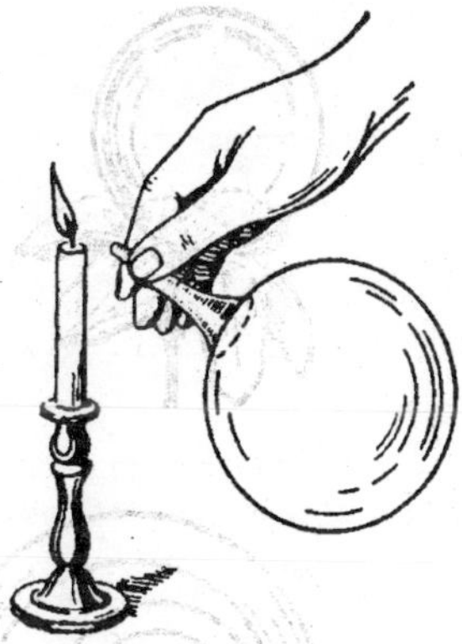

चित्र 68. बुलबुले की दीवार हवा को धकेलती है।

उसका आयतन कम होने लगता है। इसके विपरीत ठंडी से गर्म जगह में लाने पर बुलबुले का आयतन बढ़ने लगता है। इसका कारण निश्चय ही बुलबुले में कैद हवा का संकोचन या प्रसार है। यदि $-15^{\circ}C$ पर बुलबुले का आयतन $1000\,cm^3$ है और उसे $+15^{\circ}C$ तापक्रम पर स्थित कमरे में लाया जाता है, तो उसके आयतन में वृद्धि होती है :

$$1000 \times 30 \times \frac{1}{273} = \text{करीब } 110 \text{ घन सेंटीमीटर।}$$

यह भी ध्यान देने योग्य है कि बुलबुलों की क्षण-भंगुरता जैसे विचार पूरी तरह सही नहीं हैं : ढंग से बर्ताव किया जाए, तो वह दसियों दिन सुरक्षित रहता है। अंग्रेज भौतिकविद डेवर ने (जो वायु के द्रवीकरण पर शोधकार्यों के लिए प्रसिद्ध हैं) बुलबुलों को महीनों तक सुरक्षित रखने में सफलता प्राप्त की। उन्होंने उसके लिए विशेष बोतलों का प्रयोग किया, जो बुलबुलों को सूखने से तथा धूल व हिचकोलों से बचाती थी। अमेरिकावासी लौरेंस को कांच के ढक्कनों में वर्षों तक बुलबुलों को सुरक्षित रखने में सफलता मिली।

सबसे बारीक क्या है?

शायद बहुत ही कम लोगों को पता होगा कि साबुनी बुलबुले की झिल्ली का नाम खाली आँखों से दिखने वाली सूक्ष्मतम वस्तुओं में आता है। साबुनी झिल्ली की तुलना में वे वस्तुएँ भी काफी मोटी हैं, जिन्हें हम बारीकी की उपमा के रूप में व्यवहार करते हैं। 'कागज-सा पतला' या 'बाल सा महीन' आदि उपमाएँ साबुनी बुलबुले की दीवार के सामने निरर्थक हैं, क्योंकि वह बाल या सिगरेटी कागज से 5000 गुना

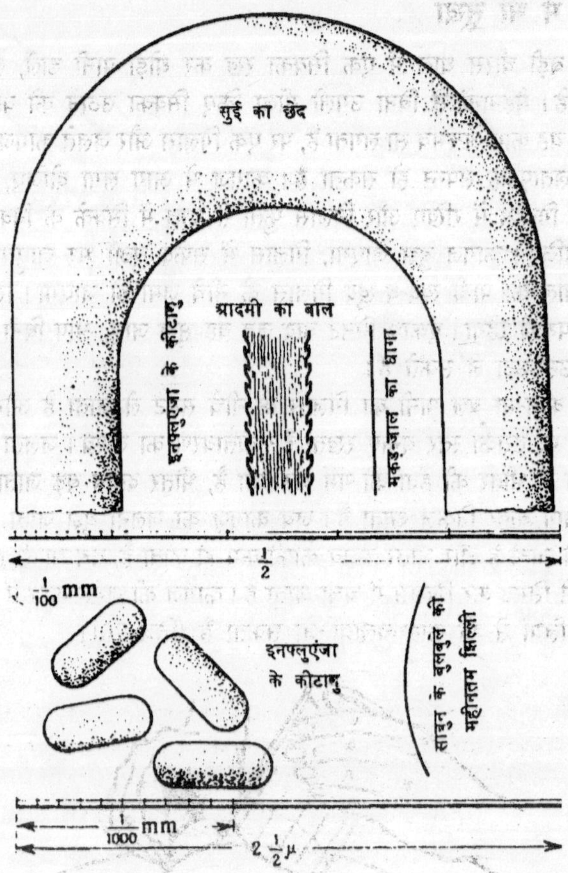

चित्र 69. ऊपर–सुई का छेद, आदमी का बाल, कीटाणु और मकड़जाले का धागा (200 गुना बड़े आकार में)। नीचे–40000 गुने बड़े आकार में कीटाणु व साबुन के बुलबुले की दीवार। $1\ \mu = 0.0001$cm.

अधिक बारीक होती है। आदमी के सर का बाल 200 गुना बड़ा करने पर करीब एक सेंटीमीटर मोटा लगेगा। साबुन की झिल्ली का परिच्छेद (काट) इतना बढ़ाने पर दिखेगा भी नहीं। यदि उसे 200 गुना और बढ़ाया जाए, तो वह एक बारीक रेखा के रूप में दिखेगा। बाल को इतना (अर्थात 40000 गुना!) बढ़ाने पर वह 2 m से अधिक मोटा लगेगा। चित्र 69 इन अनुपातों को दृश्य-सुगम बनाता है।

पानी में भी सूखा

बड़ी चौरस थाल में एक सिक्का रख कर थोड़ा पानी ढालें, ताकि सिक्का डूबा रहे। मेहमानों से बिना उंगली गीला किए सिक्का उठाने को कहें।

यह काम असंभव सा लगता है, पर एक गिलास और जलते कागज की सहायता से सरलतापूर्वक संपन्न हो सकता है। कागज में आग लगा दीजिए, जलता हुआ कागज गिलास में रखिए और गिलास फुर्ती से थाल में सिक्के के निकट उलट कर रख दीजिए। कागज बुझ जाएगा, गिलास में सफेद धुआँ भर जाएगा और इसके बाद थाल का पानी खुद-ब-खुद गिलास के नीचे जमा हो जाएगा। सिक्का अपनी जगह पर ही रहेगा। एकाध मिनट बाद जब वह सूख जाए, आप बिना उँगली गीला किए उसे उठा ले सकते हैं।

कौन-सा बल पानी को गिलास के नीचे समेट ले जाता है और एक नियत ऊँचाई पर उसका स्तर बनाए रखता है? वातावरण का दबाव। जलता हुआ कागज गिलास के भीतर की हवा को गर्म कर देता है, भीतर दबाव बढ़ जाता है, हवा का कुछ भाग बाहर निकल आता है। जब कागज़ का जलना बुझ जाता है, हवा पुनः ठंडी हो जाती है और भीतर दबाव काफी कम हो जाता है, तब बाहरी हवा के दबाव से पानी सिमट कर गिलास में चला जाता है। कागज की जगह काग में चुभी माचिस की तीलियों से भी काम चलाया जा सकता है (चित्र 70)।

चित्र 70. तश्तरी का सारा पानी औंधे गिलास के नीचे जमा कैसे किया जा सकता है।

अक्सर इस पुराने प्रयोग की एक गलत व्याख्या सुनने व पढ़ने को मिलती है।[1] कहते हैं कि इसमें 'आक्सीजन जल जाता है' और इसीलिए औंधे गिलारा के

1. पहली बार इसका वर्णन ईसा पूर्व पहली शती में प्राचीन बाइजेंटीनी भौतिकविद् फिलो ने किया था और उन्होंने इसकी बहुत ही सही व्याख्या दी थी।

नीचे गैस की मात्रा कम हो जाती है। ऐसी व्याख्या बहुत ही गलत है। मुख्य कारण सिर्फ हवा के गर्म होने में है; जलते कागज द्वारा आक्सीजन 'सोखने' में बिल्कुल नहीं। यह निष्कर्ष सबसे पहले इस बात से निकलता है कि यहाँ जलते हुए कागज के बिना भी काम चल सकता है; गिलास को खौलते पानी से खंगाल कर गर्म कर देना ही काफी रहेगा। दूसरे, यदि कागज की जगह स्पिरिट में डुबाई हुई रूई ली जाए, जो तेजी से और देर तक जलती रहती है, तो गिलास में करीब आधी ऊँचाई तक पानी चढ़ आएगा, जबकि ज्ञात है कि हवा के आयतन में आक्सीजन का सिर्फ 1/5 भाग होता है। और अंत में, यह भी ध्यान देने योग्य है कि जले हुए आक्सीजन से जल-वाष्प और कार्बन डायक्साइड बनती है। कार्बन डायक्साइड तो पानी में घुल जाती है, पर वाष्प रह जाता है और अंशतः आक्सीजन का स्थान ले लेता है।

हम कैसे पीते हैं?

क्या ऐसे प्रश्नों पर भी सोचना पड़ेगा? और नहीं तो क्या! हम गिलास या चम्मच में द्रव अपने मुँह के पास लाते हैं और अपने भीतर 'खींच' लेते हैं। द्रव को इस तरह खींचना बहुत ही साधारण बात है; हम इसके आदी हो गए हैं। पर इसी 'खींचने' की प्रक्रिया को तो समझना है। आखिर क्यों द्रव मुँह में खिंचता चला आता है? कौन-सी चीज इसे खींचती है? कारण ऐसा है : पीते वक्त हम वक्ष फुलाते हैं और इससे मुँह में हवा विरल (कम) हो जाती है; बाह्य वातावरण के दबाव से द्रव उस स्थान की ओर सिमटता है, जहाँ दबाव कम है और इस प्रकार द्रव हमारे मुँह में खिंच कर आ जाता है। यहाँ वही होता है, जो द्रवयुक्त संचारी बरतनों में से एक में हवा विरल कर देने से होगा : वातावरण के दबाव के कारण इस बरतन में द्रव का स्तर ऊँचा हो जाएगा। इसके विपरीत, यदि हम बोतल के मुँह को होंठों से पकड़ कर भीतर के पानी को चूस कर खींचने का लाख प्रयत्न करें, कुछ भी नहीं होगा, क्योंकि बोतल और आपके मुँह में दबाव समान है।

अतएव यह कहना अधिक उपयुक्त होगा कि हम सिर्फ मुँह से नहीं, फेफड़ों से भी पीते हैं; फेफड़ों का फैलना ही यह कारण है, जिससे पानी मुँह की ओर खिंचने लगता है।

कीप में सुधार

जिन्हें कीप की सहायता से बोतल में द्रव ढालने का मौका मिला है, वे जानते होंगे कि समय-समय पर कीप को थोड़ा ऊपर उठाना चाहिए, अन्यथा कीप में से द्रव नहीं ढलेगा। बोतल में स्थित हवा को बाहर निकलने का रास्ता नहीं मिलता, अतः वह अपने दबाव से द्रव को कीप में रोक रखती है। सिर्फ शुरू-शुरू में थोड़ा द्रव बोतल में ढलता है और इससे भीतर की हवा कुछ दब जाती है। कम आयतन

में सिमटी हवा की प्रत्यास्थता (गद्दापन) इतनी बढ़ जाती है कि वह अपने आंतरिक दबाव से कीप में द्रव को संतुलित कर दे। जाहिर है कि कीप को उठा कर हम दबी हवा को बाहर निकलने का रास्ता देते हैं और तब द्रव पुनः बोतल में गिरने लगता है।

इसीलिए ऐसी कीप अधिक उपयोगी होगी, जिसके संकरे भाग की बाहरी दीवार पर अनुतीर नाले बने हों। इससे कीप बोतल का मुँह अच्छी तरह नहीं बंद कर सकेगी और हवा बिना रोक-टोक के बोतल से बाहर निकल सकेगी।

एक टन लकड़ी और एक टन लोहा

इस मजाकिया प्रश्न से सभी परिचित होंगे : क्या अधिक भारी है—एक टन लकड़ी या एक टन लोहा? अक्सर लोग बिना सोचे-समझे उत्तर देते हैं कि एक टन लोहा अधिक भारी होगा। सुनने वाले प्यार से हँसते हैं।

शरारतियों को और जोर की हँसी आएगी, यदि उन्हें कहा जाए कि एक टन लकड़ी एक टन लोहे से अधिक भारी होगी। यह जवाब और भी बेढ़ब है, पर यदि सच पूछें, तो यह अधिक सही है।

आर्कमेडिस का नियम सिर्फ द्रवों पर ही नहीं, गैसों पर भी लागू होता है। हवा में हर वस्तु उतना भार 'खोती' है, जितना उसके द्वारा विस्थापित हवा का भार होता है।

लकड़ी और लोहा भी हवा में अपने भार का कुछ अंश खोते हैं; उनके भार में कमी आ जाती है। इनका वास्तविक भार ज्ञात करने के लिए इस कमी की पूर्ति करनी होगी। अतः हमारे प्रश्न में लकड़ी का यथार्थ भार बराबर होगा एक टन+लकड़ी के आयतन के तुल्य हवा का भार; लोहे का : एक टन+लोहे के आयतन के तुल्य हवा का भार।

पर एक टन लकड़ी कहीं अधिक व्योम छेंकती है, बनिस्बत कि एक टन लोहे के (करीब 15 गुना अधिक)। इसलिए एक टन लकड़ी का यथार्थ भार एक टन लोहे के यथार्थ भार से अधिक होगा। यदि और सही अभिव्यक्ति ढूँढी जाए, तो हमें कहना चाहिए : हवा में एक टन भार वाली लकड़ी का यथार्थ भार हवा में एक टन भार वाले लोहे के यथार्थ भार से अधिक होता है।

चूँकि एक टन लोहे का आयतन $1/8 m^3$ होता है और लकड़ी का क़रीब $2 m^3$, तो उनके द्वारा विस्थापित हवा के भारों में अंतर करीब 2.5kg होगा। एक टन लकड़ी वास्तविकता में एक टन लोहे से इतनी ही अधिक भारी होती है।

भारहीन आदमी

बहुतों को बचपन से ऐसी कल्पना लुभावनी लगती होगी कि वे रुई के फाहे क्या, हवा से भी हल्के हो गए हैं[1] और गुरुत्व की भारी जंजीरों को तोड़ कर आकाश

में जहाँ चाहें, उन्मुक्त उड़ सकते हैं। पर वे अक्सर एक बात भूल जाते हैं : लोग पृथ्वी पर स्वतंत्र रूप से चल सकते हैं सिर्फ इसलिए कि वे हवा से भारी हैं। दरअसल "हम वातावरण रूपी सागर के तल पर रहते हैं"—टोरीसेली ने कहा था। यदि हम अचानक हवा से भी हलके हो जाएँ, तो इस हवाई सागर की सतह पर उपलाने लगेंगे। हमारे साथ वही होता, जो पुश्किन रचित कविता के घुड़सवार सैनिक के साथ हुआ था : "पूरी बोतल पी गया; और विश्वास नहीं होता तुम्हें, अचानक रुई के फाहे की तरह ऊपर उड़ गया"। हम कुछेक किलोमीटर उड़ आते, जहाँ विरल हवा का घनत्व हमारे शरीर के घनत्व के बराबर होता। पहाड़ियों और घाटियों पर उन्मुक्त मंडराने का सपना राख की तरह हवा में बिखर जाता, क्योंकि गुरुत्व के बंधन से निकल कर हम दूसरे बल—वातावरण की संवहन धाराओं—की कैद में आ जाते।

लेखक वेल्स ने ऐसी ही असाधारण स्थिति को अपनी एक विज्ञान-गल्प का कथानक बनाया है। एक काफी मोटा व्यक्ति अपनी मुटाई कुछ कम करना चाहता था। कथाकार के पास एक आश्चर्यजनक हवा होती है, जिससे स्थूलकाय लोग अपना भार कुछ कम कर सकते हैं। वह दवा मांग कर ले जाता है। जब कथाकार अपने परिचित मोटे से मिलने पहुँचता है और उसका दरवाजा खटखटाता है, उसे आश्चर्यजनक चीजें देखने को मिलती हैं :

"दरवाजा देर तक कोई खोल नहीं रहा था। मैंने सुना कि किसी ने ताली घुमाई और पीक्राफ्ट (यह मोटे का नाम था) के स्वर ने कहा :

अंदर आ जाइए।

मैंने हैंडिल घुमाया और दरवाजा खोला। स्वाभाविक था कि मैं पीक्राफ्ट को देखने की उम्मीद कर रहा था।

आप जानते हैं,—वह नहीं था। कमरा अस्त-व्यस्त था : किताबों, कलम-दवात आदि के बीच जूठी प्लेटें पड़ी थीं। कुछेक कुर्सियाँ उल्टी हुई थीं। पीक्राफ्ट नहीं था...

—भई, मैं यहाँ हूँ। दरवाजा बंद कर लीजिए,—उसने कहा। तब मुझे वह नजर आया।

वह दरवाजे के निकट कोने में ठीक कार्निस से लटका हुआ था, मानों उसे किसी ने छत से चिपका रखा हो। उसका चेहरा गुस्से से भरा था और उस पर भय की छाप थी।

—यदि कुछ फिसला, तो पीक्राफ्ट, आप गिर जाएँगे और अपनी गरदन तोड़ लेंगे,—मैंने कहा।

---

1. प्रचलित विचार के विपरीत, फाहा हवा से हल्की नहीं होती बल्कि उससे सैकड़ों गुनी भारी होती है। हवा में वह इसलिए उठती है कि उसकी कुल सतह काफी बड़ी होती है; इतनी बड़ी की हवा द्वारा उसकी गति में प्रतिरोध उसके भार से अधिक हो जाता है।

—बहुत खुशी होगी मुझे,—उसने बताया।

—आपकी उम्र में ऐसी कसरतें नहीं करनी चाहिए... लेकिन, आप लटके किस चीज के सहारे हैं?—मैंने पूछा।

तब मुझे दिखा कि वह लटक नहीं रहा है, बल्कि ऊपर तैर रहा है, जैसे गैस से भरा बैलून हो।

उसने थोड़े हाथ-पैर मारे, ताकि छत से अलग हो कर दीवार के सहारे मेरी ओर रेंग सके। उसने नक्काशी की किनारी पकड़ी, पर वह टूट गई और वह पुनः छत की ओर उड़ गया। जब वह छत से टकराया, तब मेरी समझ में आया कि उसके शरीर के उभरे हुए भागों पर चूना क्यों लगा है। वह पुनः काफी सावधानी के साथ चिमनी के सहारे उतरने की कोशिश करने लगा।

—यह दवा,—हाँफते हुए उसने बताया,—कुछ ज्यादा ही असरदार निकली। भार का लोप लगभग पूर्ण है।

अब मैं सब समझ गया।

—पीक्राफ्ट!—मैंने कहा। —आपको मुटापा करने की दवा चाहिए थी और आप हमेशा कहते थे कि भार कम करना है...रुकिए, मैं आपकी मदद करता हूँ,—बेचारे का हाथ पकड़ कर नीचे खींचते हुए मैंने कहा।

वह किसी चीज पर दृढ़ता से खड़े होने की कोशिश में नाचने लगा। दृश्य मजेदार था! जैसे मैं तेज हवा में पाल वाली नाव रोक कर रखने की कोशिश कर रहा हूँ।

—यह टेबुल काफी मजबूत और भारी है।—बेचारे पीक्राफ्ट ने नाच से थक कर कहा। —यदि आप किसी तरह मुझे उसके नीचे घुसा सकें...

मैंने यही किया, पर टेबुल के नीचे भी वह इस तरह हिल-डुल रहा था, जैसे हवाई बैलून बंधा हुआ हो। एक मिनट के लिए भी स्थिर नहीं था।

—सिर्फ एक बात साफ है, जो आपको किसी भी हालत में नहीं करनी चाहिए।—मैंने उससे कहा।—यदि कहीं आप घर से बाहर निकल गए, तो ऊपर की ओर उड़ते चले जाएँगे, रुकेंगे नहीं...

चित्र 71. मैं यहां हूँ, दोस्त!—पीक्राफ्ट ने कहा।

मैंने सलाह दी कि अपने को इस नई स्थिति के अनुकूल बनाने की कोशिश करनी चाहिए। मैंने इशारा किया कि छत पर हाथों के सहारे चलना सीखने में उसे कठिनाई नहीं होगी।

—मैं सो नहीं सकता,—उसने शिकायत के स्वर में कहा।

उसके लिए कमरे में सीढ़ी रखी गई और खाना किताब की अलमारी पर लगाया जाने लगा। हमने एक सुंदर हल सोच निकाला, जिसकी सहायता से पीक्राफ्ट जब चाहे फर्श पर उतर आ सकता था : हल यही था कि 'ब्रिटेन विश्वकोश' खुली आलमारी के ऊपरी खंदे में रखा था। मोटू ने झट उसके दो खंड उठाए और हाथ में पकड़े हुए फर्श पर उतर आया।

मैंने उसके फ्लैट में पूरे दो दिन बिताए। हाथ में हथौड़ा और बरमा ले कर उसके लिए सभी संभव जुगतियाँ फिट करता रहा : तार लगाया, ताकि वह घंटी बजा सके, आदि आदि।

उस दिन मैं अंगीठी के पास बैठा था और वह अपने प्रिय कोने में लटका छत में तुर्की कालीन ठोक रहा था, जब मेरे दिमाग में यह विचार आया :

—ऐ, पीक्राफ्ट!—मैंने लगभग चीखते हुए कहा। —इन सब चीजों की बिल्कुल आवश्यकता नहीं है। कपड़ों के नीचे शीशे का अस्तर चाहिए, और कुछ नहीं।

पीक्राफ्ट खुशी से रो पड़ा।

—सीसे की चदरें,—मैंने कहा,—खरीद लीजिए और कपड़ों के नीचे फिट कर लीजिए। जूतों में सीसे के तल्ले लगवा लीजिए और हाथ में सीसे का सूटकेस पकड़े रहिए, और बात खत्म। आप यहाँ कैद में नहीं रहेंगे; विदेश जा सकते हैं, यात्रा कर सकते हैं। आपके लिए जहाज डूबने से भी कोई खतरा नहीं है : अपने कपड़ों में से कुछ या सारा उतार लेंगे और हवा में उड़ने लगेंगे''।

ऊपरी तौर पर देखने से यहाँ सब कुछ भौतिकीय नियमों के अनुसार ही लगता है। पर कहानी की कुछ बातों से सहमत होना असंभव है। सबसे गंभीर आपत्ति यह है कि मोटूराम अपने शरीर का भार खो कर भी छत तक नहीं उड़ सकते थे।

आर्कमेडिस के नियम से पीक्राफ्ट सिर्फ उसी हालत में छत की ओर उपलाता, जब उसके कपड़ों, जेबी सामग्रियों आदि का कुल भार उसके स्थूल काय द्वारा विस्थापित हवा के भार से कम होता। हिसाब लगाना कठिन नहीं होगा, यदि आप स्मरण करें कि आपके शरीर का भार लगभग उसी आयतन वाले पानी के भार के बराबर होता है। हमारा भार 60 किलोग्राम है, हमारे शरीर के बराबर आयतन वाले पानी का भार लगभग इतना ही होगा। साधारण घनत्व वाली हवा समान आयतन वाले पानी से 770 गुनी हल्की होती है। इससे निष्कर्ष निकलता है कि हमारे शरीर के आयतन के बराबर आयतन वाली हवा का भार होगा 80g। मिस्टर पीक्राफ्ट कितने भी मोटे

क्यों न रहे हों उनका वजन 100kg से अधिक शायद ही रहा होगा और इसीलिए 130g से अधिक हवा विस्थापित नहीं कर सके होंगे। पीक्राफ्ट के शरीर पर कपड़े, जूते, मनी-बैग आदि जो सामान थे, क्या उनका कुल भार 130g से भी कम था ? यह असंभव है; इतने सारे सामान का कुल भार कहीं अधिक होगा। और यदि ऐसी बात है, तो पीक्राफ्ट को फर्श पर ही रहना चाहिए था। यह सच है कि उनकी स्थिति काफी अस्थिर होती, पर 'डोरी से बंधे बैलून' की तरह छत की ओर नहीं उड़ते। सिर्फ अपने शरीर से सारा कुछ उतार कर ही वे हवा में उपला सकते थे। कपड़ों में उनकी हालत वैसी ही होती, जैसे छलांगबाजी के बैलून से बंधे आदमी की होती है; पेशियों की हल्की कोशिश से भी वे काफी ऊँची छलाँग लगाते और शांत हवा में मंद तैरते हुए जमीन पर उतरते[1]।

'शाश्वत' घड़ी

इस पुस्तक में हम कई मिथ्या 'शाश्वत चलित्रों' को देख चुके हैं और यह स्पष्ट कर लिया है कि उनका आविष्कार असंभव है। अब हम निःशुल्क चालित्रों के बारे में बातें करते हैं। ये ऐसे चलित्र हैं, जो हमारी ओर से बिना किसी देखभाल के अनिश्चित चिर काल तक कार्यशील रह सकते हैं, क्योंकि वे अपने परिवेश के अक्षय ऊर्जा-भंडारों से आवश्यक ऊर्जा प्राप्त करते रहते हैं। पारे या धातु का बना बैरोमीटर सबने देखा होगा। प्रथम प्रकार के बैरोमीटर में पारद-स्तंभ का स्तर वातावरण के दाब में परिवर्तन के अनुसार ऊपर-नीचे होता रहता है। धात्विक बैरोमीटर में इन्हीं कारणों से सुई इधर-उधर घूमती रहती है। अठारहवीं शती के एक आविष्कारक ने बैरोमीटर की इन गतियों का उपयोग घड़ी जैसी मशीन में चाबी भरने के लिए किया। इस प्रकार उसने एक घड़ी बनाई, जो बिना रुके चलती रहती थी और जिसमें चाबी देने की आवश्यकता नहीं पड़ती थी। विख्यात अंग्रेज यंत्रकार व ज्योतिर्विद फेर्ग्युसन ने इस दिलचस्प आविष्कार को देखा और उसके बारे में निम्न पंक्तियाँ लिखीं (1774 ई. में) .

"मैंने ऊपर वर्णित घड़ी देखी है, जो एक अनूठे बैरोमीटर में पारे के उठने व गिरने के कारण अविराम चलती रहती है। यह सोचना निराधार है कि यह घड़ी कभी रुक जाएगी, क्योंकि उसमें संचित होने वाला गतिकारी बल इतना काफी होता है कि बैरोमीटर हटा देने पर भी घड़ी साल भर तक चलती रह सकती है। इस घड़ी को विस्तारपूर्वक जान लेने के बाद मैं खुले दिल से कहता हूँ कि अब तक जितने यंत्र मैंने देखे हैं, उनमें यह सबसे अधिक प्रतिभाशाली है; उसके मूल विचार और उसके कार्यान्वयन—दोनों ही के अनुसार।"

---

1. छलाँगबाजी के बैलूनों के बारे में मेरी पुस्तक 'मनोरंजक यांत्रिकी' का अध्याय 4 देखें।

खेद की बात है कि यह घड़ी सुरक्षित नहीं रही; वह चोरी हो गई थी और अब कहाँ है, किसी को पता नहीं। वैसे, उक्त ज्योतिर्विद द्वारा बनाया गया उसका आरेख अभी भी है, इसलिए उसका पुनर्निर्माण किया जा सकता है।

इस घड़ी की बनावट में एक बहुत बड़ा पारद-बैरोमीटर आता है। फ्रेम द्वारा लटके कांच के घड़े और उसमें खड़े लंबे कीप में करीब 150kg पारा है। दोनों ही बरतन एक दूसरे के सापेक्ष गतिमान हो सकते हैं। उत्तोलकों की सुंदर प्रणाली की सहायता से वात-दाब बढ़ने पर कीप नीचे उतरता है और घड़ा ऊपर उठता है, दाब घटने पर इसका उल्टा होता है। दोनों ही गतियाँ एक दंति-चक्र को हमेशा एक ही दिशा में घुमाती हैं। चक्र सिर्फ तभी स्थिर रहता है। जब वातावरण का दाब बिल्कुल स्थिर रहता है। चक्र के रुके रहने पर घड़ी मुग्दरों की पहले से संचित अभिपातन ऊर्जा से चलती है। यह कोई आसान काम नहीं है कि मुग्दर साथ-साथ ऊपर उठें और गिरते वक्त घड़ी चलाएँ। पर पुराने घड़ीसाज इस समस्या को हल करने के लिए पर्याप्त प्रतिभाशाली थे। उन्होंने कुछ इस प्रकार यंत्र बनाया कि वात-दाब में उतार-चढ़ाव की ऊर्जा आवश्यकता से अधिक सिद्ध होती थी, अर्थात् मुग्दर अधिक तेजी से उठते थे, पर गिरते थे धीरे-धीरे। इसके लिए ऐसी विशेष युक्ति लगानी पड़ी कि जब मुग्दर उच्चतम बिंदु पर पहुँच जाते थे, तो कुछ समय के लिए वहीं रुके रहते थे।

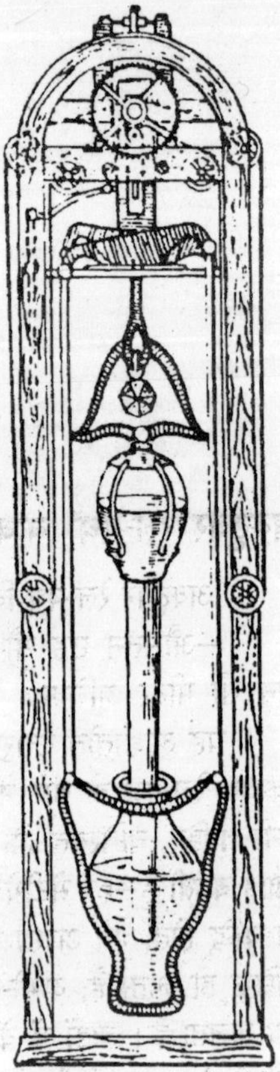

चित्र 72. XVIII-वीं शती का निःशुल्क चलित्र।

इस जैसे 'निःशुल्क' चलित्रों और 'शाश्वत चलित्रों के बीच यह महत्त्वपूर्ण सैद्धांतिक अंतर स्पष्ट है। निःशुल्क चलित्रों में ऊर्जा शून्य से नहीं मिलती, जिसका सपना शाश्वत चलित्रों के आविष्कारक देखते थे; वह यंत्र के बाहर से आती है। हमारे उदाहरण में यंत्र को ऊर्जा बाह्य वातावरण से मिलती है, जहाँ वह सौर-किरणों द्वारा संचित होती है। व्यवहारतः निःशुल्क चलित्रों के साथ आपका परिचय कराएँगे और उदाहरण समेत दिखाएँगे कि उद्योग में इस प्रकार के यंत्रों का प्रयोग नियमतः बिल्कुल लाभहीन क्यों होता है।

अध्याय 6

तापीय संवृत्तियाँ

अक्टूबर रेल-पथ[1] कब अधिक लंबा है–गर्मियों में या जाड़े में?

'अक्टूबर रेल-पथ कितना लंबा है'–प्रश्न का उत्तर किसी ने इस प्रकार दिया :

–औसतन छह सौ चालीस किलोमीटर; जाड़ों की अपेक्षा गर्मियों में करीब तीन सौ मीटर अधिक।

यह आशातीत उत्तर इतना निरर्थक नहीं है, जितना कि लगता है। यदि संतत एकाश्म रेल-पथ के बारे में पूछा जाए, तो सचमुच इसकी लंबाई गर्मियों में अधिक होनी चाहिए, बनिस्बत कि जाड़ों में। पर यह न भूलें कि गर्म होने पर पटरियों की लंबाई बढ़ती है–हर सेंटीग्रेड तापक्रम की वृद्धि से उसकी लंबाई में 100000 वें अंश की वृद्धि होती है। अच्छी-खासी गर्मी के दिन पटरियों का तापक्रम 30-40° से भी अधिक हो जाता है; कभी-कभी धूप में पटरियाँ इतनी गर्म हो जाती हैं कि छूने से हाथ जलता है। जाड़ों में वे –25° से भी कम तापक्रम पर होती हैं। यदि जाड़े और गर्मियों के तापक्रमों में अंतर औसतन 55° ही मान लें, तो पथ की कुल लंबाई 640 km में 0.00001 और 55 से गुणा करने पर करीब 1/3 km प्राप्त होगा। ज्ञात होता है कि मास्को और लेनिनग्राद को मिलाने वाला रेल-पथ सचमुच ही जाड़ों की अपेक्षा गर्मियों में तिहाई किलोमीटर अर्थात् करीब 300 मीटर अधिक लंबा होता है।

बेशक, यहाँ पथ की लंबाई नहीं बढ़ती। बढ़ती है सिर्फ सभी पटरियों की कुल लंबाई। ये दोनो बातें एक नहीं हैं और इसीलिए पटरियों को कभी भी एक दूसरे से बिल्कुल सटा कर नहीं रखा जाता : उनके बीच कुछ खाली जगह छोड़ दी जाती है, ताकि गर्म होने पर पटरियाँ स्वतंत्र रूप से प्रसारित हो सकें[2]। हमारा कलन दिखाता

---

1. मास्को-लेनिनग्राद रेल-पथ का नाम।–अनु.

2. यदि पटरियों की लंबाई 8 m हो, तो जोड़ों पर 6 mm लंबा स्थान (0° पर) छोड़ना चाहिए। इस खाली स्थान के पूर्ण रूप से बंद होने के लिए पटरियों का तापक्रम 65°C होना चाहिए। तकनीकी →

है कि सभी पटरियों की कुल लंबाई में वृद्धि उनके बीच के रिक्त स्थानों की कुल लंबाई में ही सिमटी होती है; भयंकर शीत में पटरियों की कुल लंबाई की अपेक्षा गर्मियों में उनकी कुल लंबाई में करीब 300m की वृद्धि होती है। इस प्रकार, अक्टूबर

चित्र 73. अत्यधिक गर्मी के कारण ट्राम की लाइनों का टेढ़ा हो जाना।

रेल-पथ का लौह भाग गर्मियों में सचमुच 300 मीटर अधिक लंबा है, बनिस्बत की जाड़ों में।

चोरी की सजा नहीं

लेनिनग्राद-मास्को लाइन पर हर जाड़े में कुछेक सौ मीटर टेलीफोन और टेलीग्राफ के तार गायब हो जाते हैं, पर कोई इसकी चिंता नहीं करता, यद्यपि तार महंगा होता है और चोर का नाम सब जानते हैं। यह काम ठंड का है। जो कुछ रेलों के बारे में कहा जा चुका है, तार पर भी लागू होता है। फर्क सिर्फ इतना है कि गर्मी से

→
कारणों से ट्राम की पटरियों के बीच जगह नहीं छोड़नी चाहिए। इससे अक्सर पटरियाँ टेढ़ी नहीं होतीं, क्योंकि जमीन में गड़ी होने के कारण उनमें तापक्रम का उतार-चढ़ाव नगण्य होता है। उन्हें जोड़ने की विधि भी बगल से टेढ़ी होने में बाधा डालती है। पर बहुत गर्मी पड़ने पर ट्राम की पटरियाँ कुछ टेढ़ी हो ही जाती है। फोटोग्राफी के आधार पर निर्मित चित्र 73 में यह स्पष्टता के साथ दिखाया गया है।

रेलगाड़ी की पटरियों के साथ भी कभी-कभी ऐसा हो जाता हैं बात यह है कि ढालू स्थानों पर चलती गाड़ियाँ अपने साथ-साथ पटरियों को भी (कभी-कभी आधार समेत) घसीट ले जाती हैं; फलस्वरूप ऐसे स्थानों पर पटरियों के सिरे एक दूसरे से बिल्कुल सट जाते हैं।

तांबे का तार लोहे की अपेक्षा 1.5 गुना अधिक लंबा हो जाता है। लेकिन तारों के टुकड़ों के बीच खाली जगह नहीं होती, अतः बिना किसी हिचकिचाहट के कह सकते हैं कि लेनिनग्राद-मास्को टेलीफोन लाइन गर्मियों की अपेक्षा जाड़ों में करीब 500 m छोटा होता है। ठंड हर जाड़े में लगभग आधा किलोमीटर तार चोरी कर लेती है और उसे कोई सजा नहीं मिलती। वैसे, इस चोरी से टेलिफोन या टेलिग्राफ के कार्य पर कोई असर नहीं पड़ता और, इसके अतिरिक्त, गर्मियों में चोरी का माल पूरी तरह वापस भी तो हो जाता है!

लेकिन इस तरह का संकुचन जब तारों में नहीं पुलों में होने लगता है तो परिणाम बुरे हो सकते हैं। 1927 की दिसंबर में इस तरह की एक खबर अखबारों में आई थी :

"फ्रांस में लगातार कई दिनों तक अनदेखी ठंड रही, जिसके कारण पेरिस में सेन नदी पर स्थित पुल को गंभीर नुकसान पहुँचा है। पुल में लोहे की पटरियाँ सिकुड़ गईं और इससे उसमें लगे पत्थर पहले ऊपर उभर आए और बाद में चूर हो कर रास्तों पर बिखर गए। पुल कुछ काल के लिए बंद कर दिया गया है"।

पेरिस की मीनार कितनी ऊँची?

अब यदि आपसे पूछा जाए कि पेरिस की मीनार कितनी ऊँची है, तो उत्तर में '300मीटर' कहने के पहले आप प्रश्न करेंगे :

—किस मौसम में—गर्म या ठंडे?

लोहे की बनी इतनी बड़ी चीज की ऊँचाई हर तापक्रम पर समान नहीं रह सकती। हमें ज्ञात है कि 300 m लंबे लोहे के छड़ का तापक्रम एक डिग्री अधिक होने पर उसकी लंबाई में 3mm की वृद्धि होती है। वातावरण के तापक्रम में एक डिग्री की वृद्धि से पेरिस की मीनार में भी करीब इतनी ही वृद्धि होनी चाहिए। पेरिस की जलवायु के अनुसार अच्छे-खासे धूप उगे मौसम में मीनार $+40^\circ$ तक गर्म हो सकती है पर ठंडे बरसाती मौसम में उसका तापक्रम $+10^\circ$ तक नीचे आता है। जाड़ों में उसका तापक्रम 0° से -10° तक हो सकता है (पेरिस में इससे अधिक ठंड अक्सर नहीं पड़ती) । अतः तापक्रम में परिवर्तन $3\times40=120$mm या 12 cm तक (इस पंक्ति की लंबाई से अधिक) हो सकता है।

प्रत्यक्ष मापों से यह भी ज्ञात हुआ कि पेरिस की मीनान तापक्रम में परिवर्तन के प्रति हवा से कहीं अधिक संवेदनशील है। वह अपेक्षाकृत जल्द ठंडा या गर्म होता है और बदरी के दिन अचानक सूरज उगने पर पहले प्रभावित होता है। पेरिस की मीनार की ऊँचाई में परिवर्तन करीब 40° तक संभव है और इसीलिए पेरिस की मीनार की ऊँचाई में परिवर्तनों की माप विशेष प्रकार के निकेल-इस्पात के तार की सहायता से ज्ञात की गयी थी। तापक्रम परिवर्तन के कारण निकेल-इस्पात के तार की लंबाई में परिवर्तन नहीं के बराबर होता है। इस अनूठे मिश्रधातु का नाम 'इनवार' (लातीनी invar=अनित्य) है।

निष्कर्ष यह है कि ठंडे मौसम की अपेक्षा गर्म मौसम में पेरिस की मीनार की लंबाई में इस पंक्ति के बराबर लंबाई वाले लोहे के टुकड़े द्वारा वृद्धि हो जाती है। वैसे, लोहे के इतने लंबे टुकड़े की कीमत एक सेंटिम भी नहीं होती।

चाय का गिलास और जल-स्तर नापने की नली

अनुभवी गृहस्थिन कांच के गिलास में गर्म-चाय ढालने के पहले उसमें चम्मच डालना नहीं भूलती, विशेषकर यदि चम्मच चांदी का बना हो। घरेलू अनुभव के आधार पर बना यह नियम बिलकुल सही है। आइए, इसकी जाँच करें।

सबसे पहले यह स्पष्ट कर लें कि गर्म पानी से गिलास चटकता क्यों है।

गिलास टूटने का कारण है कांच का असमान प्रसारण। गिलास में ढाला गया पानी उसकी दीवारों को एकदम से गर्म नहीं कर देता; पहले दीवारों की भीतरी परत गर्म होती है और बाहरी परतें ठंडी ही रहती हैं। गर्म होते ही भीतरी परत प्रसारित हो जाती है। बाहरी परत अपरिवर्तित रहती है, उस पर भीतरी प्रसाररत परतों का दबाव पड़ता है। दोनों परतें एक दूसरे से अलग होती हैं और कांच चटख जाता है।

यह मत सोचिए कि मोटी दीवारों वाले गिलास खरीद कर आप उनके टूटने वाली मुसीबत से छुट्टी पा जाएँगे। ऐसी स्थितियों में मोटी दीवारों वाले गिलास और भी कमजोर सिद्ध होंगे। यह स्पष्ट भी है : पतली दीवारें जल्द गर्म हो जाती हैं, उनमें तापक्रम समरूपता के साथ जल्द वितरित होता है और इसीलिए उनके विभिन्न अंशों का प्रसारण भी समान रूप से होता है; ऐसे नहीं जैसे कि धीरे-धीरे गर्म होने वाली कांच की मोटी परतों में होता है।

पतली दीवारों वाले कांच के बरतन खरीदते वक्त एक चीज नहीं भूलनी चाहिए : सिर्फ दीवारें ही पतली न हों; पैंदे को भी पतला होना चाहिए। गर्म पानी ढालने से मुख्यतः पेंदा ही गर्म होता है। यदि वह मोटा होगा, तो गिलास अवश्य टूटेगा चाहे कितनी भी पतली उसकी दीवारें क्यों न हों। ऐसे गिलास और चीनी-मिट्टी के कप भी आसानी से टूटते हैं, जिनके पेंदे से नीचे की ओर स्तंभ के रूप में गोल छल्ला लगा होता है।

कांच का बरतन जितना ही पतला हो, उतना ही निर्भय होकर आप उसे गर्म कर सकते हैं। रसायनज्ञ अत्यंत पतली दीवारों वाले कांच के बरतन व्यवहार में लाते हैं; वे उन्हें सीधा ज्वालक पर रख देते हैं, बरतन टूटने का कोई डर नहीं रहता।

इसमें कोई शक नहीं कि आदर्श बरतन वह होता, जो गर्म करने से बिल्कुल ही प्रसारित नहीं होता। बहुत ही कम प्रसारण करने वाला पदार्थ है स्फटिक या क्वार्टस में कहीं अधिक है।

---

1. प्रयोगशालाओं के लिए स्फटिक के बरतन इसलिए भी सुविधाजनक है। कि वे आसानी से नहीं पिघलते : क्वार्टस 1700° पर सिर्फ मुलायम होना शुरू करता है।

इसमें कांच की अपेक्षा 15-20 गुना कम प्रसारण होता है। पारदर्शक स्फटिक का मोटा बरतन भी जितना चाहें, गर्म कर सकते हैं; वह नहीं टूटेगा। लाल-तप्त क्वार्टस के बरतन को आप एकदम से ठंडे पानी में फेंक सकते हैं, टूटने का कोई खतरा नहीं है।[1] इसका संबंध अंशतः इसी से है कि ताप-संवहनता शीशे की अपेक्षा क्वार्टस गिलास सिर्फ शीघ्र तपन से ही नहीं टूटते। शीघ्र ठंडा करने से भी टूट जाते हैं। इसका कारण है असमान **संकोचन :** बाहरी परत ठंडा हो कर संकोचन की दिशा में खिंचने लगती है और भीतरी परत पर दबाव डालती है। इसीलिए गर्म मुरब्बे को ठंडा करने के लिए कांच के मर्तबान को ठंडक या ठंडे पानी में कभी न रखें।

'चाय के गिलास में चम्मच' की समस्या पर लौटें। चम्मच कांच को टूटने से कैसे बचाता है?

दीवारों की बाहरी व भीतरी परतों के तापक्रमों में बहुत ही बड़ा अंतर सिर्फ तभी होता है, जब आप गिलास में एकदम से खूब गर्म पानी ढालते हैं। साधारण गर्म पानी से दोनों परतों के तापक्रमों में इतना बड़ा अंतर नहीं होता और इसीलिए उनके आंतरिक तनावों में भी गंभीर फर्क नहीं आता। साधारण गर्म पानी से बरतन नहीं टूटता। यदि गिलास में चम्मच पड़ा हो, तो क्या होता है? पेंदे पर आकर गर्म द्रव कांच को (जो ताप का बुरा चालक है) पूरी तरह से गर्म कर सकने के पहले अपनी गर्मी का अच्छा-खासा भाग ताप के सुचालक चम्मच को दे देता है; द्रव का तापक्रम कम हो जाता है; बहुत गर्म से वह साधारण गर्म द्रव में परिणत हो जाता है और इसीलिए उससे कोई खतरा नहीं रह जाता। द्रव अब और आगे ढालने से भी कोई डर नहीं रह जाता, क्योंकि गिलास थोड़ा गर्म हो चुका है।

कहने का मतलब यह है कि चम्मच (विशेषकर यदि वह बड़ा व मोटा है) गिलास के गर्म होने की क्रिया को समरूप कर देता है और कांच को चटकने से बचाता है।

लेकिन यदि चम्मच चांदी का हो, तो यह और अच्छा क्यों है? क्योंकि चांदी ताप का बहुत अच्छा संवाहक है; चांदी का चम्मच पानी की गर्मी तांबे की अपेक्षा जल्द आत्मसात करता है। स्मरण करें कि गर्म चाय में पड़ा चाँदी का चम्मच छूने से कितना गर्म लगता है; हाथ जलने लगता है। इस गुण के आधार पर आप आँखें बंद करके बिल्कुल सही-सही बता सकते हैं कि चम्मच तांबे का है या चाँदी का। गर्म पानी में डाल कर निकालने पर तांबे के चम्मच से हाथ नहीं जलेगा।

काँच की दीवारों का असम रूप से गर्म होना सिर्फ चाय के गिलास के लिए ही खतरनाक नहीं है। वाष्प क्वथित्र (स्टीम ब्वायलर) के महत्त्वपूर्ण भाग जलमापी नलियों,—जिनसे क्वथित्र में जल का स्तर नापा जाता है,—के लिए भी यह बुरा सिद्ध होता है। वाष्प व गर्म पानी के कारण कांच की इन नलियों में भीतरी परतों का प्रसारण बाहरी परतों की अपेक्षा अधिक होता है। उत्पन्न आंतरिक तनाव के अतिरिक्त नली में वाष्प व गर्म पानी का ऊँचा दबाव भी रहता है। इन सबके सम्मिलित प्रभाव

से नली और आसानी से टूट सकती है। बचाव के लिए दो भिन्न प्रकार की कांच की परतों से नलियों को बनाया जाता है। भीतरी परत का प्रसार संगुणक कम होता है और बाहरी का अधिक।

हमाम में जूते

"जाड़ों में दिन छोटे व रातें बड़ी क्यों होती हैं और गर्मी में इसका उल्टा क्यों होता है? सभी दृश्य और अदृश्य पदार्थों की तरह जाड़े का दिन भी ठंड से सिकुड़ जाता है। रात लालटेनों आदि से गर्म होती रहती है, इसीलिए फैल जाती है।"

चेखव की कहानी के पेंसनयाफ्ता कज्जाक सर्जेंट की टुकड़ी में चलने वाले ये तर्क होंठों पर बरबस मुसकुराहट ला देते हैं। पर इस तरह से 'विद्वत' तर्क सुन कर हँसने वाले लोग स्वयं ही कभी-कभी ऐसे बेढंगे सिद्धांत बना दिया करते हैं।

हमाम में जूतों के बारे में सभी ने सुना होगा और पढ़ा होगा। कहते हैं कि गर्म वाष्प और पानी में स्नान करने के बाद जूते पहनना मुश्किल होता है, क्योंकि 'गर्म होकर पैरों का आयतन बढ़ जाता है'। यह विख्यात उदाहरण क्लासिकल बन गया है, पर इसका कारण बिल्कुल गलत बताया जाता है।

सर्वप्रथम, हमाम[1] में मानव-शरीर का तापक्रम लगभग नहीं बढ़ता; शरीर के तापक्रम में 1-2°C से अधिक की वृद्धि नहीं होती। मानव-शरीर परिवेश के तापीय प्रभावों के साथ सफलतापूर्वक संघर्ष करता है और अपना तापक्रम एक निश्चित बिंदु पर स्थिर रखता है।

1-2°C तापक्रम अधिक हो जाने से शरीर के आयतन में इतनी नगण्य वृद्धि होती है कि जूते पहनते वक्त आपको इसका पता नहीं लग सकता। मानव-शरीर के कठोर व मुलायम अवयवों का आयतन प्रसार गुणांक दस हजारवें भागों से अधिक नहीं होता। अतः पैर की चौड़ाई में वृद्धि सेंटीमीटर के सौंवे भाग से अधिक नहीं हो सकती। आप सोचते हैं कि जूते 0.01cm तक की शुद्धि से सिलते हैं?

पर तथ्य शंकातीत है : हम्माम के बाद जूते पहनना मुश्किल होता है। इसका कारण शरीर का तापीय प्रसारण नहीं है। पैर फूलते हैं, इसलिए कि परिवेश की आर्द्रता ऊँची होती है; इसका असर चमड़ी पर पड़ता है। रक्त पैरों की ओर बहने लगता है, जिससे रक्तधर घटिकाएँ फूल जाती है, आदि आदि।

चमत्कार

अलेक्जेंडर हिरोन नामक प्रसिद्ध फव्वारे के बारे में आपने सुना होगा, जो आज भी अपने आविष्कारक का नाम अमर कर रहा है। हिरोन प्राचीन ग्रीक के यंत्रकार थे। उनके कागजातों में धूर्त्तता से भरी दो विधियों का वर्णन मिलता है, जिनकी सहायता से मिस्र के पुजारी लोगों को धोखा दिया करते थे, ताकि जनसाधारण में चमत्कारों

---

1. जहाँ 60-80°C पर गर्म वाष्प में स्नान करते हैं।—अनु.

चित्र 74. मिस्री पुजारियों के चमत्कार की पोल : मंदिर के द्वार होमाग्नि के प्रभाव से खुले हैं।

चित्र 75. वेदी में आग जलने पर स्वयं खुलने वाले द्वारों की बनावट का आरेख (चित्र 74 से तुलना करें)।

चित्र 76. एक और प्राचीन चमत्कार : होमाग्नि में अपने आप घी का ढलना।

पर विश्वास बना रहे।

चित्र 74 में आप होम के लिये धातु के बने एक खोखले अग्नि-कुंड को देखते हैं। इसके नीचे मंदिर के दरवाजे खोलने के लिए विशेष उपकरण छिपा है। अग्नि-कुंड मंदिर के बाहर होता था। जब आग जलाई जाती थी, कुंड के भीतर की हवा गर्म होकर बरतन में स्थित पानी पर दबाव डालती थी। पानी नली द्वारा बरतन से निकल कर बाल्टी में गिरता था; और बाल्टी पानी के भार से नीचे जाने लगती थी और साथ ही रस्सी द्वारा दरवाजे खींच कर खोल देती थी (चित्र 75)। इस धूर्त्तता से अनभिज्ञ आश्चर्यचकित दर्शक समझते थे कि उनके सामने चमत्कार हो रहा है : आग की ज्वालाएँ उठती हैं और 'पुजारी की प्रार्थना से' द्वार स्वयं खुल जाते हैं...

पुजारियों द्वारा प्रयुक्त एक और मिथ्या चमत्कार चित्र 76 में दिखाया गया है। जब कुंड में आग लहकने लगती है, नीचे के हौज में स्थित घी गर्म हवा के दबाव से नलियों में उठ कर कुंड में गिरने लगता है; नलियाँ पुजारियों की प्रतिमा में छिपी हैं। जब मुख्य पुजारी हौज के बीच में लगी ठेपी निकाल लेता था, तो घी कुंड में नहीं गिरता था (क्योंकि हौज की हवा फैल कर इस छेद से निकल जाया करती थी)। यह चमत्कार कभी-कभी दिखाया जाता है; जब लोग बहुत कम पूजा चढ़ाने लगते थे।

बिना चाबी की घड़ी

बिना चाबी की एक घड़ी का वर्णन हम कर चुके हैं (पृ. 99)। यह कहना गलत होगा कि उसमें चाबी की जरूरत नहीं थी; उसमें चाबी आदमी द्वारा नहीं, वातावरण के दबाव में परिवर्तनों से पड़ती रहती थी। इसी तरह की एक और खुद चाबी भरी जाने वाली घड़ी का वर्णन करते हैं, जिसका आधार तापीय प्रसारण है।

इस घड़ी का यंत्र चित्र 77 में दिखाया गया है। इसके मुख्य पुर्जे हैं–छड़ Z_1 व Z_2, जो एक विशेष प्रकार के अत्यधिक बड़े प्रसार गुणांक वाले धातु-मिश्र से बने हैं। छड़ Z_1 चक्के X से इस प्रकार टिका है कि गर्मी से होने वाले इस छड़ के रैखिक प्रसार के कारण दंति-चक्र थोड़ा घूम जाया करता है। छड़ Z_2 को दंतिचक्र Y के दांत के इस प्रकार फँसाते हैं कि ठंड से छड़ Z_2 में होने वाले रैखिक संकोचन के कारण चक्का Y उसी दिशा में थोड़ा सा घूम जाता है। दोनों दंति-चक्र एक ही अक्ष W_1 पर लगे हैं, जिसके घूमने से बड़ा चक्का घूमने लगता है। बड़े चक्के में लगी कलछियाँ नीचे के बरतन से पारा उठा कर ऊपर एक नालिका में ढाल देती हैं, जहाँ से बह कर पारा बाँए चक्के की कलछियों में ढलता है। इस क्रिया के कारण बायाँ चक्का भी घूमने लगता है और चेन KK के सहारे चक्के K_1 (जो उसी के अक्ष पर लगा है) और चक्के K_2 को घुमाने लगता है; आखिरी चक्का K_2 ही स्प्रिंग को मरोड़ता है और चाबी पड़ती रहती है।

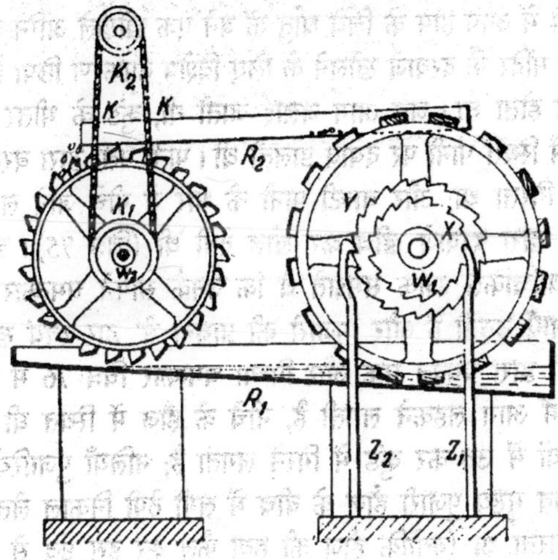

चित्र 77. स्वयं चाबी भरने वाली घड़ी।

पारा बाएँ चक्के की कलछियों में गिरने के बाद कहाँ जाता है? वह ढालू रखे बरतन R_1 में बहता हुआ पुनः दाएँ चक्के के पास आ जाता है, ताकि फिर से अपनी यात्रा आरंभ कर सके। स्पष्ट है कि ऐसा यंत्र तब तक चलता रहेगा, जबतक छड़ Z_1 व Z_2 छोटे-बड़े होते रहेंगे। और इसके लिए आवश्यक है कि हवा का तापक्रम बढ़ता-घटता रहे। पर यही तो हमारे प्रयत्न के बिना खुद-ब-खुद होता रहता है : परिवेश की हवा के तापक्रम में कोई भी परिवर्तन हो, छड़ छोटे या बड़े होते रहेंगे और घड़ी की स्प्रिंग धीमे-धीमे ही सही, पर निरंतर ऐंठनखाती रहेगी।

इस घड़ी को हम 'शाश्वत' चलित्र कह सकते हैं? बेशक नहीं। घड़ी अनिश्चित लंबे काल तक चलती रहेगी, जब तक कि उसके पुर्जे घिसपिट नहीं जाएँगे। पर इसकी ऊर्जा का स्रोत परिवेशी हवा का ताप है। यह घड़ी नन्हें अंशों में तापीय प्रसारण से प्राप्त कार्य संचय करती रहती है, ताकि उसे घड़ी की सुइयों को निरंतर घुमाते रहने में खर्च कर सके। यह 'निःशुल्क' चलित्र है, क्योंकि इसे अपना कार्य संपन्न करने के लिए हमारी देख-भाल और हमारी ओर से ऊर्जा खर्च करने की आवश्यकता नहीं पड़ती। पर वह "कुछ नहीं" से ऊर्जा नहीं प्राप्त करता : उसकी ऊर्जा का स्रोत अंततः सूरज का ताप है, जिससे पृथ्वी गर्म होती है।

इसी तरह की बनावट वाली घड़ी का एक और नमूना चित्र 78 व 79 में दिखाया गया है। इसमें भी चाबी खुद-ब-खुद पड़ती रहती है। इसमें मुख्य भूमिका ग्लिसरिन की होती है, जो हवा के तापक्रम बढ़ने पर फैलता है और एक बोझ को

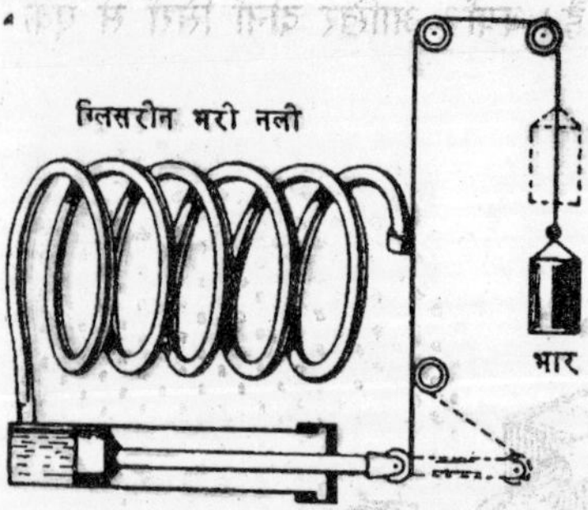

चित्र 78. एक और स्वकुंच्यक घड़ी का आरेख

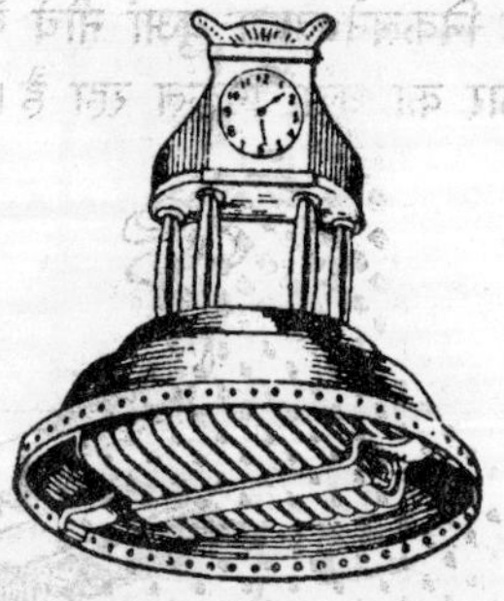
चित्र 79. स्वकुंच्यक घड़ी; स्तंभ के भीतर ग्लिसरिन की नली छिपी है।

ऊपर उठाता है। बोझ नीचे वापस आते वक्त घड़ी को चलाता है। चूँकि ग्लिसरिन–30°C पर जमता है और +290°C पर खोलना शुरू करता है, इस प्रकार के यंत्र चौराहों आदि जैसे खुले स्थानों के लिए उपयुक्त हैं। 2°C का तापक्रम परिवर्तन भी इस घड़ी के चलने के लिए पर्याप्त है। ऐसी एक घड़ी का साल भर तक परीक्षण किया गया था। घड़ी ठीक-ठीक चलती रही, हालाँकि पूरे साल भर तक किसी ने उसे हाथ नहीं लगाया।

ऐसे ही सिद्धांत पर अधिक बड़े चत्रित्रों का निर्माण लाभप्रद होगा या नहीं? पहली नजर में लगता है कि ऐसे निःशुल्क चलित्र काफी मितव्ययी होंगे, पर कलन कुछ और ही बताते हैं। साधारण घड़ी को 24 घंटों तक चलाने के लिए सिर्फ 1/7 किलोग्राम-मीटर के करीब ऊर्जा की आवश्यकता पड़ती है। एक सेकेंड में व्यय होने वाली ऊर्जा एक किलोग्राम-मीटर का 600 000वाँ भाग होगी। चूँकि एक अश्व-शक्ति 75 किलोग्राम-मीटर प्रति सेकेंड के बराबर होती है, एक घड़ी की शक्ति एक अश्वशक्ति के 45000 000-वें भाग के बराबर होती है। अतः यदि पहली प्रकार की घड़ियों में फैलने वाले छड़ों या दूसरी प्रकार की घड़ियों में व्यवहृत युक्ति की कीमत सिर्फ एक कोपेक ही आँकी जाए, तो एक अश्वशक्ति वाले ऐसे चलित्र की कीमत होगी।

1 कोपेक × 45000 000=450 000 रूबल।

एक अश्व-शक्ति के लिए लगभग पाँच लाख रूबल–''निःशुल्क'' चलित्र के लिए कुछ ज्यादा ही महँगा है...

शिक्षादायक सिगरेट

डिब्बी पर जलती सिगरेट रखी है (चित्र 80)। उसके दोनों सिरों से धुआं निकल रहा है। पर जलते सिरे से निकलता धुआं ऊपर की ओर प्रवृत्त हो रहा है और पिछले

सिरे से निकलने वाला धुआं नीचे बैठ रहा है। क्यों? आखिर दोनों सिरों से एक ही प्रकार का धुआं निकल रहा है।

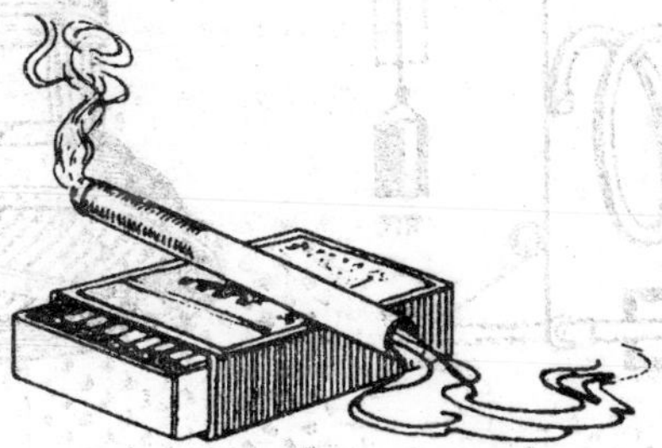

चित्र 80. धुआँ सिगरेट के एक सिरे से निकल कर ऊपर उठता है और दूसरे से निकल कर नीचे बैठता है, क्यों?

हाँ, धुआं दोनों जगह एक ही है, पर जलते सिरे के ऊपर हवा की ऊर्ध्वमुखी संवहन धाराएँ हैं, जो धुएँ के कणों को अपने साथ ऊपर ले जाती हैं। पिछले सिरे से धुएँ के साथ निकलने वाली हवा ठंडी हो जाती है और ऊपर की ओर प्रवृत्त नहीं होती, धुएँ के कणों को ऊपर नहीं ले जाती। और चूँकि धुआँ हवा से भारी होता है, नीचे बैठने लगता है।

बर्फ का टुकड़ा, जो खोलते पानी में भी नहीं पिघलता

एक परख नली में पानी भर लें और उसमें बर्फ का टुकड़ा डुबा दें। वह ऊपर नहीं तैर आए (बर्फ पानी से हल्की होती है), इसके लिए उस पर सीसे या ताँबे की भारी गोली डाल दें। सिर्फ इस बात का ध्यान रखें कि बर्फ पानी से बिल्कुल अलग ही न हो जाएँ; पानी को उस तक पहुँचते रहना चाहिए। अब नली के समीप स्पिरिट ज्वालक इस प्रकार रखें कि लौ परख नली के सिर्फ ऊपरी भाग को लगे (चित्र 81)। शीघ्र ही पानी खौलना शुरू कर देगा और भाप निकलने लगेगी। पर आश्चर्य की बात यह होगी कि पेंदे पर पड़ी बर्फ नहीं पिघलेगी। यह यह एक छोटा सा चमत्कार ही है–खौलते पानी में भी नहीं पिघलने वाली बर्फ...

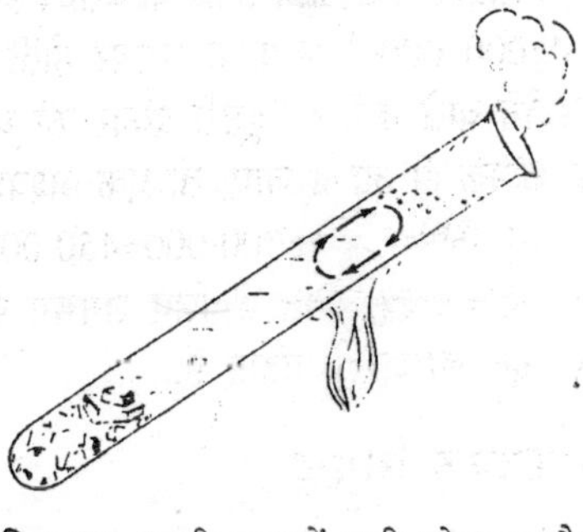

चित्र 81. ऊपरी भाग में पानी खोल रहा है, पर नीचे बर्फ नहीं गलती।

रहस्य यह है कि परख नली के पेंदे

पर पानी नहीं खौलता, वह **ठंडा ही** रहता है। पानी सिर्फ ऊपर खौलता है। **बर्फ** ''खौलते पानी में'' नहीं है, बर्फ ''खौलते पानी के नीचे'' है। गर्मी से फैल कर पानी हल्का हो जाता है और वह पेंदे की ओर नहीं जाता, परख नली के ऊपरी भाग में ही रह जाता है। गर्म पानी की संवहन धाराएँ परख नली के ऊपरी भाग तक ही सीमित रहेंगी, पानी की परतों का स्थानांतरण भी ऊपरी भाग तक सीमित रहेगा और नीचे की अधिक घनी परतों को स्पर्श नहीं करेगा। नीचे के भाग में पानी सिर्फ ताप-सुचालकता के कारण गर्म हो सकता है, पर पानी की तापचालकता अत्यंत कम है।

बर्फ पर या बर्फ के नीचे?

पानी गर्म करने के लिए पानी के भरे बरतन को हम लौ के ऊपर रखते हैं, उसके बगल में नहीं। और बिल्कुल सही करते हैं, क्योंकि आग की लपटों द्वारा गर्म होकर हवा हल्की हो जाती है और सब तरफ से **ऊपर की ओर** उठती हुई बर्तन को घेर लेती है।

अतः गर्म किए जाने वाले पिंड को आग के ऊपर रखकर हम स्रोत की ऊर्जा का अधिकतम उपयोग करते हैं।

लेकिन यदि किसी पिंड को बर्फ की सहायता से ठंडा करना हो, तो पिंड कहाँ रखना चाहिए? बहुत से लोग आदतवश पिंड को बर्फ के ऊपर ही रखते हैं,–जैसे दूध का घड़ा बर्फ की सिल्ली पर। यह विधि उत्तम नहीं कही जा सकती, क्योंकि बर्फ के ऊपर की हवा ठंडी हो कर नीचे बैठ जाती है और उसका स्थान पुनः गर्म हवा ले लेती है। इससे व्यावहारिक निष्कर्ष निकलता है : यदि पेय पदार्थ या खाना ठंडा करना चाहते हैं, तो उसे **बर्फ के ऊपर नहीं, बर्फ के नीचे रखिए।**

और सविस्तार समझाने की कोशिश करते हैं। यदि पानी से भरा बरतन बर्फ पर रख दिया जाए, तो द्रव की सिर्फ सबसे निचली परत ठंडी होगी। पानी का बाकी भाग उसी हवा से घिरा रहेगा, जो अभी ठंडी नहीं हुई है। इसके विपरीत, यदि बर्फ का टुकड़ा बरतन **के ऊपर** ढक्कन पर रख दिया जाए, तो भीतर की वस्तु शीघ्र ठंडी होगी। द्रव की ऊपरी परतें ठंडी होकर नीचे जाएँगी और नीचे की परतें ठंडी होने के लिए ऊपर उठेंगी। यह प्रक्रिया तब तक चलती रहेगी जबतक बरतन का सारा द्रव ठंडा न हो जाए।[1] इसके अतिरिक्त बर्फ के इर्द-गिर्द की हवा भी ठंडी होकर नीचे बैठ जाएगी और बरतन को सब ओर से घेर लेगी।

---

1. शुद्ध जल इस तरह $0^{0}C$ तक नहीं, सिर्फ $+4^{0}C$ तक ठंडा होगा, क्योंकि इस तापक्रम पर उसका घनत्व अधिकतम होता है। पर व्यवहार में पेय पदार्थें को शून्य तापक्रम तक ठंडा करने की आवश्यकता भी नहीं पड़ती।

बंद खिड़की से क्यों हवा बहती है?

जाड़ों में जब काफी ठंड पड़ती है, खिड़कियों को अच्छी तरह से बंद करना पड़ता है, ताकि ठंडी हवा के घुसने के लिए कोई दरार न रह जाए। पर अक्सर ऐसी खिड़कियों से भी हवा बहती है। यह विचित्र सा लगता है, पर इसमें आश्चर्य की कोई बात नहीं है।

कमरे में हवा कभी भी स्थिर नहीं रहती;उसमें अदृश्य धाराएँ बहती रहती हैं और इसका कारण हवा का गर्म व ठंडा होते रहना है। गर्म हो कर हवा विरल हो जाती है और इसीलिए हल्की हो जाती है; ठंडी होने पर वह इसके विपरीत घनी हो जाती है, अतः और भारी हो जाती है। कमरे में स्थित ताप-दायक उपकरणों के कारण गर्म व हल्की हवा ठंडी हवा द्वारा छत की ओर विस्थापित होती रहती है। खिड़की व दीवारों से ठंडी होने वाली हवा नीचे फर्श पर बैठती जाती है।

कमरे में ये पवन-धाराएँ गैस वाली बैलून की मदद से दिख सकती हैं, यदि बैलून के साथ कोई थोड़ी भारी वस्तु बाँध दी जाए, ताकि वह ऊपर छत से नहीं अड़े; स्वतंत्र रूप से कमरे में उड़ता रहे। ताप के स्रोत के पास छोड़ने पर बैलून कमरे में हवा की अदृश्य धाराओं के साथ खिंचता हुआ यात्रा करता रहेगा : चूल्हे से खिड़की की ओर छत के सहारे और वहाँ से फर्श की ओर और फिर चूल्हे की ओर, ताकि अपनी यात्रा पुनः शुरू कर सके।

इसी कारणवश जाड़ों में हमें लगता है कि खिड़की से हवा बह रही है, यद्यपि खिड़की के दरवाजे अच्छी तरह बंद हैं और बाहर से हवा दरारों से होकर भी भीतर नहीं आ सकती।

रहस्यमयी घिरनी

महीन हल्के कागज को काट कर एक आयत बना लीजिए। इसे मध्य-रेखाओं पर मोड़ने से आपको पता चल जाएगा कि इसका गुरूत्व केंद्र (मध्य-रेखाओं का कटान बिंदु) कहाँ है। खड़ी सुई की नोक पर इस आकृति को इस प्रकार रखें कि सुई ठीक इसी बिंदु पर टेक लगाए।

कागज का टुकड़ा संतुलन में रहेगा, क्योंकि वह गुरूत्व केंद्र के सहारे टिका हुआ है। पर हवा के हल्के झोंके से भी वह चक्कर खाना शुरू कर देगा।

यहाँ तक इस उपकरण में कुछ भी रहस्यमय नहीं लगता। लेकिन आप चित्र 82 की भांति अपना हाथ इसके निकट लाएँ; धीरे-धीरे, सावधानी से, ताकि हवा के झोंके से कागज उड़ न जाए। आप एक विचित्र चीज देखेंगे : कागज घिरनी की तरह घूमने लगता है—पहले धीमे और बाद में तेजी से। हाथ हटा लीजिए—घूमना बंद हो जाएगा। हाथ निकट लाइए—फिर घूमने लगेगा।

पिछली शती के सत्तरवें वर्ष के आस-पास कई लोग सोचते थे कि इस विचित्र घूर्णन का कारण हमारे शरीर का कोई अलौकिक गुण है। आध्यात्मवाद के प्रेमियों को इस प्रयोग में अपने ढीले-ढाले अस्पष्ट सिद्धांतों की पुष्टि नजर आती थी; उन्हें लगता था कि मानव-शरीर से सचमुच कोई रहस्यमयी शक्ति निकलती है। पर कागज के घूमने का कारण बहुत ही सरल एवं पूरी तरह से लौकिक है : आपके हाथ से गर्म होकर नीचे की हवा ऊपर उठती है और कागज से टकराते हुए उसे घूमने पर विवश कर देती है। यह वैसा ही कुछ है, जैसी लैंप की गर्मी से घूमने वाली कागज की ऐंठन भरी पट्टियाँ होती हैं, क्योंकि आपने भी कागज को उसकी मध्य रेखाओं पर मोड़कर उसके भिन्न हिस्सों को हल्का झुकाव दे रखा है।

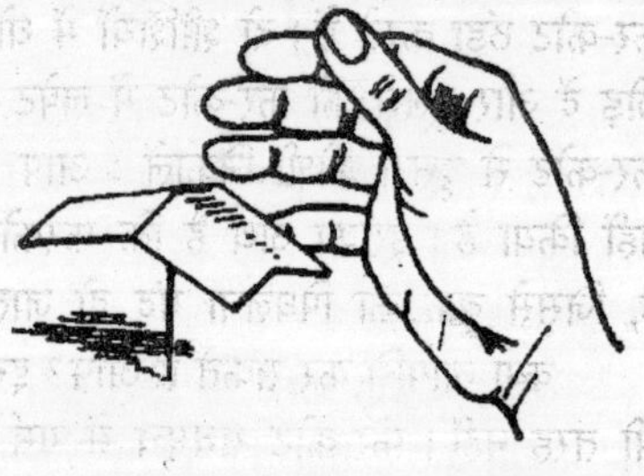

चित्र 82. कागज का टुकड़ा घिरनी की तरह क्यों घूमने लगता है?

ध्यान से देखने वाले को पता चलेगा कि ऊपर वर्णित घिरनी एकमात्र कलाई से उंगलियों की दिशा में घूमती है। इसका कारण यह है कि हथेली की तुलना में उँगलियों के सिर अधिक ठंडे होते हैं। इसीलिए हथेली के समीप हवा की अधिक सशक्त ऊर्ध्वमुखी संवहन धाराएँ बनती हैं और उँगलियों के ताप से उत्पन्न धाराओं की अपेक्षा कागज पर अधिक शक्ति से चोट करती है।[1]

क्या फर-कोट गर्म करता है?

आप उस आदमी को क्या कहेंगे, जो आपको विश्वास दिलाना चाहता है कि फर-कोट गर्म नहीं करता? आप शायद सोचेंगे कि वह मजाक कर रहा है। और यदि वह अपनी बात प्रयोगों के आधार पर सिद्ध करने लगे तो? उदाहरणार्थ एक ऐसा प्रयोग करें। थर्मामीटर में देख लें कि वह कितना तापक्रम बता रहा है और उसे फर-कोट में लपेट कर रख दें। कुछेक घंटे बाद उसे निकाल कर देखें। आपको विश्वास हो जाएगा कि वह चौथाई डिग्री तक भी नहीं गर्म हुआ है : पारा जहाँ का तहाँ रूका है; थर्मामीटर जितना तापक्रम पहले बता रहा था उतना ही अब भी बता रहा है। यही प्रमाण है कि फर-कोट गर्म नहीं करता। यह भी शंका की जा सकती है कि

1. आप यह भी देख सकते हैं कि ज्वर में या अधिक ताप की स्थिति में घिरनीऔर तेजी से घूमती है। कई लोगों को चक्कर में डालने वाले इस ज्ञानदायक प्रयोग पर एक छोटा-मोटा शोध-कार्य भी लिखा गया था, जो 1876 में मास्को की चिकित्सा समाज के समक्ष पढ़ा गया (नि.प. नेचायेव, हाथ की गर्मी के कारण हल्के पिंडों में घूर्णन)।

फर-कोट ठंडा करते हैं। दो शीशियों में थोड़ा-थोड़ा बर्फ लें। एक को कमरे में खुला छोड़ दें और दूसरी को फर-कोट में लपेट दें। जब खुली शीशी में बर्फ पिघल जाए, फर-कोट से दूसरी शीशी निकालें : आप देखेंगे कि इसमें बर्फ ने पिघलना शुरू भी नहीं किया है। इसका अर्थ है कि फरकोट गर्म तो क्या करेगा, उल्टा ठंडा करता है, जिससे बर्फ का पिघलना मंद हो जाता है।

क्या आपत्ति कर सकते हैं आप? इन तर्कों को कैसे काटा जा सकता है?किसी भी तरह नहीं। फर-कोट सचमुच में गर्म नहीं करता, यदि "गर्म करने" का अर्थ **ताप देना** माना जाए। बल्ब गर्म करता है, चूल्हा गर्म करता है, मानव-शरीर भी गर्म करता है, क्योंकि ये वस्तुएँ ताप के स्रोत हैं। पर इस अर्थ में फर-कोट बिल्कुल गर्म नहीं करता। **वह अपनी ओर से ताप नहीं देता, वह हमारे शरीर से ताप के निकलने में बाधा भर डालता है।** इसीलिए उष्णरक्ती जीव, जिनका शरीर स्वयं ही ताप का स्रोत होता है, फर-कोट में अधिक गर्म महसूस करेंगे, बनिसबत कि उसके बगैर। पर थर्मामीअर खुद ताप को जन्म नहीं देता और इसीलिए उसे फरकोट में लपेटने पर उसका ताप नहीं बढ़ता। फर-कोट में लपेटा गया बर्फ अपना कम तापक्रम देर तक सुरक्षित रख सकता है, क्योंकि फर-कोट ताप का बहुत ही बुरा चालक है और इसीलिए कमरे में स्थित हवा के तापक्रम को बर्फ तक आसानी से नहीं पहुँचने देता है।

फर-कोट की तरह बर्फ भी इसी अर्थ में पृथ्वी को गर्म करती है; सभी भुरभुरी वस्तुओं की तरह बर्फ भी ताप का कुचालक होती है और जमीन को ढक कर उसके अंदर की गर्मी निकलने से रोकती है। बर्फ की परत से ढकी जमीन में थर्मामीटर अक्सर दस डिग्री तक अधिक तापक्रम दिखाता है, बनिस्बत कि ऐसी जमीन में जो बर्फ से ढकी न हो।

अतः यदि पूछा जाए कि फर-कोट गर्म करता है या नहीं, उत्तर देना चाहिए कि फर-कोट हमें अपने आपको खुद गर्म रखने में सहायक होता है। और भी सही होगा, यदि कहेंगे कि हम फर-कोट को गर्म करते हैं, न कि वह हमें।

पैरों तले कौन सी ऋतु?

जब पृथ्वी की सतह पर ग्रीष्म ऋतु हो, तीन मीटर की गहराई पर कौन सी ऋतु होगी?

आप सोचते हैं कि वहाँ भी ग्रीष्म होगी? गलत हैं आप। पृथ्वी के तल पर और जमीन के अंदर गहराई में समान ऋतु नहीं होती। जमीन ताप का बहुत ही बुरा चालक है। लेनिनग्राद में जब सब कुछ जमा देने वाली कड़ी सर्दी पड़ती है, तब भी वहाँ दो मीटर की गहराई में तल पर होने वाले तापक्रम-परिवर्तन जमीन में बहुत धीरे-धीरे प्रसारित होते हैं और भिन्न गहराइयों तक पहुँचने में भिन्न समय लगाते हैं। उदाहरण के लिए, लेनिनग्राद क्षेत्र के एक स्थान स्लूत्स्का में ली गई प्रत्यक्ष

मापों से ज्ञात हुआ कि वहाँ जमीन में तीन मीटर की गहराई पर वर्ष का सबसे गर्म क्षण 76 दिन देर से पहुँचता है और सबसे ठंडा क्षण-108 दिन देर से। इसका अर्थ यह हुआ कि यदि पृथ्वी पर सबसे गर्म दिन 25 जुलाई को था, तो तीन मीटर की गहराई में सबसे गर्म दिन 9 अक्टूबर का होगा। यदि 15 जनवरी को सबसे ठंडा दिन था, तो उक्त गहराई पर यह दिन मई में आएगा। अधिक गहराई पर जाने से ये कालांतर और भी बड़े होंगे।

गहराई में तापक्रम परिवर्तन सिर्फ देर से ही नहीं पहुँचते, अपनी प्रचंडता भी खो बैठते हैं। कुछ विशेष गहराइयों पर इन परिवर्तनों का पता ही नहीं लगता; वे बिल्कुल लुप्त हो जाते हैं। ऐसी जगहों पर शताब्दियों तक एक स्थिर तापक्रम बना रहता है, जो दिए हुए स्थान के लिए वार्षिक औसत होता है। पेरिस की वेधशाला के नीचे 28m की गहराई पर डेढ सौ साल से एक थर्मामीटर रखा हुआ है, जिसमें पारा इतने अर्सों में अपने स्थान से हिला भी नहीं है और सदा एक ही तापक्रम (+11.7ºC) दर्शाता है। इस थार्मामीटर को वहाँ लेवुजिए ने रखा था।

इस प्रकार जमीन के भीतर, जिस पर हम खड़े हैं, वह ऋतु कभी नहीं होती, जो उसकी सतह पर होती है। जब जमीन के ऊपर जाड़े का मौसम होता है, तीन मीटर की गहराई पर पतझड़ ही रहता है। बेशक यह वैसा पतझड़ नहीं है, जैसा जमीन के ऊपर था। इसमें तापक्रम थोड़ा और नीचे होता है। जब जमीन के ऊपर ग्रीष्म होती है, गहराई में कड़क जाड़े के क्षीण होते स्वर पहुँच रहे होते हैं।

इस बात को ध्यान में रखना आवश्यक होता है, जब जमीन के अंदर रहने वाले जंतुओं और पौधों के भूतगत अवयवों के जीवन की परिस्थितियों के बारे में बात चलती है। उदाहरणता, हमें इस बात पर आश्चर्य नहीं होना चाहिए कि हमारे यहाँ के वृक्षों में जड़ों की कोशिकाओं का प्रजनन वर्ष के शीतार्द्ध में ही होता है और तथाकथित कैंबियल रेशों की सक्रियता पूरी गर्मियों के लिए समाप्त हो जाती है। जमीन के ऊपर तने में ठीक इसका उल्टा होता है।

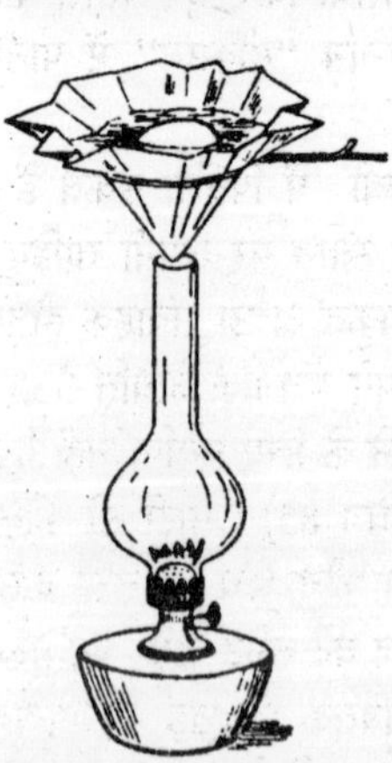

चित्र 83. कागजी पतीले में अंडे का उबलना।

कागज की पतीली

चित्र 83 पर नजर डालिए : कागज के दोने में अंडा उबल रहा है। आप कहेंगे,–"कागज जल जाएगा और पानी लालटेन को बुझा देगा"।

आप खुद ऐसा प्रयोग करके देखें। इसके लिए चिमड़े कागज के एक टुकड़े से दोना बना लें और तार के गोल घेरे में ठीक से रख लें, ताकि गिरे नहीं। आप

देखेंगे कि कागज को आग से कोई क्षति नहीं होती। इसका कारण यह है कि खुले बरतन में पानी 100ºC से अधिक तापक्रम तक गर्म नहीं किया जा सकता। सौ डिग्री पानी का क्वथनांक है। इसीलिए कागज में खौलाया जाने वाला पानी, जिसकी तापग्राहिता बहुत ही अधिक है, आग से कागज को मिले अतिरिक्त ताप को अपने में सोखता रहता है और कागज को 100ºC से अधिक गर्म नहीं होने देता; और यह तापक्रम इतना काफी नहीं है कि कागज जलने लगे। (चित्र 84 में दर्शित कागज को डब्बे की आकृति देकर काम में लाना अधिक सुविधाजनक होगा)। कागज उस हालत में भी नहीं जलेगा, जब वह सीधे आग की लपटों में रखा होगा।

इसी तरह की परिघटना से संबंधित एक और प्रयोग है, जिसे अन्यमनस्क लोग अनजान में किया करते हैं और जिसका परिणाम नुकसानदेह होता है : बिना पानी रखे समोवार या केटली को गर्म करने से उनके झलैया द्वारा जुड़े भाग अलग हो जाते हैं। कारण स्पष्ट है। जिस धातु से झलैया की जाती है, वह आसानी से पिघलने वाला होता है, पर पानी उसके तापक्रम को खतरे के निशान से आगे नहीं बढ़ने देता। झलैया किए हुए पतीले को भी बिना पानी के गर्म नहीं करना चाहिए। पुराने मशीन-गन "मक्सिम" में पानी खुद गर्म होकर हथियार को पिघलने से बचाता था।

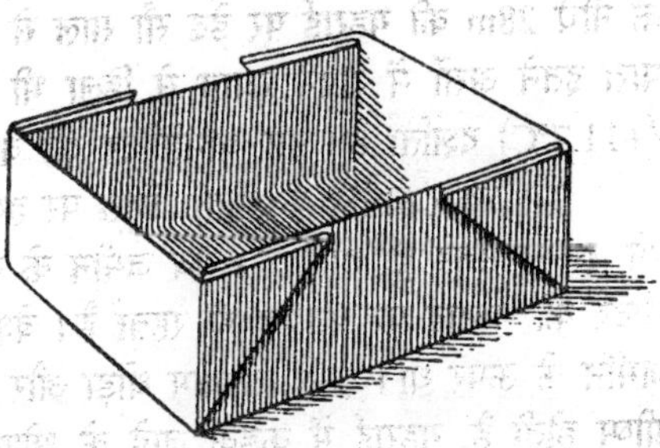

चित्र 84. पानी खौलाने के लिए कागज का डिब्बा।

आप सीसे के टुकड़े को ताश के पत्तों से बनी डिब्बी में पिघला सकते हैं। इसके लिए शर्त्त यही है कि आग की लौ कागज के उसी स्थान पर लगनी चाहिए, जहाँ कागज सीसे को स्पर्श करता है। धातु ताप का अपेक्षाकृत अच्छा संवाहक होता है, अतः वह तुरंत कागज से गर्मी ले लेता है और उसे अपने गलनांक अर्थात् 335º से अधिक गर्म नहीं होने देता। यह तापक्रम कागज के जलने के लिए पर्याप्त नहीं है।

निम्न प्रयोग भी आसानी से किया जा सकता है (चित्र 85) : मोटी सी कील या लोहे की (बेहतर है-ताँबे की) छड़ पर कागज का पतला फीता पेंच की तरह कस कर लपेट लें। इसके बाद छड़ को लौ पर रखें। आग कागज को लपेट लेगी, कालिख से काला कर देगी, पर उसे तब तक नहीं जला सकेगी, जबतक कि छड़ गर्म होकर लाल न हो जाए। इसका रहस्य धातु की तापीय सुचालकता में है; काँच की छड़ी के साथ ऐसा प्रयोग संभव नहीं है। चित्र 86 में चाबी पर कस कर लपेटे गए "अग्नि सह" धागे के साथ प्रयोग दिखाया गया है।

चित्र 85. अग्नि-सह कागज।

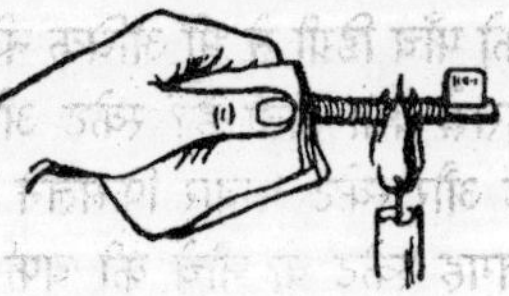

चित्र 86. अग्नि-सह धागा।

बर्फ फिसलनदार क्यों है?

साधारण फर्श की अपेक्षा चिकने फर्श पर फिसलना आसान है। इस हिसाब से ठोस बर्फ पर भी यही होना चाहिए : खुर्दरी बर्फ की अपेक्षा समतल चिकनी बर्फ को अधिक फिसलनदार होनी चाहिए।

पर यदि आपको बर्फ पर फिसलकर चलने वाली छोटी स्लेज गाड़ी पर सामान रख कर खुदरे बर्फ की सतह पर खींचने का अवसर मिलता, तो आप जान गए होते कि आशा के बावजूद गाड़ी चिकनी बर्फ की अपेक्षा रूखड़ी बर्फ पर अधिक आसानी से फिसलती है। दर्पण की तरह चिकनी चौरस बर्फ की अपेक्षा रूखड़ी बर्फ अधिक फिसलनदार होती है। इसका कारण यह है कि बर्फ का फिसलनदार होना उसके चिकनेपन पर नहीं बल्कि बिल्कुल ही दूसरी बात पर निर्भर करता है। रहस्य यह है कि दबाव के बढ़ने पर बर्फ का गलनांक कम हो जाता है।

पहले देखा जाए कि जब हम स्लेज पर या स्केटिंग के जूते पहन कर फिसलते हैं, तो क्या होता है। स्केटिंग के जूते बर्फ से ढकी जमीन को कुछेक वर्ग मिलिमीटर क्षेत्र पर ही स्पर्श करते हैं। हमारे शरीर का सारा भार इसी छोटे-से क्षेत्र को दबाता है। यदि आपको अध्याय 2 की बातें याद हों, तो आप फौरन समझ जाएँगे कि स्केटिंग-सवार आदमी बर्फ को काफी बड़े बल से दबाता है। अधिक बड़े दबाव के कारण बर्फ कम तापक्रम पर ही पिघल जाती है। उदाहरण के लिए, यदि बर्फ का

---

1. सैद्धांतिक कलन किया जा सकता है कि बर्फ का गलनांक 1°C कम करने के लिए उस पर 130kg/cm² का दबाव डालना चाहिए। स्लेज या स्केट बर्फ़ पर इतना बड़ा दबाव डाल सकते हैं? यदि स्केट-सवार के पूरे भार को स्केट व जमीन के पस्पर्श-क्षेत्र पर समान रूप से वितरित किया जाए, तो काफी कम दबाव प्राप्त होगा। यह सिद्ध करता है कि स्केट का तल समान रूप से जमीन पर नहीं सटा रहता; उसका एक छोटा भाग ही जमीन से सटा होता है और बर्फ पर दबाव डालता है।

(सैद्धांतिक कलन इस मान्यता पर किया गया है कि बर्फ और उसके पिघलने से प्राप्त पानी एक ही दबाव में हैं। पर लेखक द्वारा वर्णित उदाहरण में बर्फ के गलने से बिना पानी साधारण वात-दाब में ही है। ऐसी स्थिति में बर्फ का गलनांक शून्य से नीचे करने के लिए अपेक्षाकृत कम दाब की आवश्यकता पड़ती है।—संपादक)

तापक्रम-5° है और स्केटिंग के जूते के कारण बर्फ पर पड़ने वाला दबाव उसके गलनांक को पाँच डिग्री से भी अधिक नीचे कर देता है, तो स्केट के नीचे बर्फ पिघल जाएगी।[1] इससे क्या होता है? स्केट और बर्फ के बीच पानी की पतली सी परत बन जाती है और स्केट 'सवार फिसलने लगता है। उसके पैर जहाँ-जहाँ पड़ेंगे, यही होगा। हर जगह स्केट के नीचे की बर्फ पानी की पतली परत में परिणत हो जाएगी। सभी ज्ञात पिंडों में एकमात्र बर्फ ही यह गुण रखती है, इसीलिए एक सोवियत भौतिकविद् ने बर्फ को "प्रकृति में एकमात्र फिसलनदार वस्तु" की उपमा दी है। बाकी पिंड चिकने हैं, पर फिसलनदार नहीं हैं।

अब हम अपने प्रश्न पर लौट सकते हैं कि कौन अधिक फिसलनदार है—चिकनी बर्फ या रूखड़ी। हमें ज्ञात है कि कोई बोझ उतनी ही अधिक शक्ति से दबाता है, जितना कम उसके आधार का क्षेत्र होता है। आदमी किस स्थिति में आधार पर अधिक दबाव डालता है : जब वह बर्फ की आइने सी चिकनी सतह पर खड़ा होता है या रूखड़ी सतह पर? स्पष्ट है कि दूसरी स्थिति में, क्योंकि इसमें आदमी रूखड़ी सतह के चंद उभरे स्थलों पर ही टिका है। इन स्थलों का कुल क्षेत्रफल काफी कम होगा, अतः इन पर दबाव काफी अधिक होगा। बर्फ पर जितना ही अधिक दबाव पड़ेगा, उतना ही अधिक द्रवण होगा और इसीलिए बर्फ उतनी ही फिसलनदार होगी (यह उस स्थिति के लिए सत्य है, जब स्केट का जमीन को स्पर्श करने वाला तल पर्याप्त चौड़ा होता है; काफी संकीर्ण स्पर्श-तल होने की वजह से बर्फ के उभरे भाग फंसने लगते हैं और अधिकांश शक्ति इनको काटने में खर्च होने लगती है)।

अधिक दबाव के कारण बर्फ का गलानंक कम हो जाता है—इस तथ्य से दैनिक जीवन की अनेक घटनाओं को समझाया जा सकता है। इसी खूबी के कारण बर्फ के टुकड़ों को आपस में जोर से दबाने पर वे जुड़ कर एक हो जाते हैं। बच्चे जब मुट्ठी भर भुरभुरे बर्फ को हाथ में रख कर दबाते हैं, तो वे अनजाने में इसी गुण का उपयोग करते हैं : दबाव बढ़ा कर हिम-कणों के बीच के स्थान में द्रवण क्रिया आरंभ कर देते हैं। इससे प्राप्त द्रव दबाव दूर होने पर सभी हिम-कणों को एक-साथ जोड़ता हुआ पुनः जम जाता है और भुरभुरे बर्फ की जगह बर्फ का एकाश्म गोला प्राप्त होता है। बर्फ की प्रतिमा बनाने के लिए जब हिम-रेणुका पर बर्फ का लांदा लुढ़काना शुरू करते हैं, तो हम यहाँ भी इसी गुण का उपयोग करते हैं : लोंदे के भार से उसके नीचे पड़ी हिम-रेणुका की सतह पर द्रवण-क्रिया शुरू हो जाती है। प्राप्त द्रव लोंदे के साथ चिपकता हुआ जम जाता है (दबाव समाप्त होने पर) और लोंदे को बड़ा करता जाता है। अब आप समझते होंगे कि बहुत कड़क सर्दी में बर्फ की प्रतिमा गढ़ना क्यों मुश्किल होता है। बर्फ के धूल-कण आपस में चिपकते नहीं; इसके लिए बहुत अधिक दबाव की आवश्यकता पड़ती है। सड़कपर गिरे मुलायम बर्फ के फाहे चलने वालों के भार से दब-दब कर पत्थर की तरह कड़ी परत बना देते हैं—यह भी इसी कारण से।

बर्फ की चुटिया[1]

बर्फ की चुटिया कैसे बनती होगी? किस प्रकार के मौसम में वह बन सकती है : जब तापक्रम शून्य से थोड़ा ऊपर होता है या जब वह शून्य से नीचे होता है? यदि तापक्रम शून्य से अधिक हो, तो पानी जम कर बर्फ में परिणत नहीं हो सकता। यदि तापक्रम शून्य से कम था, तो फिर छप्पर पर से चूने के लिए पानी कहाँ से आया? और अंत में, यह भी संभव नहीं है कि पहले गर्मी थी और छप्पर पर से ठीक पानी चूने के क्षण हठात कड़क सर्दी पड़ने लगी और चूने को तैयार पानी क्षण भर में जम कर बर्फ की चुटिया में परिणत हो गया।

बर्फ की चुटिया बनने के लिए आवश्यक है कि एक साथ ही दो भिन्न तापक्रम विद्यमान हों–प्रथमतः शून्य से अधिक, ताकि बर्फ गल सके और दूसरे, शून्य से कम, ताकि पानी जम कर बर्फ में परिणत हो सके।

वास्तविकता में यही होता भी है : छप्पर के नत-तल पर सूर्य-किरणें बर्फ को शून्य से अधिक तापक्रम तक गर्म करती हैं, जिससे वह पानी की नन्हीं बूँदों में परिणत होने लगती है। बूँदें जब वहाँ से बह कर छप्पर की किनारी से चूने की तैयारी करने लगती हैं, जमने लगती हैं, क्योंकि यहाँ तापक्रम शून्य से कम है। बूँद के बाद बूँद आ-आ कर जमती जाती हैं और प्राप्त होती है शीशे सी पारदर्शक बर्फ की लंबी चुटिया।

निम्न स्थिति की कल्पना करें। आकाश साफ है। वातावरण का तापक्रम -1 या -2 डिग्री है। सूर्यकिरणों की वर्षा हो रही है। पर सूर्य की तिरछी किरणें धरती को इतना गर्म नहीं करतीं कि बर्फ पिघल सके। सूरज की ओर वाले नत छप्पर पर किरणें इतनी तिरछी नहीं पड़तीं, जितनी तिरछी जमीन पर पड़ती है। नत छप्पर पर किरणें लंब की ओर अधिक झुकी होती हैं (चित्र 87)। हमें ज्ञात है कि जिस तल पर किरणें गिरती हैं, उस तल के साथ किरणें जितना ही बड़ा कोण बनाएँगी, तल को इतना ही अधिक प्रकाश व ताप प्राप्त होगा। (किरणों का प्रभाव इस कोण के ज्या का समानुपाती होता है; चित्र 87 में दिखाई स्थिति में क्षैतिज तल की अपेक्षा छप्पर के नत-तल को 2.5 गुनी अधिक गर्मी प्राप्त होती है, क्योंकि 20° कोण की ज्या की तुलना में 60° कोण की ज्या 2.5 गुनी अधिक बड़ी है।) यही कारण है कि छप्पर की ढलान अधिक गर्म होती है और उस पर की बर्फ पिघल सकती है। पिघला हुआ पानी दलान पर बहता है और बूँदों के रूप में चूने की तैयारी करता

---

1. आपने बरसात में छप्पर की ओरी से गिरते हुए पानी की धार देखी होगी। आप कल्पना करें कि धार जैसी ही गिरना शुरू करती है, जम कर बर्फ में परिणत हो जाती है और छप्पर की ओरी से शीशे की पारदर्शक चुटिया की तरह ज्यों-कि-त्यों लटकी रह जाती है। इसे बर्फ की चुटिया कह सकते हैं। ठंडी जलवायु के देशों में जाड़े के दिनों छप्परों के चारों ओर बर्फ की अनेक चुटियाँ लटकी रहती हैं।–अनु.

चित्र 87. सूर्य-किरणें क्षैतिज धरातल की अपेक्षा नत छप्परों को अधिक गर्म करती हैं (संख्याएँ कोणों की माप बता रही हैं)।

हुआ किनारी से नीचे की ओर लटकता है। पर यहाँ छप्पर के नीचे तापक्रम शून्य से कम है, अतः बूँद जम जाती है (उसे ठंडा करने में वाष्पीकरण का भी हाथ होता है)। जमी बूंद पर दूसरी बूंद लुढ़क आती है और वह भी इसी प्रकार जम जाती है। इसी प्रकार धीरे-धीरे बर्फ का एक उभार सा बन जाता है। अगली बार जब ऐसा ही मौसम आता है, तो ये उभार कुछ और लंबे हो जाते हैं और अंत में चुटिया का रूप धारण कर लेते हैं। इस विधि से उन घरों के छप्परों पर बर्फ की चुटियां बनती हैं, जिनमें कोई तापदायक प्रणाली नहीं लगी होती।

यही कारण[1] हमारी आँखों के समक्ष कहीं अधिक बड़ी संवृत्तियों को जन्म देता है : जलवायवीय कटिबंधों व ऋतुओं में जो भिन्नता होती है, इसका कारण मुख्यतः सूर्य-किरणों के आपतन कोणों का परिवर्तन ही है। सूरज हमसे जाड़ों में लगभग उतनी ही दूरी पर होता है, जितनी गर्मियों में; ध्रुवों और विष्वक रेखा से भी उसकी दूरियाँ समान ही हैं (इन दूरियों में अंतर इतना कम है कि उसकी उपेक्षा कर सकते हैं)। पर सूर्य-किरणों के झुकाव का कोण विष्वक के पास कहीं अधिक बड़ा है, बनिस्बत कि ध्रुवों के पास; गर्मियों में एक कोण बड़ा होता है, बनिस्बत की जाड़ों में। इसी कारण से दैनिक तापक्रमों में काफी अंतर रहता है और इसीलिए प्रकृति के पूरे जीवन में भी भिन्नता आ जाती है।

---

1. यह एक मुख्य कारण है, पर सर्वेसर्वा नहीं है। दिन की लंबाई, अर्थात वह अंतराल, जिसके दरम्यान सूर्य पृथ्वी को गर्म करता है—यह भी एक कम महत्त्वपूर्ण कारण नहीं है। पर दोनों ही कारण एक खगोलीय तथ्य से उत्पन्न होते हैं। यह तथ्य है : पृथ्वी द्वारा सूर्य के गिर्द परिक्रमण के तल के साथ पृथ्वी की धुरी का झुकाव।

अध्याय-7
प्रकाश की किरणें

कैद छाया

आह, छाया, काली छाया,
किसे तुम नहीं दौड़ाती?
किसे तुम नहीं हराती?
सिर्फ तुम्हें है, काली छाया,
मुश्किल पकड़ना, भरना अंक!

निक्रासव

हमारे पूर्वज छाया को पकड़ना नहीं जानते थे, पर उससे फायदा निकालना जानते थे : वे उसकी सहायता से आदमी का "सिलुएट" या छायाकृति प्राप्त किया करते थे।

चित्र 88. सिलुएटी चित्र प्राप्त करने की पुरानी विधि।

फोटोग्राफी के कारण आज हर व्यक्ति अपना या अपने प्रियजनों का चित्र प्राप्त कर सकता है। पर XVIII-वीं शती के लोग इतने भाग्यशाली नहीं थे : चित्रकार चित्र बनाने के लिए काफी बड़ी धन-राशियाँ वसूला करते थे और अधिक पैसे खर्च करना हरेक के वश की बात नहीं थी। सिलुएट के लोकप्रिय होने का कारण यही था। वे कुछ हद तक आधुनिक

फोटाग्राफी का काम करते थे। सिलुएट छाया को कैद करके जड़ देने से प्राप्त होता है। उसे यंत्रतव प्राप्त किया जाता था और इसीलिए वे अपनी प्रतिकूल प्रक्रिया प्रकाश-लेखन (फोटोग्राफी) की याद दिलाते हैं। चित्र बनाने के लिए हम **प्रकाश** का उपयोग करते हैं और हमारे पूर्वज उसकी अनुपस्थिति-**छाया**-का उपयोग करते थे।

सिलुएट कैसे बनाया जाता था, यह चित्र 88 से स्पष्ट है। सिर को इस प्रकार घुमा कर रखते थे कि छाया पार्श्व-आकृति देती थी। आकृति की परिरेखा पर पेंसिल घुमा कर चित्र बना लेते थे और उसे काली स्याही से रंग देते थे; सिलुएट तैयार हो जाता था। आवश्यकता होने पर एक विशेष यंत्र-पैंटोग्राफ (चित्र 89)–की सहायता से उसे छोटा भी कर सकते थे।

चित्र 89. सिलुएटी चित्र को छोटा करना।

चित्र 90. शिल्लेर का सिलुएट

आप यह न सोचें कि सीधा-सादा काला पुता हुआ चित्र व्यक्ति की विशेषताओं को नहीं व्यक्त कर सकता। इसके विपरित, अच्छा सिलुएट आदमी को बहुत सही तरह दिखा सकता है।

सरल परिरेखाओं द्वारा मूल से मिलता-जुलता चित्र देने की क्षमता के कारण कई चित्रकार छाया-चित्रण की ओर आकर्षित हुए और पूरे के पूरे प्राकृतिक दृश्यों आदि को भी इसी रूप में चित्रित करने लगे। सिलुएटी चित्रण धीरे-धीरे एक विशेष शैली में परिणत हो गया, जिसे अनेक चित्रकारों ने अपनाया।

"सिलुएट" शब्द का उद्भव बहुत ही मजेदार है : XVIII-वीं शती के मध्य में फ्रांस के वित्त मंत्री एथेन दे सिलुएट थे, जो अपने समकालीनों को मितव्ययता का उपदेश दिया करते थे। उन्हें उच्चवर्गीय लोगों से विशेष शिकायत थी कि वे चित्रों के पीछे बहुत धन बरबाद करते थे। छाया-चित्र के सस्तेपन के कारण कुछ मजाकिया लोग उसे "a la Silhouette" ("सिलुएट का") चित्र कहने लगे।

अंडे में चूजा

अपने मित्रों को एक मनोरंजक खेल दिखाने के लिए आप छाया के गुणों का उपयोग कर सकते हैं। तिलचट कागज का एक पर्दा बना लीजिए। एक बड़े गत्ते में आयताकार छेद करके इसमें तिलचट कागज लगा देने से काम चल जाएगा। पर्दे के पीछे दो लैंप रख दीजिए। दर्शक पर्दे की दूसरी ओर बैठेंगे। एक लैंप (उदाहरणार्थ बायाँ) जलाए।

जलते लैंप और पर्दे के बीच एक अंडाकार गत्ता तार से लटका दें या स्तंभ पर खड़ा कर दें। दूसरी ओर बैठे दर्शकों को पर्दे पर अंडा दिखेगा। (दायाँ लैंप अभी जला नहीं है।) अब आप मित्रों से कहें कि आप "एक्सरे की मशीन" चालू करने जा रहे हैं, जिससे अंडे में बैठे चूजे को देखा जा सकेगा। और सचमुच में क्षण भर बाद दर्शक देखते हैं कि अंडे का सिलुएट किनारियों पर थोड़ा प्रकाशमान हो रहा है और उसके बीचो-बीच चूजे का स्पष्ट सिलुएट दिख रहा है (चित्र 91)।

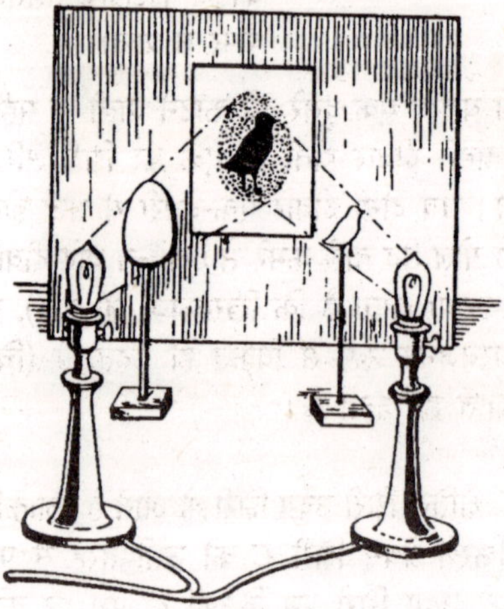

चित्र 91. मिथ्या एक्सरे-चित्र

जादू का रहस्य क्या हैं? आप दायाँ लैंप जलाते हैं। उसकी किरणों के पथ पर गत्ते की बनी चूजे की पर्याकृति रखी हुई, जो पर्दे पर चूजें का सिलुएट देता है। अंडाकार छाया का कुछ भाग दाएँ लैंप के कारण प्रकाशमान हो जाता है, पर पर्दे के जिस स्थान पर चूजे का सिलुएट है, वहाँ न बाएँ लैंप का प्रकाश पड़ता है, न दाएँ का। इसीलिए अंडा अपनी किनारी पर प्रकाशमान हो उठता है और चूजे का सिलुएट अधिक स्पष्ट (काला) दिखता है। पर्दे की दूसरी ओर बैठे दर्शक, जो आपके कारनामों से अनभिज्ञ हैं, यदि भौतिकी और शरीरक्रिया-विज्ञान का ज्ञान नहीं रखते, तो सोचेंगे कि आप सचमुच अंडे का एक्सरे कर रहे हैं।

कार्टूनी फोटोग्राफी

बहुत कम ही लोग जानते होंगे कि फोटो-कैमरा बिना विशालक शीशे (लेंस) का भी होता है। लेंस की जगह सिर्फ छोटे से गोल छेद से भी काम चल जाएगा। इसमें चित्र कुछ कम स्पष्ट मिलते हैं। बिना लेंस वाले कैमरों का एक मनोरंजक रूप है

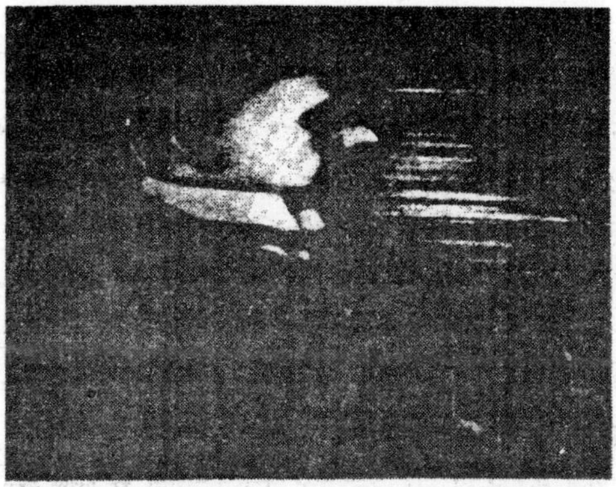

चित्र 92. झिरीदार कैमरे से प्राप्त कार्टूनी फोटो-ग्राफ। चित्र क्षैतिज लमड़ा हुआ है।

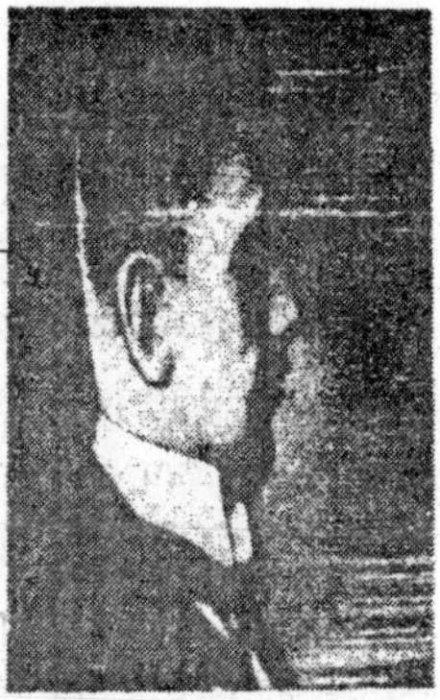

चित्र 93. उदग्र लमड़ा हुआ कार्टूनी फोटोग्राफ (झिरीदार कैमरे से प्राप्त)।

"झिरीदार" कैमरा। इसमें गोल छेद की बजाय एक दूसरे को काटने वाली दो महीन दरारें होती हैं। कैमरे के अग्रभाग में दोहरी दीवार होती है: एक पर झिरी क्षैतिज होती है और दूसरी पर इसके अभिलंब। जब दोनों दीवारें एक-दूसरी से सटी होती हैं, तो चित्र वैसा ही प्राप्त होता है, जैसा गोल छेद वाले कैमरे से। लेकिन यदि दीवारों के बीच कुछ दूरी हो (उन्हें इस तरह बनाया जाता है कि खिसकायी जा सकें), तो कुछ और ही नजर आता है। चित्र हास्यजनक रूप से विकृत हो उठता है (चित्र 92 व 93); फोटोग्राफ नहीं, कार्टून प्राप्त हो जाता है।

इस विकृति का क्या कारण है?

चित्र 94 की स्थिति पर गौर करें : क्षैतिज झिरी उदग्र झिरी के आगे है। आकृति D (क्रौस) की उदग्र रेखा से चलती किरणें प्रथम झिरी C को उसी तरह से पार करेंगी, जैसे साधारण छेद को; पीछे की उदग्र झिरी इन किरणों के पथ पर कोई

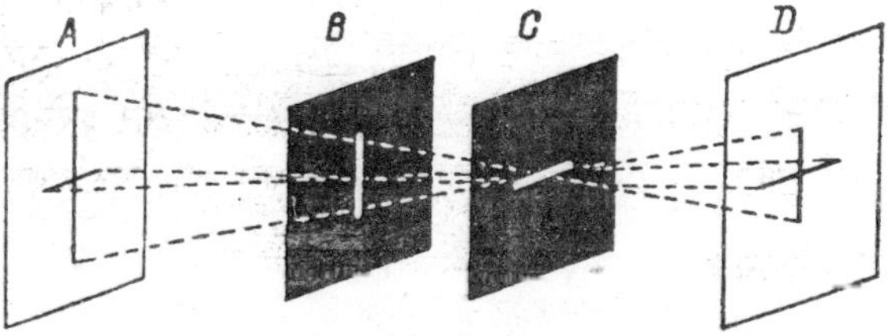

चित्र 94. झिरीदार कैमरा विकृत आकृति क्यों देता है?

प्रभाव नहीं डालेगी। अतः दूधिए शीशे *A* पर उदग्र रेखा के बिंब का पैमाना दूधिए शीशे *A* और दीवार *C* के बीच की दूरी के अनुरूप होगा।

शीशे पर **क्षैतिज** रेखा (यदि झिरियों की स्थितियाँ नहीं बदली हैं) कुछ और तरह की होगी। पहली (क्षैतिज) झिरी से किरणें बिना एक दूसरे को काटे निर्बाध पार हो जाएगी। **उदग्र** झिरी *B* को वे उसी तरह पार करेंगी, जैसे छोटे छिद्र को। इससे दूधिए शीशे पर उस पैमाने का बिंब मिलेगा, जो *A* से दीवार *B* तक की दूरी के अनुरूप होगा।

यदि संक्षेप में कहें, तो उदग्र रेखाओं के लिए मानों सिर्फ **अगली** (क्षैतिज) झिरी रहती है और क्षैतिज रेखाओं के लिए—सिर्फ **पिछली** (उदग्र)। और चूंकी अगली झिरी पिछली की अपेक्षा दूधिए शीशे से कहीं दूर है, इसलिए दूधिए शीशे *A* पर सभी उदग्र लंबाइयाँ क्षैतिज लंबाइयों की तुलना में कहीं बड़ी होंगी : बिंब खड़ी या उदग्र दिशा में लमड़ी हुई लगेगी।

इसके विपरीत, यदि उदग्र झिरी आगे हो और क्षैतिज पीछे, तो बिंब क्षैतिज दिशा में लमड़ा हुआ मिलेगा (तुलना करें चित्र 92 व 93)।

स्पष्ट है कि यदि झिरियाँ एक दूसरे के सापेक्ष तिरछी हों, तो विकृति कुछ और ही प्रकार की प्राप्त होगी।

ऐसे कैमरों का उपयोग सिर्फ कार्टूनी फोटोग्राफ के लिए ही नहीं किया जाता। उसे दूसरे आवश्यक व व्यावहारिक कार्यों में भी काम में लाया जा सकता है। उदाहरण के लिए, भवनों, कालीनों आदि को सजाने के लिए बेल-बूटों की लंबाई-चौड़ाई बदलने के लिए भी इसका उपयोग किया जा सकता है, ताकि बेल-बूटे किसी खास दिशा में लमड़े या सिकुड़े हुए दिखें।

सूर्योदय से संबंधित प्रश्न

माना कि आप 5 बजे सुबह सूर्योदय का अवलोकन कर रहे हैं। ज्ञात है कि प्रकाश का गमन क्षणिक क्रिया नहीं है; स्रोत से प्रेक्षक की आँखों तक आने में वह कुछ समय लगाता है। अतः ऐसा प्रश्न पूछा जा सकता है : यदि प्रकाश का प्रसर क्षणिक होता, तो वही सूर्योदय आप कितने बजे देख सकते?

सूर्य से पृथ्वी तक आने में प्रकाश को कोई 8 मिनट लगते हैं। यदि प्रकाश का प्रसर क्षणिक हो, तो इस हिसाब से सूर्योदय हमें 8 मिनट पहले, अर्थात 4 बज कर 52 मिनट पर दिखना चाहिए।

बहुतों को शायद विश्वास नहीं होगा कि उत्तर बिल्कुल गलत है। सूरज के ''उदय होने'' का कारण यह है कि पृथ्वी अपनी सतह के नए-नए बिंदुओं को पहले से **प्रकाशमान व्योम** की ओर लाती रहती है। अतः प्रकाश के क्षणिक प्रसर के बावजूद भी सूर्योदय आपको उसी क्षण दिखेगा, जिस क्षण अभी, अर्थात प्रकाश के क्रमिक

प्रसर की स्थिति में दिखता है। अन्य शब्दों में, सूर्योदय आपको ठीक 5 बजे ही दिखेगा।[1]

यदि आप टेलिस्कोप द्वारा सूर्य की किनारी पर किसी धब्बे या प्रावर्ध के प्रादुर्भाव का प्रेक्षण कर रहे हैं, तो बात दूसरी है : यदि प्रकाश का प्रसर क्षणिक होता, तो ऐसी घटना का अवलोकन आप 8 मिनट पहले करते।

---

1. यदि तथाकथित ''वातवरणीय अपवर्तन'' को ध्यान में रखा जाए, तो परिणाम और भी आशातीत होगा। अपवर्तन हवा में प्रकाश के पथ को मोड़ देता है और इसीलिए हम सूरज को उसके ज्यामितीय रूप से क्षितिज के ऊपर उठने के **थोड़ा पहले** ही देख लेते हैं। पर क्षणिक प्रसर की स्थिति में अपवर्तन संभव नहीं है। अपवर्तन तभी हो सकता है, जब भिन्न माध्यमों में प्रकाश का वेग भी भिन्न हो। अपवर्तन की अनुपस्थिति के कारण प्रेक्षक को प्रकाश के क्षणिक प्रसर की स्थिति में सूर्य **कुछ देर से** ही दिखेगा, बनिस्बत कि उस स्थिति में, जब प्रकाश का प्रसर क्रमिक होता है। समय का अंतर प्रेक्षण-स्थान के अक्षांश, वातावरण के तापक्रम तथा अन्य परिस्थितियों पर निर्भर करता और उसका मान दो मिनट से लेकर कुछ दिनों तक (ध्रुववर्ती आक्षांशों पर इससे भी अधिक) होता। आप यहाँ एक दिलचस्प विरोधाभास देख सकते हैं : प्रकाश के क्षणिक (अर्थात् अनंत क्षिप्र) प्रसर से सूर्योदय कुछ देर से दिखता, बनिस्बत कि उसके क्रमिक प्रसर से! इस प्रश्न के बारे में और नई बातें जानने के लिए देखें मेरी पुस्तक ''क्या आप भौतिकी जानते हैं?''

अध्याय 8

प्रकाश का परावर्तन एवं अपवर्तन

दीवार के पार देखना

पिछली शती की नवीं दशाब्दी में एक मनोरंजक उपकरण बिका करता था, जिसका नाम था : "एक्सरे उपकरण"। उस समय मैं स्कूल में पढ़ता था और मुझे याद है कि इस धूर्त उपकरण ने किस तरह मुझे चक्कर में डाल दिया था। इसमें एक नली थी, जिसकी सहायता से बिल्कुल अपारदर्शक वस्तुओं के पार भी देखा जा सकता था। इस नली से मैं सिर्फ मोटे कागज ही नहीं, छूरी की मोटी पत्ती के पार भी वस्तुएँ साफ-साफ देख सकता था। ऐसी पत्ती को एक्स-किरणें भी बेधने में असमर्थ हैं। इस खिलौने की सरल बनावट का रहस्य आपके लिए स्पष्ट हो जाएगा, यदि आप चित्र 95 पर एक निगाह डालेंगे। चित्र में उक्त नली का प्रतिरूप दिखाया गया है। 45° के कोण पर झुके चार दर्पण किरणों को इस प्रकार परावर्तितत करते है, कि किरणों का पथ अपारदर्शक वस्तु के नीचे हो जाता है और फिर अपारदर्शक वस्तु के पार स्थित वस्तु तक पहुँच जाता है।

चित्र 95. मिथ्या एक्सरे का उपकरण

युद्ध में ऐसे उपकरणों का उपयोग काफी प्रचलित है। "पेरिस्कोप" (चित्र 96) नामक उपकरण की सहायता से आप खाई में बैठे-बैठे शत्रु की गति-विधि देख सकते हैं;. इसके लिए आपको अपना सर बाहर निकालने और दुश्मन की गोली खाने का खतरा मोल नहीं लेना होगा।

पेरिस्कोप में प्रकाश के प्रविष्ट

चित्र 96. पेरिस्कोप

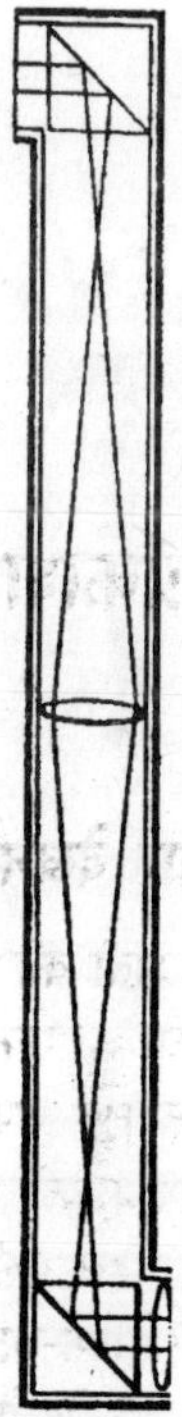

चित्र 97. पनडुब्बी के पेरिस्कोप का आरेख

होने की जगह से प्रेक्षक की आँख तक की दूरी जितनी लंबी होगी, उपकरण द्वारा दिखने वाला क्षेत्र उतना ही सीमित होगा। दृश्य-क्षेत्र को विस्तृत करने के लिए औप्टिक (प्रकाशीय) शीशों के तंत्र का उपयोग करते हैं। पर शीशे पेरिस्कोप में प्रविष्ट होने वाले प्रकाश के कुछ भाग को अवशोषित कर लेते हैं और उसके कारण दृश्य की स्पष्टता बुरी हो जाती है। ये बातें पेरिस्कोप की ऊँचाई को सीमित कर देती हैं। 20 मीटर से अधिक ऊँचे पेरिस्कोप में दृश्य-क्षेत्र अत्यंत संकुचित हो जाता है और दृश्य बिल्कुल अस्पष्ट सा हो जाता है। बदरी के दिन में अस्पष्टता और भी बढ़ जाती है।

पनडुब्बी के कैप्टेन भी आक्रमक जहाजों को पेरिस्कोप की मदद से ही देखते हैं। यह एक लंबी नली होती है, जिसका एक सिरा पानी के ऊपर होता है। ये पेरिस्कोप थल पर प्रयुक्त पेरिस्कोपों से कहीं अधिक जटिल होते हैं, पर सिद्धांततः दोनों में कोई फर्क नहीं होताः किरणें दर्पण (या प्रिज्म) से परावर्तित होकर नली के भीतर भ्रमण करती हैं ओर निचले भाग में पुनः परावर्तित होकर प्रेक्षक की आँखों तक पहुँचती हैं। (चित्र 97)।

"कटा हुआ" सर कैसे बोलता है

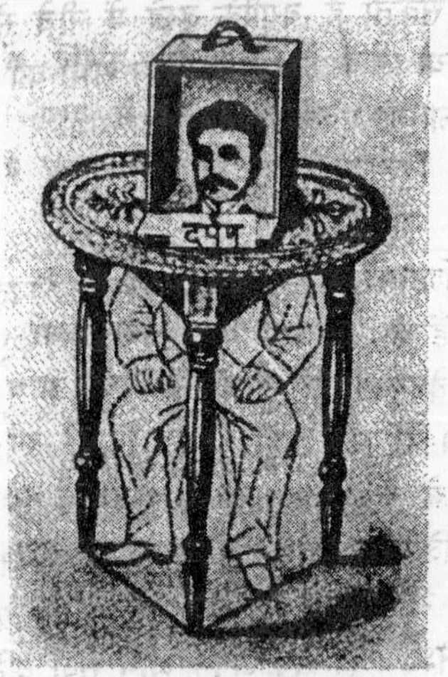

चित्र 98. "कटे" सर का रहस्य

यह चमत्कार अक्सर मीनाबाजारों आदि में दिखाते हैं। रहस्य से अनभिज्ञ व्यक्ति को यह निश्चय ही आश्चर्यचकित कर देता है : आप अपने समक्ष एक छोटा टेबुल देखते हैं जिस पर एक थाल रखा होता है। थाल में होता है...आदमी का जीता-जागता सर, जो पलकें झपकाता है, बोलता है, खाता है। देखने पर लगता है कि टेबुल के नीचे धड़ छिपाने की कोई जगह नहीं है। आपको टेबुल के काफी निकट नहीं आने दिया जाता, टेबुल और आपके बीच रस्सियों का एक घेरा होता है, फिर भी आप स्पष्ट देख सकते हैं कि टेबुल के नीचे कुछ भी नहीं है।

यदि आपको यह चमत्कार देखने का फिर मौका मिले, तो कागज के एक मुड़े-चुड़े टुकड़े को टेबुल के नीचे खाली स्थान में फेंक दीजिएगा। रहस्य तुरंत खुल जाएगा : कागज टकरा कर गिर जाएगा...आइने से। यदि कागज का टुकड़ा टेबुल तक नहीं भी पहुँचे, तो भी आइने के लिए छिपना मुश्किल हो जाएगा, क्योंकि उसमें कागज का प्रतिबिंब दिख जाएगा। (चित्र 98)।

टेबुल के पैरों के बीच दर्पण की दीवार लगा देना पर्याप्त रहेगा, ताकि उसके नीचे का व्योम दूर से खाली दिखे। जाहिर है कि कमरे का दृश्य या दर्शक दर्पण में प्रतिबिंबित नहीं होने चाहिए, दीवारें और फर्श एक जैसे रंगे होने चाहिए, उन पर कोई नक्काशी या बेल-बूटे नहीं होने चाहिए और दर्शकों को पर्याप्त दूरी पर रखना चाहिए।

रहस्य इतना सरल है कि हँसी आती है, पर जब तक उसका पता न चल जाए, आदमी आश्चर्य में डूबा रहता है।

कभी-कभी जादू और असरदार तरीके से दिखाया जाता है। जादूगर पहले खाली टेबुल दिखाता है : उसके ऊपर और नीचे कुछ भी नहीं होता। इसके बाद पर्दे के पीछे से बंद डब्बा लाया जाता है, जिसमें (जादूगर के अनुसार) "बिना धड़ के जिंदा सर" रखा होता है। पर दरअसल डब्बे में कुछ भी नहीं होता। जादूगर इस डब्बे को टेबूल पर रखता है, उसके सामने की दीवार हटा देता है और ...आश्चर्यचकित दर्शकों के सामने बोलता सर प्रकट हो जाता है। पाठक शायद समझ गए होंगे कि टेबुल के ऊपरी तख्ते पर एक छिपा हुआ ढक्कन सा होता है, जिसे नीचे बैठा आदमी खिसका कर छेद से अपना सर ऊपर निकाल लेता है। यह सारा

कार्य आसानी के साथ संपन्न किया जा सकता है, क्योंकि डब्बे में नीचे से पेंदा नहीं होता। जादू और कई तरीकों से दिखाया जा सकता है, पर उन सभी का वर्णन हम नहीं करेंगे; उन्हें देखकर पाठक उनका रहस्य स्वयं समझ जाएँगे।

आगे या पीछे?

घरेलू सामानों में कई ऐसी चीजें हैं, जिनका व्यवहार अनेक लोग उपयुक्त ढंग से नहीं करते। इसके पहले हम बता चुके हैं कि कई लोग ठंडा करने के लिए बर्फ का उपायोग सही तरीके से नहीं करते : वे पेय को बर्फ के **ऊपर** रखते हैं, जब कि उसे बर्फ के नीचे रखना चाहिए। ज्ञात होता है कि कई लोग साधारण दर्पण को व्यवहार में लाना नहीं जानते। आईने में अच्छी तरह से दिखने के लिए लोग अक्सर ही लैंप अपने **पीछे** रख देते हैं ताकि "प्रतिबिंब पर प्रकाश पड़े", जबकि उन्हें खुद पर प्रकाश डालना चाहिए। बहुत सी औरतें इसी प्रकार दर्पण का प्रयोग करती हैं। आशा है कि हमारी पाठिकाएँ निश्चय ही लैंप अपने **आगे** रखा करेंगी।

क्या आप दर्पण को देख सकते हैं?

साधारण आइने को भी अच्छी तरह नहीं जानने का एक और प्रमाण : अधिकांश लोग शीर्षक में दिए गए प्रश्न का उत्तर गलत देते हैं, यद्यपि आइने में हर दिन देखा करते हैं।

जो लोग सोचते हैं कि दर्पण का देखा जा सकता है, वे गलत हैं। अच्छा और साथ-सुथरा दर्पण अदृश्य होता है। आप दर्पण का फ्रेम देख सकते हैं, उसकी किनारी देख सकते हैं, उसमें प्रतिबिंबित वस्तुओं को देख सकते हैं, पर यदि गंदा नहीं है, तो उसे आप नहीं देख सकते। कोई भी परावर्तक सतह अपने आप में अदृश्य होती है। उसमें और प्रकीर्णक सतहों में यही फर्क है (प्रकीर्णक ऐसी सतह को कहते हैं, जो प्रकाश-किरणों को हर संभव दिशा में फेंकती रहती है। बोल-चाल की भाषा में परावर्तक सतह को हम चिकनी, चमकीली या पौलिश की हुई सतह कहते हैं और प्रकीर्णक को-रूखड़ी, चमकहीन आदि)।

दर्पण का उपयोग करने वाली हाथ की सफाइयाँ, जादू आदि इसी तथ्य पर आधारित हैं कि दर्पण खुद अदृश्य रहता है, दृश्य होती हैं सिर्फ उसमें प्रतिबिंबित वस्तुएँ। बिना धड़ के सर वाला जादू भी इसी तथ्य पर आधारित है।

दर्पण में हम किसे देखते हैं?

"जाहिर है कि खुद अपने को!–बहुत से लोग उत्तर देंगे। दर्पण में हमारा बिंब हमारी खुद की नकल है, हमारा खुद का चित्र है और हर तरह से हमसे मिलता-जुलता होता है"।

चित्र 99. ऐसी ही घड़ी आपके हमशक्ल के पास है, जिसे आप आईने में देखते हैं।

क्या आप इस सादृश्य को जाँचना चाहेंगे? आपके दाएँ गाल पर एक तिल है। आपकी प्रतिमूर्ति के दाएँ गाल पर कोई निशान नहीं हैं, पर उसके बाएँ गाल पर एक काला धब्बा है, जो आपके बाएँ गाल पर नहीं हैं। आप कंधी दाईं ओर करते हैं, आपका हम शक्ल–बाईं ओर। आपकी दाहिनी भौं बाईं की तुलना में कुछ ऊँची और घनी है। उसकी यह भौं कुछ नीची और कम घनी है। आप बंडी की दाईं जेब में घड़ी रखते हैं और बाईं में डायरी रखते हैं। आपके हमशक्ल की आदतें ठीक उल्टी हैं : वह घड़ी बाईं जेब में रखता है और डायरी दाईं जेब में। उसकी घड़ी के डायल पर नजर डालिए। आपके पास ऐसी घड़ी कभी नहीं थी : उसमें अंकों की स्थितियाँ और लिखावट बिल्कुल असाधारण सी हैं; उदाहरणार्थ, अंक आठ दुनियाँ में कहीं भी इस प्रकार नहीं लिखा जाता–IIX, और वह लिखा भी गया है बारह की जगह पर। बारह उसमें है ही नहीं, छः के बाद पाँच आता है, आदि आदि। इन सब बातों के अतिरिक्त, आपके हमशक्ल की घड़ी में सुइयाँ उल्टी घूमती हैं।

और अंत में, आपके दर्पणी हमशक्ल में एक शारीरिक ऐब है, जो, मैं सोचता हूँ, आपमें नहीं है : वह वाम-हत्था है; वह लिखने, खाने आदि का कार्य बाएँ हाथ से करता है, और यदि आप उससे हाथ मिलाना चाहेंगे, तो वह अपना बायाँ हाथ बढ़ाएगा।

यह तय करना बिल्कुल कठिन है कि आपका हमशक्ल पढ़ा-लिखा भी है या नहीं। उसके हाथ में पड़ी पुस्तक से आप एक पंक्ति भी शायद नहीं पढ़ सकेंगे और जो कुछ वह बाएँ हाथ से लिखता है, उससे आप एक शब्द भी नहीं समझ सकेंगे।

आपके साथ पूर्ण सादृश्य का दावा रखने वाले आदमी का यही चित्रण है। और आप उसके आधार पर खुद के बारे में अपने खयाल बनाते हैं...

मजाक बंद किया जाए : यदि आप सोचते हैं कि आइने में झाँकते वक्त आप खुद को देखते हैं, तो यह आपकी गलतफहमी है। अधिकतर लोगों के मुख, धड़, कपड़े आदि पूर्णतया सममित (सिमेट्रिकल) नहीं होते (और इस पर हमारा ध्यान भी नहीं जाता) शरीर का वामार्ध दक्षिणार्ध के साथ पूर्णतया सादृश्य नहीं रखता। हमारे शरीर के दाएं अर्ध के गुण दर्पण में वामार्ध के गुणों में परिणत हो जाते हैं और इसके विपरीत वामार्ध के गुण दाएँ अर्ध में चले जाते हैं। इसी कारण दर्पण में हम नहीं, कोई दूसरा ही होता है, जिसके साथ हमारा बहुत कम मेल बैठता है।

दर्पण के समक्ष चित्र बनाना

मूल वस्तु और दर्पण में उसके प्रतिबिंब की असादृश्यता निम्न प्रयोग द्वारा और अच्छी तरह देखी जा सकती है।

टेबुल पर अपने सामने उदग्र रूप से एक दर्पण खड़ा करें। उसके समीप एक सादा कागज रखकर कोई त्रिभुज या समांतर चतुर्भज का चित्र बनाए। शर्त्त यही है कि आप कागज व अपना हाथ सीधे न देखें, दर्पण में उनके प्रतिबिंब को देखते हुए काम करें।

जल्द ही आप मान लेंगे कि काम सिर्फ देखने में आसान है, करने में नहीं। वर्षों की लंबी अवधि के दौरान हमारी दृश्यानुभूतियों व गत्यात्मक संवेदनाओं के बीच एक विशेष प्रकार का मेल बैठ जाता है। दर्पण इस मेल को तोड़ देता है, क्योंकि वह हमारे हाथ की गति हमारी आँखों को सही नहीं, विकृत रूप में दिखाता है। अर्सों से बनी आदत आपकी हर गति का विरोध करेगी : आप दाईं और रेखा खींचना चाहेंगे और हाथ बाईं ओर खींचेगा, आदि आदि।

चित्र 100. दर्पण में देखकर चित्र बनाना।

आपको और भी आशातीत विचित्रताएँ देखने को मिलेंगी, यदि आप सरल आकृतियों की बजाए अधिक जटिल चित्र बनाने का प्रयास करेंगे। आईने में देखते हुए कुछ लिखने का प्रयास करना और भी हास्यजनक परिणाम देगा।

स्याही से कुछ लिखकर उसे सोख्ते से दबाएँ। सोख्ते पर प्राप्त छाप भी दर्पणी सममिति का चित्र होता है। आप उस पर उगी लिखावट को पढ़ने की कोशिश करें। यदि वह बिल्कुल स्पष्ट होगी, तो भी आपके पल्ले शायद ही कुछ पड़ेगा : अक्षरों का झुकाव असाधारण होगा वे बाईं ओर को झुके होंगे) और सबसे मुख्य बात यह होगी कि उन लकीरों का क्रम वैसा नहीं होगा, जिसके हम आदी हो चुके हैं। लेकिन सोख्ते के पास लंबे रूप से दर्पण लाने पर अक्षरों के ऐसे प्रतिबिंब प्राप्त होंगे, जि नके हम आदी हैं। इसमें दर्पण उस चीज का सममित बिंब देता है, जो खुद अपने-आप में साधारण लिखावट का सममित चित्र है।

नपी-तुली जल्दीबाजी

हमें ज्ञात है कि समरूप माध्यम में प्रकाश सरल रेखा, अर्थात् लघुतम मार्ग पर भ्रमण करता है। पर प्रकाश उस स्थिति में भी लघुतम मार्ग चुनता है, जब उसे एक बिंदु तक सीधे नहीं, किसी दर्पण से परावर्तित होने के बाद उस तक पहुँचना होता है।

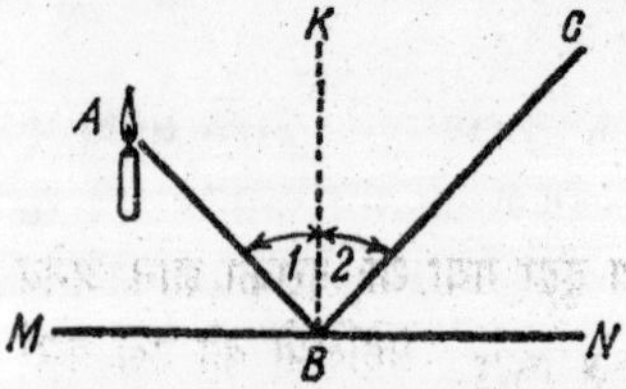

चित्र 101. परावर्तन कोण बराबर है आपतन कोण के।

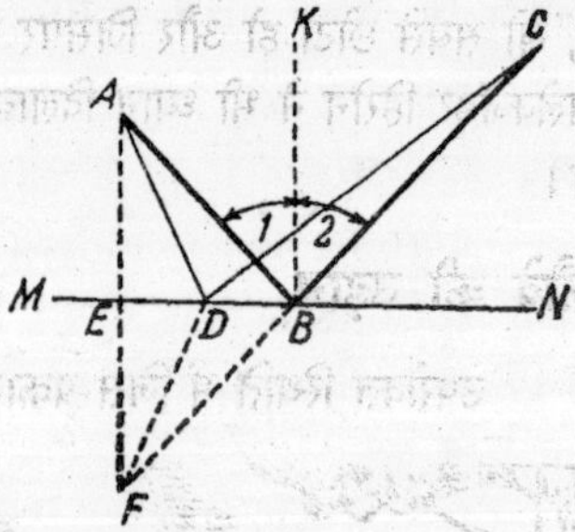

चित्र 102. परावर्तन करते हुए प्रकाश लघुतम पथ चुनता है।

आइए, उसके मार्ग का अनुसरण करें। माना कि चित्र 101 में A प्रकाश-स्रोत को द्योतित करता है, रेखा M N-दर्पण को। भंजित रेखा ABC मोमबत्ती से आँख C तक पहुँचने के लिए किरण का मार्ग है। सरल रेखा KB लंब है MN पर।

प्रकाशिकी के नियम से परावर्तन कोण 2 बराबर है आपतन कोण 1 के। इसे जानने के बाद सरलतापूर्वक सिद्ध किया जा सकता है कि A से दर्पण को छूकर C तक पहुँचने के लिए जितने भी संभव पथ हैं, उनमें ABC सबसे छोटा (लघुतम) है। इसके लिए किरण-पथ ABC की तुलना किसी दूसरे पथ ADC के साथ करते हैं (चित्र 102)। MN पर बिंदु A से लंब डालें और उसे बिंदु F तक बढ़ाए, जहाँ वह किरण BC के मार्ग को काटता है। F व D बिंदुओं को मिला लें। अब आगे कुछ करने के पहले त्रिभुजों ABE व EBF की तुल्यता सिद्ध करें। दोनों ही त्रिभुज समकोण हैं और आधार EB उभयनिष्ठ है। इसके अतिरिक्त, कोण EFB तथा EAB आपस में बराबर हैं, क्योंकि वे क्रमशः कोण 2 व 1 के बराबर हैं। अतः AE=EF। इसी से समकोण त्रिभुजों AED व EDF की तुल्यता सिद्ध की जा सकती है (AE=EF, ED- उभयनिष्ठ है, <AED=<DEF=90°), जिससे ज्ञात होता है AD=DF।

उपरोक्त निष्कर्षों के आधार पर कहा जा सकता है कि पथ ABC व पथ CBF बराबर है (क्योंकि AB=FB)। पर इसी तरह से पथ ADC व पथ CDF भी आपस में बराबर हैं। अब यदि CBF लंबाई की तुलना CDF की लंबाई से करें, तो जाहिर है कि CBF छोटा है CDF से (CBF सरल रेखा है)। अतः पथ ABC छोटा है पथ ADC से—और यही सिद्ध करना था।

यदि परावर्तन कोण आपतन कोण के बराबर हो, पथ ABC पथ ADC से हमेशा छोटा होगा, चाहे बिंदु D कहीं भी क्यों न चुना जाए। इसका अर्थ यह है कि स्रोत, दर्पण और आँख के बीच सभी संभव पथों में से प्रकार उसी को चुनता

है, जो सबसे छोटा हो और जिसपर सबसे शीघ्र पहुँचा जा सके। इस तथ्य की ओर अलेक्जेंडर हिरोन ने भी ध्यान दिलाया था। वे दूसरी शती के विख्यात ग्रीक यंत्रकार थे।

कौवे की उड़ान

उपरोक्त स्थिति में जिस प्रकार लघुतम पथ ढूंढा गया था, इसका ज्ञान अनेक पहेलियों को हल करन में सहायक हो सकत है। उदाहरण के लिए एक पहेलीनुमा प्रश्न पे है :

चित्र 103. कौवे की समस्या : बाड़े तक का लघुतम पथ ढूँढ़ना।

पेड़ की डाल पर ए कौवा बैठा है। नी जमीन पर दाने बिख हैं। कौवा जमीन की ओ उड़ता है, अनाज का ए दाना उठाता है औ सामने के बाड़े पर बै जाता है। प्रश्न है : कि जगह वह दाना उठाए ताकि उसका पथ सबसे छोटा हो (चित्र 103)

प्रश्न ठीक वैसा ही है, जैसा हम अभी-अभी देख चुके हैं। इसीलिए सही उत्तर देना कठिन नहीं है : कौवे को प्रकाश की किरण का अनुसरण करना चाहिए, अर्थात् इस प्रकार उड़ना चाहिए कि कोण 1 बराबर हो कोण 2 के (चित्र 104)। हम देख चुके हैं कि इस तरह से पथ लघुतम होगा।

चित्र 104. कौवे की समस्या का हल।

चित्र 103. कौवे की समस्या : बाड़े तक का लघुतम पथ ढूँढ़ना।

सुबिंबदर्शी : कल और आज

सुबिंबदर्शी (केलाइडो-स्कोप) नामक खिलौने को सभी जानते होंगे : चंद रंगीन काँच के टुकड़े दो या तीन समतल दर्पण में प्रतिबिंबित होते रहते हैं और सुबिंबदर्शी (या सुबिंबक) के हिलने-डुलने के साथ बदलते रहने वाली नई-नई अनूठी खूबसूरत आकृतियाँ बनाते रहते हैं। सुबिंबक को सभी जानते हैं, पर किसी को यह संदेह नहीं होता होगा कि उसकी मदद से कितनी बड़ी संख्या में विभिन्न आकृतियाँ प्राप्त की जा सकती हैं। माना कि आपके सुबिंबक में काँच के 20 टुकड़े हैं और नई-नई आकृतियाँ प्राप्त करने के लिए आप उसे हर मिनट दस बार घुमाते हैं। सारी संभव आकृतियों को देखने में आप कितना समय लगाएँगे?

प्रचंड से प्रचंड कल्पनाशक्ति भी इसका सही उत्तर नहीं दे सकती। सागर सूख जाएँगे और पर्वत घिस जाएँगे, पर सुबिंबक आपको नए-नए बेल-बूटे दिखाता रहेगा। आपके नन्हें से खिलौने के भीतर बेल-बूटों की संख्या इतनी विशाल है कि सबको बनाने में कम से कम पाँच खरब वर्ष लग जाएँगे। सभी बेल-बूटों को देखने के लिए आपको पाँच खरब से अधिक वर्ष तक सुबिंबक को घुमाना पड़ेगा।

सुबिंबक की अनंत नयी-नवेली आकृतियों के साथ सज्जाकारों की दिलचस्पी सदा से रही है, क्योंकि इस उपकरण की सृजनशीलता के साथ उनकी कल्पना-शक्ति होड़ नहीं लगा सकती। सुबिंबक इतने मोहक बेल-बूटे रचता है कि सजावट में उनका उपयोग हमेशा इष्ट है।

पर आम आदमी में सुबिंबक वैसी रुचि आजकल नहीं उत्पन्न करता, जैसी सौ साल पहले करता था। उस समय वह नया-नया निकला था और उसका यशगान गद्य और पद्य दोनों ही में हुआ करता था।

सुबिंबक का आविष्कार इंगलैंड में 1816 ई. में हुआ था। एक-डेढ़ साल बाद ही वह रूस में पहुँचा, जहाँ प्रशंसा के साथ इसका स्वागत हुआ।

नीति-कथा के लेखक अ. इज्माइलव ने सुबिंबक के बारे में ''वफादार'' नामक पत्रिका (जुलाई, 1818) में लिखा :

''सुबिंबदर्शी के बारे में विज्ञापन पढ़ने के बाद मैंने इस अनूठे उपरण को मँगाया—
देखा,—और क्या झिलमिलाया आँखों में?
नानाकृतियों और नैन-सितारों में
नीलम, लाल, पुखराज,

पन्ना औ मुक्ताराज,
और जंबुक, और जवाहरात,
मूगे-मोती-दिखे हठात!
हिला दूँ बस अपना हाथ—
और नया रूप मेरे साथ!

सुबिंबदर्शी के दृश्यों का वर्णन पद्य क्या, गद्य में भी नहीं किया जा सकता है। हाथ के थोड़ा भी हिलने से आकृतियाँ बदल जाती हैं और उनमें से कोई भी एक दूसरे से मिलती-जुलती नहीं होती। और कितने खूबसूरत बेल-बूटे बनते हैं! काश कि उन्हें कपड़ों पर बनाया जा सकता। पर इतने चमकीले धागे कहाँ से आएँगे! बोरियत से बचने के लिए कहीं अच्छा काम सुबिंबदर्शी के चित्रों को देखना है।

कहते है कि सुबिंबदर्शी XVII-वीं शती में ही ज्ञात था। कुछ ही समय पहले इंगलैंड में उसका पुनर्निमाण हुआ है और वहाँ से दो महीने पहले उसे फ्रांस में लाया गया। वहाँ का एक धनवान व्यक्ति 20 000 फ्रांक के मूल्य का सुबिंबदर्शी वनवा रहा है। उसने काँच की जगह हीरे-जवाहरात उपयोग करने की आज्ञा दी है।''

आगे लेखक सुबिंबक के बारे में एक दिलचस्प चुटकुला सुनाता है और निबंध का अंत करता है एक विषादपूर्ण तथ्य से, जो कृषि-दासता और पिछड़ेपन के युग के लिए सामान्य बात थी :

''अपने उत्कृष्ट प्रकाशिकीय उपकरणों के लिए विख्यात दरबारी भौतिकविद् व यंत्रकार रोसपीनी आजकल सुबिंबदर्शी बनाते हैं और 20 रूबल में बेचते हैं। इसमें कोई संदेह नहीं कि खरीदने वाले बहुत मिल जाएँगे। दुख और आश्चर्य की बात है कि भौतिकी और रसायन पर व्याख्यान देने से कर्तव्यनिष्ठ रोसपीनी महाशय को कोई लाभ नहीं हुआ; इन विषयों में किसी को कोई दिलचस्पी नहीं है।''

सुबिंबक लंबी अवधि तक मात्र एक मनोरंजक खिलौना ही बना रहा। सिर्फ आधुनिक समय में बेल-बूटे बनाने के लिए उसका लाभदायक उपयोग हो रहा है। एक उपकरण बनाया गया है, जिसकी मदद से

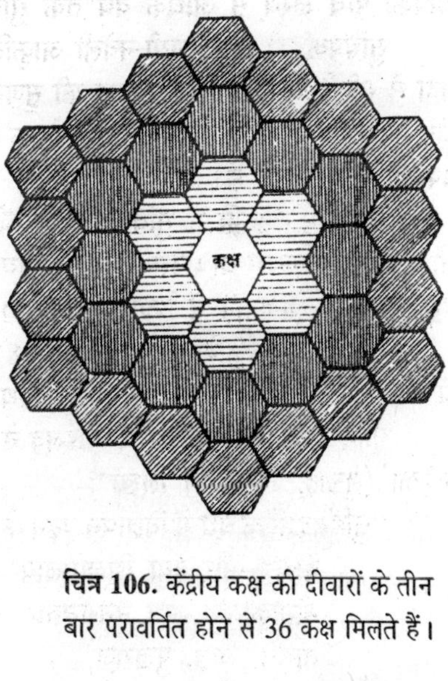

चित्र 106. केंद्रीय कक्ष की दीवारों के तीन बार परावर्तित होने से 36 कक्ष मिलते हैं।

सुबिंबक के बेल-बूटों की फोटोग्राफी की जा सकती है और इस प्रकार सजावट के लिए सभी संभव आकृतियाँ यंत्रवत ज्ञात की जा सकती हैं।

माया-महल और मरीचिकाएँ

यदि आप को कांच के टुकड़े जैसा छोटा बना कर सुबिंबक में डाल दिया जाए, तो आपको कैसा लगेगा? ऐसा प्रयोग सचमुच में किया जा सकता है। सन 1900 ई. संगठित पेरिस की विश्व प्रदर्शनी में आए लोगों को इसका सुअवसर मिला था। वहाँ एक तथा कथित ''माया-महल'' था, जो काफी लोकप्रिय हुआ। यह और कुछ नहीं, एक विशाल व अचल सुबिंबक था। आप एक षटकोण कक्ष की कल्पना करें, जिनकी दीवारें आदर्श पौलिश वाले बड़े-बड़े दर्पणों से बनी हैं। इस दर्पण-कक्ष के कोणों पर खंभों आदि के रूप में वास्तु सज्जा लगे हैं, जो छत में बनी नक्काशी से मेल खाते होते हैं। ऐसे कक्ष में दर्शक अनंत कक्षों, स्तभों व अपने हमशक्लों की भीड़ के बीच अपने को पाकर हतप्रभ सा हो जाता है। वे उसे चारों ओर से घेर लेते हैं, जहाँ तक वह देख सकते है, सिर्फ कक्ष, स्तंभ और हमशक्ल ही नजर आते हैं।

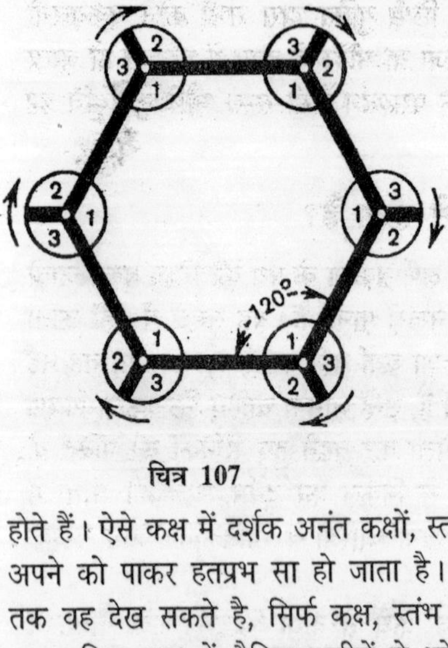

चित्र 107

चित्र 108. ''माया-महल'' का रहस्य

चित्र 106 में क्षैतिज लकीरों से भरे कक्ष एक बार परावर्तन से प्राप्त होते हैं; दुबारा परावर्तित होने पर खड़े रेखाओं से भरे 12 कक्ष प्राप्त होते हैं। आड़ी रेखाओं

से भरे 18 कक्ष तीसरे परावर्तन के परिणाम हैं। कक्षों की संख्या हर नए परावर्तन के साथ बढ़ती जाती है और कितने परावर्तन संभव हैं, यह दर्पणों के पालिश और उनकी समांतरता की कोटि पर निर्भर करता है। व्यवहारतः वहाँ बारहवें परावर्तन से प्राप्त प्रतिबिंब दिख रहे थे, अर्थात नजरों के सामने 468 कक्ष थे।

इस चमत्कार का रहस्य कोई भी समझ सकता है, यदि वह प्रकाश-परावर्तन के नियमों को जानता है। यहाँ तीन जोड़े समांतर दर्पण हैं और दस जोड़े दर्पण कोने में लगे हैं, फिर इतने अधिक प्रतिबिंब क्यों न मिलें पेरिस-प्रदर्शनी के तथाकथित ''माया-महल'' में एक और रोचक प्रकाशिकीय प्रभाव था। इस महल के निर्माताओं ने असंख्य छवियों के साथ-साथ पूरे दृश्य के क्षणिक परिवर्तन का कमाल भी दिखाने की कोशिश की थी। ऐसा लगता था, जैसे वे दर्शकों को एक विशाल सुबिंबक में खड़ा कर भीतर से ही नए-नए दृश्य दिखा रहे हैं।

''माया-महल'' में दृश्य- परिवर्तन का इंतजाम इस प्रकार किया गया था : दीवार कोनों से कुछ दूर पर ऊँचाई के सहारे कटे हुए थे। ऐसा कहा जा सकता है कि दीवार कुछ छोटे थे और कोने उनसे मिलकर पुरा कक्ष बनाते थे। ये कोने अपनी धुरी पर घूम सकते थे; उनके घूमने से दूसरी तरफ से छिपा कोना कक्ष के भीतर आ जाता था। चित्र 107 से स्पष्ट है कि कोना *1,2* व *3* के अनुरूप तीन दृश्य दिखाए जा सकते थे। अब मान लीजिए कि *1* से इंगित सभी कोने उष्णकटिबंध के जंगलों का दृश्य दिखाते हैं, *2* द्वारा इंगित कोने अरबी सज्जा और *3* द्वारा इंगित कोने भारतीय मंदिर के दृश्य दिखाते हैं। छिपी युक्ति द्वारा सभी कोने एकबारगी से घूमते हैं और जंगल का दृश्य अरबी सज्जा या मंदिर के दृश्य में परिणत हो जाता है। पूरे ''जादू''का रहस्य प्रकाश-किरणों के परावर्तन जैसी सरल भौतिक संवृत्ति पर आधारित है।

प्रकाश का अपवर्तन क्यों और कैसे होता है?

एक माध्यम से दूसरे में प्रविष्ट होते क्षण प्रकाश के पथ की दिशा बदल जाती है। इस अपवर्तन को कई लोग प्रकृति का नखरा मानते हैं। यह समझ में नहीं आता कि नए माध्यम में प्रकाश अपनी पुरानी दिशा क्यों नहीं बनाए रख सकता, वह नई दिशा में क्यों चल पड़ता है। जो ऐसा सोचते हैं, उन्हें जानना चाहिए कि प्रकाश-किरण के साथ वही होता है, जो कंधे-से-कंधा मिला कर बढ़ते हुए सैनिकों की पंक्ति के साथ होता है, जब वे किसी सुगम स्थल से निकल कर दुर्गम स्थल की सीमा में प्रविष्ट होते हैं। पिछली शती के विख्यात खगोलशास्त्री व भौतिकविद जोन गेरशेल इसके बारे में लिखते हैं :

''मान लें कि एक टुकड़ी के सैनिक कंधे से कंधा मिलाकर एक पंक्ति में चल रहे हैं। स्थान एक सरल रेखा द्वारा विभक्त है, जिसके एक ओर जमीन

ऊबड़-खाबड़ है; उस पर चलना उतना सरल नहीं है। यह भी मान लें कि पंक्ति इस विभाजक रेखा के साथ कोई कोण बनाते हुए चल रही है। अतः सभी सैनिक एक साथ नहीं, बल्कि एक-एक करके इस सीमा को पार करेंगे। इस स्थिति में हर सैनिक सीमा-रेखा को पार करने के बाद अपनी गति धीमी करेगा, क्योंकि यहाँ जमीन पहले जैसी सुगम नहीं है। वह उन सैनिकों की बराबरी में नहीं चल पाएगा, जो अभी अच्छी जमीन पर ही चल रहे हैं। हर सैनिक इस कठिनाई को महसूस करेगा। अतः पंक्ति का वह भाग, जो दुर्गम जमीन पर आ चुका है, बाकी बचे भाग के साथ उस बिंदु पर अधिक कोण बनाएगा, जिस पर वह सीमा को काटती है (यदि सैनिक पहले की तरह ही कंधे से कंधा मिलाए पंक्तिबद्ध बढ़ रहे हैं, तीतर-बीतर नहीं हो जाते)। कंधे के कंधा मिलाए रहने की आवश्यकता के कारण हर सैनिक को नई जमीन पर नई पंक्ति के लंब चलना होगा। इस तरह, सीमा पार का पथ नयी पंक्ति पर लंब होगा और सीमा के पहले वाले पथ के साथ उसका अनुपात वैसा ही होगा, जैसा उनके नये वेग का पुराना वेग के साथ होगा।''

छोटे पैमाने पर आप प्रकाश-अपवर्तन की इस दृश्य-सुगम उपमा को टेबुल के आधे हिस्से पर कोई मोटी दरी बिछा दीजिए (चित्र 109)। टेबुल को थोड़ा झुकाव देकर उस पर चक्कों के एक जोड़े को लुढकने दीजिए, जो एक ही अक्ष के साथ जड़े हुए हैं (यह आप किसी टूटे खिलौने, जैसे इंजन से ले सकते हैं)। यदि चक्कों की गति की दिशा दरी की किनारी के लंब है, तो चक्कों के पथ का अपवर्तन नहीं होगा। यहाँ आपको एक प्रकाशिकीय नियम का उदाहरण मिलता है : माध्यमों के विभाजक तल के लंब चलती हुई किरण अपवर्तित नहीं होती।

यदि चक्कों की गति की दिशा दरी की किनारी के साथ कोई झुका कोण बनाती है, तो इस किनारी पर, अर्थात भिन्न वेग प्रदान करने वाले दो माध्यमों की विभाजन रेखा पर चक्कों का पथ मुड़ जाएगा।

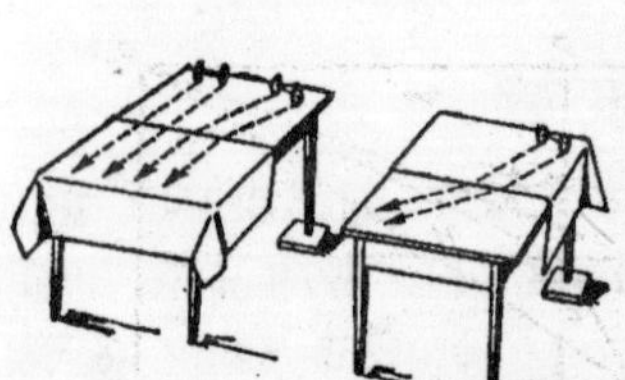

चित्र 109. अपवर्तन का कारण सम समझाने वाला एक प्रयोग।

आसानी से देख सकते हैं कि अधिक वेग वाले भाग (खाली टेबुल) से कम वेग वाले भाग (दरी बिछे स्थान) में प्रविष्ट होने पर पथ (''किरण'') आपतन बिंदु से विभाजक रेखा पर खींचे गए लंब की ओर झुकता है। विपरीत स्थिति में वह इस लंब से दूर हो जाता है।

इससे एक और महत्त्वपूर्ण बात ज्ञात होती है : अपवर्तन का कारण दोनों माध्यमों में वेगों की भिन्नता है। अपवर्तन की सारी संवृत्तियों के मूल में यही तथ्य है। वेगों में अंतर जितना ही अधिक होगा, अपवर्तन भी उतना ही अधिक होगा। तथाकथित ''अपवर्तन गुणांक'' और कुछ नहीं, इन वेगों का अनुपात भर है। जब आप पढ़ते हैं कि हवा

से पानी में संक्रमण के लिए अपवर्तन गुणांक 4/3 है, तो इसके साथ ही आप यह भी जान लेते हैं कि प्रकाश पानी की अपेक्षा हवा में 1.3 गुना अधिक तेज चलता है। इन बातों से प्रकाश-प्रसरण की एक और ज्ञातव्य विशेषता संबंधित है। यदि परावर्तन की स्थिति में प्रकाश **लघुतम** पथ चुनता है, तो अपवर्तन की स्थिति में वह **क्षिप्रतम** पथ चुनता है : "लक्ष्य" तक किरण को कोई भी दूसरी दिशा उतनी शीघ्रता (क्षिप्रता) से नहीं पहुँचा सकती, जितनी शीघ्रता से उसे यह टूटा (मुड़ा) हुआ पथ पहुँचा सकता है।

छोटे पथ की अपेक्षा बड़ा पथ कब जल्द पार होता है?

क्या टेढ़ा पथ सचमुच में सीधे पथ की अपेक्षा जल्द लक्ष्य तक पहुँचा सकता है? हाँ, यदि पथ के भिन्न टुकड़ों पर क्षिप्रता भिन्न हो। स्मरण करें कि यदि गाँव दो रेलवे स्टेशनों के बीच में कहीं स्थित हो, तो वहाँ के निवासी क्या करते हैं। दूर वाले स्टेशन तक जाने के लिए पहले घोड़े पर नजदीक वाले स्टेशन की ओर जाते हैं और फिर ट्रेन में बैठ कर लक्ष्य तक पहुँचते हैं। लघुतम पथ तो यही होता, यदि वे घोड़े पर बैठ कर सीधे दूर वाले स्टेशन की ओर चल देते। पर वे पसंद करते हैं घोड़े और ट्रेन वाला पथ, क्योंकि इस पर वे जल्द पहुँचते हैं।

एक और उदाहरण की ओर थोड़ा ध्यान दें। घुड़सवार को बिंदु A से सेनापति के शिविर C तक पत्र के साथ पहुँचना है। बीच में बलुवाही व मैदानी जमीन हैं, जिनकी आपसी सीमा रेखा EF है। मैदान की तुलना में बालु पर घोड़ा दुगुना धीमे चलता है। घुड़सवार को कौन सा पथ चुनना चाहिए कि वह शिविर तक जल्द से जल्द पहुँच सके? प्रथम दृष्टि में प्रतीत होता

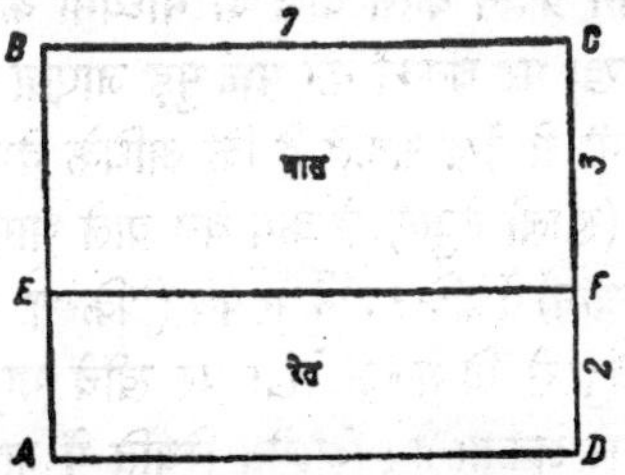

चित्र 110. घुड़सवार की समस्या : A से C तक का क्षिप्रतम पथ ढूँढ़ना।

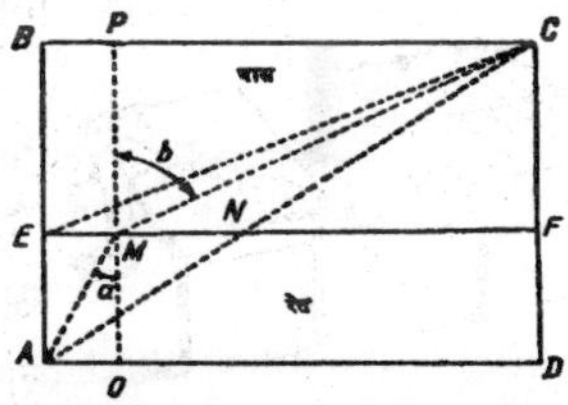

चित्र 111. घुड़सवार की समस्या का हल। क्षिप्रतम पथ AMC है।

है कि क्षिप्रतम पथ सरल रेखा AC होगी। पर यह बिल्कुल गलत है और मैं नहीं सोचता कि ऐसा कोई घुड़सवार होगा, जो इस पथ को चुनेगा। बालू पर की धीमी गति उसके मन में सही विचार उत्पन्न करेगा कि बुलवाही भूभाग को वह कम झुके

पथ द्वारा पार करे। बेशक, इसके कारण मैदानी भूभाग पर उसका पथ अधिक लंबा हो जाएगा, पर यहाँ घोड़ा दुगुनी तेज चाल से चलता है। अतः यहाँ कुल मिला कर घुड़सवार फायदे में ही रहेगा। दूसरे शब्दों में कह सकते हैं कि घुड़सवार का पथ दोनों प्रकार के भूभागों की सीमा पर **अपवर्तित** हो जाना चाहिए। इसके अतिरिक्त, अपवर्तन ऐसा होना चाहिए कि उसका मैदानी पथ विभाजक रेखा EF के लंब के साथ अधिक बड़ा कोण बनाए बनिस्बत कि बलुवाही पथ के।

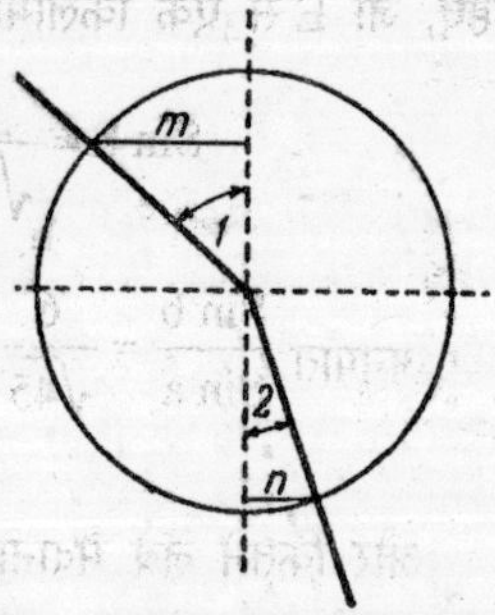

चित्र 112. ज्या क्या है? m और त्रिज्या का अनुपात कोण 1 की ज्या है, n और त्रिज्या का अनुपात-कोण 2 की ज्या है।

ज्यामिति और विशेषकर पिथागोरस-प्रमेय से परिचित पाठक देख सकते हैं कि ऋजु पथ AC क्षिप्रतम नहीं है; दी गई परिस्थितियों में लक्ष्य तक पहुँचने के लिए एक क्षिप्र पथ भंजित रेखा AEC है (चित्र 111)।

चित्र 110 में दिखाया गया है कि बलुवाही जमीन की चौड़ाई 2 km है, मैदानी स्थल की–3km तथा दूरी BC=7km है। अतः पिथागोरस साध्य के अनुसार चौड़ाई AC (चित्र 111) बराबर है $\sqrt{5^2+7^2} = \sqrt{74} = 8.60$ km । बालू पर इस रेखाखंड का भाग AN पूरी लंबाई AC का 2/5 अंश अर्थात् 3.44km है। चूँकि मैदान की अपेक्षा बालू पर घोड़ा दुगुना धीरे चलता है, इसलिए बालू पर 3.44km की दूरी समय के लिहाज से 6.88km लंबे मैदानी पथ के बराबर होगी। अतः 8.60km लंबा मिलाजुला पथ AC समय के दृष्टिकाण से समतुल्य है 12.04km लंबे मैदानी पथ के।

इसी विधि से भंजित पथ AEC को भी मैदानी पथ में व्यक्त करें। खंड AE=2km है और वह 4km मैदानी पथ के समतुल्य होगा। खंड EC= $\sqrt{3^2+7^2}$ = $\sqrt{58}$ = 7.61 km है। अतः भंजित पथ AEC समतुल्य है 4+7.61=11.61 km के।

इस प्रकार, "छोटा" व सीधा पथ मैदानी जमीन पर 12.04 km चलने के बराबर है। "अधिक लंबा" पथ, जैसा कि आप देखते हैं, 12.04-11.61=0.43 या लगभग आधे किलोमीटर की छूट देता है।

पर अभी तक हमने क्षिप्रतम पथ नहीं दिखाया। नियमानुसार क्षिप्रतम पथ वह होगा, जिसमें (यहाँ हमें त्रिकोणमिति की सहायता लेनी पड़ेगी) कोण b की ज्या व कोण a की ज्या का अनुपात बराबर होगा मैदान व बालू पर की क्षिप्रताओं के अनुपात अर्थात् 2:1 के। दूसरे शब्दों में, दिशा इस प्रकार चुननी चाहिए कि sin a से sin b दुगुना हो। इसके भूपट्टियों की विभाजक रेखा को ऐसे बिन्दु M पर पार करनी

चाहिए, जो E से एक किलोमीटर दूर स्थित हो, ताकि

$$\text{Sin b} = \frac{6}{\sqrt{3^2+6^2}}, \quad \text{Sin a} = \frac{1}{\sqrt{1+2^2}}$$

अनुपात $\frac{\text{Sin b}}{\text{Sin a}} = \frac{6}{\sqrt{45}} : \frac{1}{\sqrt{5}} = \frac{6}{3\sqrt{5}} : \frac{1}{\sqrt{5}} = 2$ दोनों क्षिप्रताओं का अनुपात है।

और कितने लंबे मैदानी पथ के समतुल्य होगा यह पथ? कलन करें, $AM = \sqrt{2^2+1^2}$ और यह 4.47 km लंबे मैदानी पथ के समतुल्य होगा $MC = \sqrt{45}$ = 6.71 km । पूरे पथ की दूरी 4.47+6.71=11.18, अर्थात् ऋजु पथ से 860m कम होगा (हमें ज्ञात है कि AC 12.04 km के समतुल्य है)।

आप देख रहे हैं कि दी हुई स्थितियों में घुमावदार पथ चुनने से कितना लाभ है। प्रकाश किरणें इसी प्रकार से क्षिप्रतम पथ चुनती हैं, क्योंकि प्रकाश के अपवर्तन का नियम समस्या के गणितीय हल की शर्त्तों को ठीक-ठीक पूरा करता है : अपवर्तन कोण की ज्या व आपतन कोण की ज्या का अनुपात बराबर होता है नए व पुराने माध्यमों में प्रकाश-वेगों के अनुपात के। माध्यमों का अपवर्तन सूचकांक (अपवर्तनांक) भी इसी अनुपात के बराबर होता है।

परावर्तन व अपवर्तन दोनों के गुणों को एक नियम में बाँधने के लिए हम कह सकते हैं कि प्रकाश हर स्थिति में **क्षिप्रतम** पथ पर गमन करता है, अर्थात् वह उस नियम का पालन करता है, जिसे भौतिकविद् "क्षिप्रतम आगमन का नियम" (फेर्ता नियम) नाम से पुकारते हैं। यदि माध्यम सर्वत्र समरूप नहीं है और उसका अपवर्तक गुण एक बिंदु से दूसरे बिंदु की ओर धीरे-धीरे बदलता है (जिसे पृथ्वी के वातावरण में), तो क्षिप्रतम आगमन का नियम इस स्थिति में भी पालित होता है। पृथ्वी के वातावरण में प्रविष्ट होकर प्रकाश की किरणें हल्की सी वक्रित हो जाती हैं। इस घटना को खगोलशास्त्रियों की भाषा में "वातावरणीय अपवर्तन" कहते हैं और इसका कारण भी उक्त नियम है। वातावरण में, जो नीचे की ओर क्रमशः अधिक घना होता जाता है, प्रकाश-किरण इस प्रकार नमती (झुकती) है कि उसकी अवतलता जमीन की ओर बनती है। इसके कारण किरण ऊपरी परतों में देर तक चलती रहती है। वहाँ उसकी गति वातावरण द्वारा इतनी क्षीण नहीं होती, जितनी नीचे। निचली परतों में वह कम समय तक चलती है, क्योंकि उसमें चलना कठिन होता है। मिला जुला कर वह लक्ष्य तक शीघ्र ही पहुँचती है, बनिस्बत कि यदि वह सरल रेखा पर चलती।

क्षिप्रतम आगमन का सिद्धांत (फेर्मा का नियम) सिर्फ प्रकाशीय संवृत्तियों (घटनाओं) के लिए ही सत्य नहीं है : इसका अनुसरण ध्वनि भी करती है। यह

नियम सभी तरंगी गतियों के लिए सामान्य है, चाहे तरंगों की प्रकृति कुछ भी क्यों न हो।

पाठक निश्चय ही तरंगी गतियों के इस गुण का कारण जानना चाहते होंगे। इस प्रश्न पर विख्यात आधुनिक भौतिकविद् श्रेडिंगर के शब्द प्रकाश डाल सकते हैं।[1] मान लें,–वे लिखते हैं, –पंक्ति को बिल्कुल सीधी बनाए रखने के लिए सैनिकों को एक लंबा डंडा दिया गया है। सभी सैनिक उसे हाथों से पकड़े हुए कंधे से कंधा मिलाए चल रहे हैं। हुक्म मिलता है : यथाशक्ति तेज दौड़ो! यदि जमीन की विशेषताएँ धीरे-धीरे बदलती हैं, तो पहले दाएँ भाग के (उदाहरणार्थ) और फिर बाईं ओर के सैनिक अधिक तेजी से भागने लगेंगे और पंक्ति की गतिदिशा स्वयं मुड़ जाएगी। यहाँ हम पाएँगे कि तय किया गया पथ सीधा नहीं, बल्कि वक्र है। कारण आसानी से समझा जा सकता है : दी गई विशेषताओं वाले भूभाग पर यह पथ लक्ष्य तक पहुँचने के लिए समय के लिहाज से लघुतम (अर्थात् क्षिप्रतम) होगा।''

नए रोबिंसन

आप बेशक जानते होंगे कि जूल वेर्न के उपन्यास ''रहस्यमय द्वीप'' के पात्रों ने निर्जन स्थल में कैसे बिना माचिस या चकमक के आग प्राप्त की थी। रौबिंसन की सहायता आकाश से गिरी बिजली ने की थी, जिससे एक वृक्ष जलने लगा था। जूल वेर्न के नए रौबिंसनों को विद्वान् इंजिनियर के प्रत्युत्पन्नमतित्त्व व भौतिकीय नियमों के ठोस ज्ञान ने मदद की। आपको याद होगा कि भोले-भाले नाविक पेनक्रोफ ने जब शिकार से लौट कर इंजिनियर व जर्नलिस्ट को लहकते अलाव के पास बैठे देखा, तो कितना आश्चर्यचकित हुआ।

''–किसने आग जलाई?–नाविक ने पूछा।

–सूरज ने,–स्पिलेट ने जवाब दिया।

जर्नलिस्ट मजाक नहीं कर रहा था। आग सचमुच में सूरज ने दी थी, जिससे नाविक इतना खुश हो रहा था। उसे अपनी आँखों पर विश्वास नहीं हो रहा था और वह आश्चर्य में इतना डूबा हुआ था कि इंजिनियर से कुछ पूछ भी न सका।

–मतलब कि आपके पास जलाने वाला काँच था?–हरबर्ट ने इंजिनियर से पूछा।

–नहीं, पर मैंने उसे बना लिया।

और उसने दिखाया कि कैसे लेंस बनाया जा सकता है। उसके पास दो साधारण शीशे थे, जिसे उसने अपनी और स्पिलेट की घड़ी से निकाल रखा था। उसने उनकी किनारी सटा कर उसमें पानी भर लिया और किनारी गीली मिट्टी से चिपका दी।

---

1. नोबेल प्राइज प्राप्त करते वक्त (1933 ई. में) यह उन्होंने अपने प्रतिवेदन में पढ़ा था।

यह आग जलाने वाले असली लेंस की बराबरी कर सकता था। इसी की सहायता से इंजिनियर ने सूर्य-किरणों को सूखी घास पर संकेंद्रित करके आग चलाई थी।''

शायद पाठक के मन में यह प्रश्न उठे कि घड़ी के शीशों के बीच पानी भरने की क्या आवश्यकता थी। क्या हवा से भरा दो पार्श्वों से उत्तल बरतन किरणों को संकेंद्रित नहीं कर सकता?

घड़ी का काँच बाहरी व भीतरी दो समांतर (समकेंद्रीय) वक्र तलों द्वारा घिरा होता है। भौतिकी के अनुसार ऐसे तलों द्वारा घिरे माध्यम में प्रविष्ट होते वक्त किरणें अपनी दिशा नहीं बदलतीं। दूसरा शीशा भी ऐसा ही है और उसे पार करते वक्त भी वे अपनी दिशा में परिवर्तन नहीं लातीं। यही कारण है कि वे नाभि पर इकत्रित नहीं होतीं। एक बिंदु पर किरणों को संकेंद्रित करने के लिए शीशों के बीच के स्थान में कोई ऐसा पारदर्शक द्रव्य होना चाहिए, जो किरणों को हवा की तुलना में अधिक अपवर्तित कर सके। जूल वेर्न के उपन्यास का इंजिनियर यही करता है।

आग जलाने वाले लेंस का काम शीशे की साधारण सुराही भी कर सकती है, यदि उसका आकार गोल हो। इस बात को लोग प्राचीनकाल से ही जानते हैं। उन्होंने इस बात पर भी ध्यान दिया था कि इससे सुराही का पानी गर्म नहीं होता, ठंडा ही रहता है। कभी-कभी ऐसा होता था कि खुली खिड़की पर रखी पानी की ऐसी सुराही पर्दे में आग लगा देती थी, मेज की सतह को झुलसा देती थी, आदि। प्राचीन दवाफरोश अपनी दुकान सजाने के लिए गोल बोतलों में रंगीन पानी रखा करते थे और यह परंपरा कभी-कभी बड़ी-बड़ी दुर्घटनाओं का कारण बन जाया करती थी; विशेषकर उस स्थिति में, जब सुराही के निकट कोई ज्वलनशील वस्तु रखी होती थी।

पानी भरे गोल फ्लास्क की सहायता से घड़ी की काँच में रखा पानी खौलाया जा सकता है। इसके लिए 12 cm व्यास वाला छोटा प्लास्क भी काफी रहेगा। यदि फ्लास्क का व्यास 15 cm हो, तो नाभि (फोकस) पर तापक्रमं 120°C तक उठ सकता है। फ्लास्क की सहायता से सिगरेट सुलगाना उतना ही सरल है, जितना काँच के लेंस से, जिसके बारे में लोमोनोसोव ने ''काँच के लाभ'' नामक कविता में लिखा था :

प्रमथ्यु से क्या कम हैं हम,
काँच से सूर्य की अग्नी
धरती पर लाते हैं।
गपोड़-शंखों को गाली दे हम,
निष्पाप स्वर्गानल से
बीड़ी सुलगाते हैं।

यहाँ यह बता देना आवश्यक होगा कि पानी वाले लेंस काँच के लेंसों की तुलना में काफी क्षीण होते हैं, क्योंकि, प्रथमतः पानी में काफी कम अपवर्तन होता है और, दूसरे, पानी गर्मी देने वाली अवरक्त किरणों को बहुत बड़ी मात्रा में सोख लेता है।

आश्चर्य की बात है कि शीशे के लेंस का अग्निदायक गुण प्राचीन यूनानवासियों को चश्मों व दूरबीनों की खोज के हजारों साल पहले से ही ज्ञात था। उदारणार्थ, लेंस का नाम अरिस्तोफान के विख्यात हास्यक (कामेडी) "बादल" में आता है। सुकरात पूछता है स्त्रोप्तियाद से :

"यदि कोई तुम पर पाँच तालांतोन के कर्ज का दावा करे और तुम्हारे खिलाफ अर्जी लिखे, तो उसे कैसे नष्ट करोगे?

स्त्रेप्तियाद–हाँ, मिल गया अर्जी नष्ट करने का तरीका; और वह भी ऐसा कि तुम प्रशंसा किए बगैर नहीं रहोगे! दवाफरोशों के यहाँ तुमने एक सुंदर पारदर्शक पत्थर तो देखा ही होगा; उससे आग जलाते हैं।

सुकरात–आग जलाने वाला शीशा?

स्त्रेप्तियाद–बिल्कुल।

सुकरात–फिर?

स्त्रेप्तियाद–जबतक वकील लिखेगा, मैं उसके पीछे से अर्जी पर सूरज की किरणें भेज कर अक्षरों को पिघला दूँगा..."

स्पष्टता के लिए याद दिला दूँ कि अरिस्तोफान के समय यूनानवासी मोम की परत चढ़े तख्तों पर लिखा करते थे। लिखावट धूप में सचमुच पिघल कर लुप्त हो सकती थी।

बर्फ से अलाव सुलगाना

दोनों पार्श्वों से उत्तल वीक्ष (लेंस) बर्फ से भी बनाया जा सकता है और इसीलिए आप बर्फ से भी आग सुलगा सकते हैं; शर्त्त यही है कि वह पर्याप्त पारदर्शक हो। बर्फ धूप में पिघलेगी नहीं, क्योंकि किरणों को अपवर्तित करने से वह गर्म नहीं होती। पानी और बर्फ के अपवर्तन गुणांकों में अधिक का अंतर नहीं है। इसीलिए यदि पानी से आग जलाई जा सकती है, तो यही काम बर्फ से भी किया जा सकता है।

बर्फ का लेंस अच्छा काम आया था जूल वेर्न लिखित "कैप्टेन हेटरास की यात्रा" में। चमक पत्थर खो चुका था और –48°C की भयानक ठंड में कहीं से आग मिलने की गुंजाइश नहीं थी। सोच में पड़े यात्रियों को इस स्थिति से मुक्ति दिलाई डा. क्लाबोनी ने :

"–यह दुर्भाग्य की बात है,–हेटरास ने कहा।

–हाँ,–डाक्टर ने छोटा सा उत्तर दिया।

—हमारे पास दूरबीन भी नहीं है कि उसका लेंस निकाल कर आग जलाए।

—जानता हूँ, डाक्टर ने कहा,—और बहुत ही अफसोस की बात है। यहाँ सूरज कितना तेज चमक रहा है; सूखी घास बहुत जल्द सुलग जाती।

—अब करना क्या है, भालू के कच्चे माँस से भूख मिटानी होगी,—हेटरास ने कहा।

—हाँ,—डाक्टर कुछ सोचते हुए बड़बड़ाया,—जब कोई उपाय नहीं रहेगा। पर क्यों न...

—आपने कुछ सोच निकाला क्या?—हेटरास ने जिज्ञासा की

—मेरे मन में एक विचार आया है...

—विचार?—कर्णधार ने खुश होते हुए कहा।—यदि आपके दिमाग में विचार आया है, तो चिंता की कोई बात नहीं रह जाती; हम बच गए।

—लेकिन यह कहाँ तक संभव है, कुछ कहा नहीं जा सकता,—डाक्टर ने हिचकिचाते हुए कहा।

—क्या सोचा है आपने?—हेटरास ने पूछा।

—हम लेंस बना सकते हैं।

—कैसे?—कर्णधार ने उत्सुकता दिखाई।

—बर्फ के टुकड़े से।

—क्या आप सचमुच सोच रहे हैं कि...

—और नहीं तो क्या! आखिर सूर्य-किरणों को एक बिंदु पर जमा ही तो करना है; और इसके लिए बर्फ अच्छे से अच्छे शीशे की बराबरी कर सकता है। लेकिन मैं मीठे पानी से जमे बर्फ को अधिक पसंद करूँगा, क्योंकि वह अधिक कड़ा व पारदर्शक होता है।

चित्र 113. (डाक्टर ने सूखी घास पर सूर्य-किरणों को संकेंद्रित किया।"

—वहाँ देखिए! यदि मैं गलत नहीं हूँ, तो हमें इसी की जरूरत है। बर्फ के उस टीले का रंग देखिए; वह मीठे पानी से जमा है।

—आपका कहना सही है। कुल्हाड़ी लें और चलें।

तीनों मिल कर उक्त टीले की ओर चल पड़े। बर्फ सचमुच मीठे पानी का था।

डाक्टर ने करीब एक फीट व्यास वाले बर्फ के टुकड़े को काटने के लिए

कहा। इसके बाद उसने कुल्हाड़ी से उसे समतल सा किया; फिर चाकू से काट-छाँट की, लेंस के आकार में तराशा और हथेली से रगड़-रगड़ कर उसे चिकना कर लिया। लेंस तैयार था और अच्छे से अच्छे काँच के लेंस से टक्कर ले सकता था। सूरज पर्याप्त तेजी से चमक रहा था। डाक्टर ने लेंस को किरणों के पथ पर रखा और सूखी घास पर उन्हें संकेंद्रित किया। घास कुछ ही क्षणों में जल उठी।''

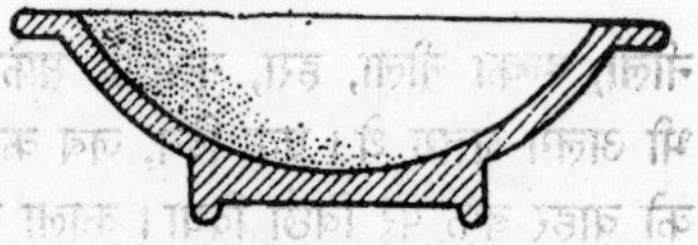

चित्र 114. बर्फ का लेंस बनाने के लिए कटोरी।

जूल वेर्न का किस्सा इतना काल्पनिक नहीं है : बर्फ के लेंस से आग जलाने का प्रयोग पहली बार इंगलैंड में किया गया था। 1763 ई. में वहाँ बर्फ के काफी बड़े लेंस से एक पेड़ में आग लगाई गई थी, तब से यह प्रयोग कई बार सफलतापूर्वक दुहराया जा चुका है। यह बात दूसरी है कि बर्फ का पारदर्शक लेंस कुल्हाड़ी, चाकू और खाली हाथ (–48°C की भयानक ठंड में!) जैसे औजारों से बनाना कठिन है। पर बर्फ का लेंस बनाने के लिए सरल विधि भी है : अनुरूप कटोरी में पानी ढाल कर फ्रीज में जमा लीजिए और फिर बरतन को हल्का सा गर्म करके तैयार लेंस निकाल लीजिए।

सूर्य-किरणों से सहायता

ऐसे लेंस का उपयोग करते वक्त यह न भूलें कि खिड़की के शीशे से आने वाली धूप में आप कुछ भी जला नहीं पाएँगे। शीशा सूर्य-किरणों की ऊर्जा को काफी बड़ी मात्रा में अवशोषित कर लेता है और बची-खुची ऊर्जा इतनी पर्याप्त नहीं होती कि किसी चीज को जलाने लायक गर्मी दे सके। बेहतर है खुले स्थान पर किसी ऐसे दिन प्रयोग करें, जब वातावरण का तापक्रम शून्य से नीचे हो।

एक और प्रयोग करें, जो सर्दियों में सरलतापूर्वक संपन्न हो सकता है। धूप के दिन बाहर पड़ी बर्फ पर एक नाप के दो कपड़े के टुकड़े—एक काला और एक सफेद—रख दें। एक घंटे बाद आप देखेंगे कि काला कपड़ा बर्फ में कुछ नीचे धँस गया है, पर सफेद उसी ऊँचाई पर है। कारण ढूँढ़ना कठिन नहीं है : काले कपड़े के नीचे बर्फ जल्द पिघलता है, क्योंकि काले धागे सूर्य-किरणों के बड़े भाग को सोख लेते हैं। सफेद कपड़ा उल्टा उन्हें प्रकीर्णित कर देता है और इसीलिए काले कपड़े की तुलना में बहुत कम गर्म होता है।

यह शिक्षाप्रद प्रयोग पहली बार संयुक्त राज्य के स्वतंत्रता सेनानी बेंजामीन फ्रैंकलिन ने किया था। उनका नाम तड़ित-चालक के आविष्कार के लिए अमर है। अपने प्रयोग का वर्णन वे इस प्रकार करते हैं : ''एक बार मैं दर्जी की दुकान से कपड़ों के कई टुकड़े ले आया। हर टुकड़े का रंग अलग-अलग था : काला, गाढ़ा

नीला, हल्का नीला, हरा, गुलाबी, सफेद। और भी कई दूसरे रंग थे; उनके आभ भी अलग-अलग थे। एक दिन, जब काफी अच्छी धूप उगी हुई थी, मैंने इन टुकड़ों को बाहर बर्फ पर बिछा दिया। काला कपड़ा कुछ ही घंटों बाद इतना गर्म हो गया कि बिल्कुल ही बर्फ में धँस गया। सूर्य की किरणें अब उस तक नहीं पहुँच रही थीं। गाढ़ा नीला कपड़ा भी उतना ही धँसा हुआ था, जितना काला। हल्का नीला काफी कम धँसा था; अन्य रंग के कपड़े उतना ही कम धँसे थे, जितना हल्का उनका आभ था। सफेद टुकड़ा बिल्कुल नहीं धँसा था।"

"सिद्धांत बेकार होता, यदि उससे कोई व्यावहारिक निष्कर्ष नहीं निकाला जा सकता।–आगे वे कहते हैं।–क्या हम इस प्रयोग से यह निष्कर्ष नहीं निकाल सकते कि गर्म जलवायु वाले देश में, जहाँ सूरज काफी तेज चमकता है, सफेद की तुलना में काला कपड़ा अधिक गर्मी देता है, अतः कम फायदेमंद है? यदि शरीर की उन गतियों पर ध्यान दिया जाए, जो शरीर को खुद-ब-खुद गर्मी देती हैं, तो काला कपड़ा और भी बेकार है; वह शरीर को अतिरिक्त गर्मी देता है। क्या वहाँ स्त्री-पुरुषों की टोपियाँ सफेद नहीं होनी चाहिए, जो लू लगाने वाली गर्मी से बचाव करती हैं?.. .क्या काले रंग से पुती दीवारें दिन भर में इतनी गर्मी अवशोशित नहीं कर सकतीं कि रात को भी कुछ हद तक गर्म बनी रहें और फल आदि को जमने से बचा सकें? क्या ध्यान से प्रेक्षण करने वाला व्यक्ति अनेक दूसरी छोटी-बड़ी बातों से दूसरे प्रकार के लाभ नहीं प्राप्त कर सकता?"

ये निष्कर्ष कैसे हैं और कहाँ तक उनका व्यावहारिक उपयोग संभव है–यह जर्मनी के जहाज "हौंस्स" से पता चलता है, जो 1903 में दक्षिणी ध्रुव के अभियान पर निकला था। जहाज जमे बर्फ के बीच फँस गया था और उसे मुक्त करने के सारे तरीके नाकामयाब साबित हो रहे थे। बारूद ले लेकर आरी तक का उपयोग किया जा चुका था, कुछेक सौ घन मीटर बर्फ तोड़ी जा चुकी थी, पर जहाज जहाँ का तहाँ फँसा रहा। अंत में सूर्य-किरणों का उपयोग करने का निश्चय किया गया। साजे और कोयले को बर्फ पर फैला कर एक पट्टी बनाई गई, जो करीब 2 km लंबी और दसेक मीटर चौड़ी थी। वह जहाज को निकटतम सुरक्षित स्थान तक ले जाने वाली थी। ध्रुव पर उस समय गर्मी का मौसम था। दिन लंबे और साफ थे और सूर्य-किरणें वह करने में सफल हो गईं, जो डिनामाइट भी नहीं कर सका था। पट्टी के नीचे बर्फ पिघल कर चूर हो गई और जहाज उसके शिकंजे से निकल गया।

मरीचिकाओं के बारे में नई-पुरानी बातें

साधारण मरीचिका का भौतिक कारण सबको पता होगा। मरूभूमि के तप्त बलुवाही-तल में दर्पणी गुण इसलिए आ जाते हैं, क्योंकि उसके निकट स्थित हवा की परत का घनत्व कम होता है। दूरस्थ वस्तु से नत प्रकाश-किरणें हवा की इस

परत तक आने के बाद अपना पथ इस प्रकार वक्रित कर देती हैं कि आगे चलकर वे प्रेक्षक की आँखों तक पहुँच जाती हैं। लगता है जैसे वे बहुत बड़ा आपतन कोण बनाती हुई बालू से परवर्तित हो रही हों। इसीलिए प्रेक्षक को भ्रम होता है कि मरूभूमि में सब तरफ पानी ही पानी है, जो तटवर्ती वस्तुओं को अपनी सतह पर प्रतिबिंबित करता है (चित्र 115)।

अधिक सही होगा यह कहना कि हवा की तप्त परत किरणों को दर्पण की तरह नहीं, जलीय तल की तरह परावर्तित करती है, यदि जलीय तल को गहराई में से देखा जाए। यहाँ साधारण परावर्तन नहीं होता; यहाँ वह होता है, जिसे भौतिकविद्, "आंतरिक परावर्तन" कहते हैं। इसके लिए आवश्यक है कि प्रकाश की किरण हवा की परत को अत्यंत न्यून झुकाव पर बेधे। यह झुकाव इससे कहीं कम होना चाहिए, जितना सरलीकृत चित्र 115 में दिखाया गया है। यदि ऐसा नहीं होगा, तो किरणों का आपतन "चरम कोण" को पार नहीं कर सकेगा और इसके बिना आतंरिक परावर्तन नहीं हो सकता।

चलते-चलते इस सिद्धांत के एक और पक्ष पर गौर कर लें। उपरोक्त व्याख्या के अनुसार अधिक घनत्व वाली परतों को ऊपर होनी चाहिए और कम घनत्व वाली को-नीचे। पर हम जानते हैं कि घनी व भारी हवा नीचे की ओर प्रवृत्त होती है और वहाँ से हल्की गैसों को ऊपर विस्थापित कर देती है। फिर मरीचिका के लिए आवश्यक स्थिति—कि घनी हवा की परतें ऊपर रहें और विरल हवा की नीचे-कैसे

चित्र 115. मरुभूमि में मरीचिका की उत्पत्ति। पाठ्य-पुस्तकों में अक्सर इस चित्र को दिखाया जाता है। इसमें प्रकाश-किरणों के पथ को अतिशयोक्ति के साथ झुका कर दिखाया गया है।

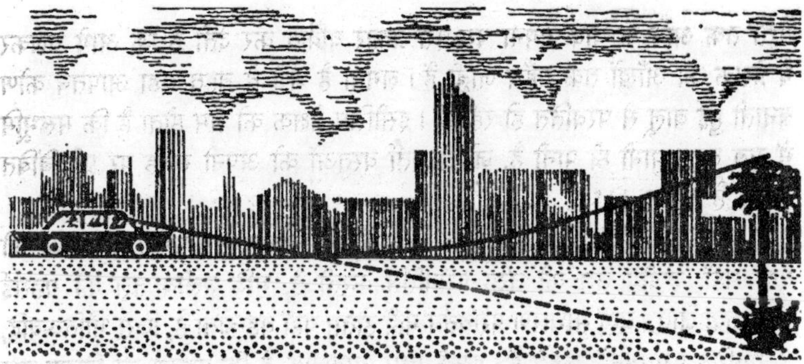

चित्र 116. कोलतार वाली सड़क पर मरीचिका।

प्राप्त हो सकती है?

बात इतनी सी है कि परतों की आवश्यक स्थिति निश्चल हवा में नहीं, बल्कि निरंतर गतिमान हवा में प्राप्त होती है। जमीन द्वारा तप्त हवा जमीन पर ही नहीं पड़ी रहती; वह निरंतर उठती है और उसका स्थान दूसरी कम गर्म हवा ले लेतीर रहती है। इस निरंतर विस्थापन के कारण तप्त रेत के ऊपर विरल हवा की एक परत सदा विद्यमान रहती है। यह सही है कि यह परत नयी-नयी हवा से बनती रहती है, पर किरणों के प्रसरण पर इससे कोई फर्क नहीं पड़ता।

जिस मरीचिका के बारे में हम बात कर रहे हैं, वह प्राचीन काल से ही ज्ञात है। आधुनिक मौसम विज्ञान में इसे "निम्न" मरीचिका कहते हैं ("उच्च" मरीचिका तब उत्पन्न होती है, जब प्रकाश किरणें वातावरण के ऊपरी भागों में स्थित विरल वायु-परतों से परावर्तित होती हैं)। अधिकांश लोगों का विश्वास है कि मरीचिका का यह क्लासिकल रूप सिर्फ दक्षिणी देशों की मरूभूमियों में ही दृष्टिगोचर होता है। पर यह गलत है। "निम्न" मरीचिका हमारे अक्षांशों पर भी दिखती है। हमारे यहाँ ये संवृत्तियाँ गर्मियों में विशेषकर कोलतार की सड़कों पर दिखती हैं, जो काली होने के कारण धूप में बहुत अधिक गर्म हो जाती हैं। इस स्थिति में सड़क की रूखड़ी सतह दूर से ऐसी लगती है, मानों उस पर पानी फैला हो और उसमें दूरस्थ वस्तुएँ प्रतिबिंबित हो रही हों। ऐसी मरीचिकाओं को बनाने वाला किरण-पथ चित्र 116 में दिखाया गया है। यदि ध्यान से ढूँढ़ा जाए, तो ऐसी संवृत्तियाँ कहीं अधिक बार अवलोकित हो सकती हैं।

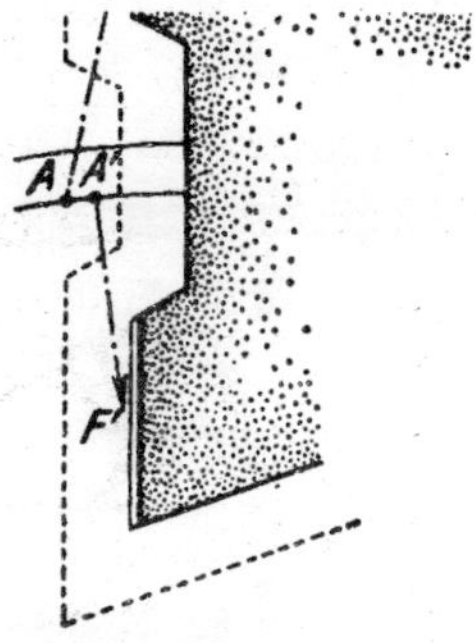

चित्र 117. किले का आरेख, जिसमें मरीचिका दृष्टिगोचर होती है। बिंदु A से देखने पर दीवार F दर्पण की तरह दिखती है और बिंदु A' से दीवार F'।

एक दूसरे प्रकार की मरीचिका है–**पार्श्विक** मरीचिका, जिसकी विद्यमानता का शायद बहुतों को आभास भी नहीं है। यह गर्म उदग्र दीवार से परावर्तन है। इस प्रकार के दृश्य का वर्णन एक फ्रांसीसी लेखक ने किया है। किले के नजदीक आने पर उसने देखा कि कंक्रीट की दीवार हठात दर्पण की तरह चमकदार हो गई और उसमें परिवेश का कुछ भाग प्रतिबिंबित होने लगा। ऐसा प्रतीत होता था, मानों किसी ने रूखड़ी गंदी सतह को अचानक पालिश कर के चमका दिया हो। उनके दर्पणी गुण का रहस्य यही था कि दीवारें गर्म धूप में काफी तप्त हो गई थीं। चित्र 117 में किले की दीवारों की स्थितियाँ (F व F′) तथा प्रेक्षण-स्थल (A व A′) दिखाए गए हैं। पता चला कि मरीचिका हर बार दिखती थी, जब दीवारें सूर्य-किरणों से पर्याप्त गर्म हो जाती थीं। इस संवृत्ति का फोटो भी खींचा जा चुका है।

चित्र 118 में किले की दीवार F दिखाई गई है, जो पहले रूखड़ी व चमकहीन थी (बाएँ) और बाद में दर्पण सी चमकदार हो गई (दाएँ)। ये चित्र बिंदु A′ से लिए गए हैं। बाएँ चित्र में साधारण चमकहीन कंक्रीट की दीवार है, जिसमें पास खड़े दो सैनिकों की आकृतियाँ प्रतिबिंबत नहीं हो रही हैं। दाएँ वही दीवार है, जिसमें दर्पण का काफी कुछ गुण आ चुका है और उसमें निकटवर्ती सैनिक का **सममित** प्रतिबिंब दिख रहा है। स्पष्ट है कि यहाँ प्रतिबिंब दीवार की सतह द्वारा नहीं बन रहा है, वह दीवार के सहारे खड़ी गर्म हवा की परत द्वारा बन रहा है।

चित्र 118. गंदी सी रुखड़ी दीवार (बाएँ) हठात दर्पण की तरह पालिश की हुई चमकदार दिखने लगती है (दाएँ)।

प्रचंड गर्मी के दिनों में बड़े विशाल भवनों की सूर्य से तप्त दीवारों पर ध्यान देना चाहिए; हो सकता है कि मरीचिका दिख जाए। यदि ध्यानपूर्वक खोज व प्रेक्षण किया जाए, तो मरीचिका के बनने वाली स्थितियों की संख्या बढ़ सकती है।

"हरी किरण"

"आपने सागर पार क्षितिज पर अस्त होते हुए सूर्य का कभी अवलोकन किया है? कभी आपने उस क्षण तक रूक कर देखने की कोशिश की है, जब सूर्य के गोले की ऊपरी किनारी क्षितिज को स्पर्श करने लगती है और फिर लुप्त हो जाती

है? शायद हाँ। पर क्या आपने इस घटना का अवलोकन किया है, जब देदीप्यमान प्रकाश-स्रोत अपनी अंतिम किरण छोड़ता है और उस समय आकाश बिल्कुल साफ व पारदर्शक होता है? शायद नहीं। कभी ऐसा अवसर मिले; तो छोड़ें नहीं : आपकी आँखों पर लाल किरणों का प्रहार नहीं होगा; आप हरा रंग देखेंगे, दीव्य हरा रंग, जैसा दुनिया में एक भी चित्रकार अपनी कूची से नहीं रच सकता; स्वयं प्रकृति भी इसे पुनर्जन्म नहीं दे सकती, न तो बहुआभ वनस्पति जगत में, न स्वच्छतम सागर जल के रंगों में।''

जूल वेर्न के उपन्यास ''हरी किरण'' की नायिका किसी अँग्रेजी समाचार-पत्र में ऐसा एक निबंध पढ़कर अपनी आँखों से हरी किरण देखने को लालायित हो उठती है और इसी एकमात्र अभिलाषा से प्रेरित हो कर लंबी समुद्रयात्रा पर निकल पड़ती है। उपन्यासकार के अनुसार यह स्कौटलैंडबाला इस प्राकृतिक दृश्य को ढूँढ़ने में असफल रही, पर इस दृश्य की वास्तविकता व विद्यमानता पर कोई शक नहीं किया जा सकता। हरी किरण कोई किस्से की बात नहीं है, पर उसके साथ अनेक किस्से जुड़े हैं। यह ऐसा दृश्य है, जिसे देखकर कोई भी प्रकृति-प्रेमी मोहित हुए बिना नहीं रह सकता। लेकिन उसे ढूँढ़ने और देख सकने के लिए काफी धीरज चाहिए।

हरी किरण क्यों प्रकट होती है।

कारण स्पष्ट हो जाएगा, यदि आप स्मरण करें कि काँच के प्रिज्म से देखने पर वस्तुएँ कैसी नजर आती हैं। एक प्रयोग करें : कागज का पन्ना दीवार पर लटका कर उसे प्रिज्म से देखें; प्रिज्म का चौड़ा पार्श्व (आधार) नीचे व क्षैतिज होना चाहिए। पहली बात आप देखेंगे कि कागज अपनी वास्तविक स्थिति से कुछ ऊपर उठ आया है और, दूसरे, ऊपर बैंगनी-नीली पट्टी दिखेगी और नीचे पीली-लाल। कागज का ऊपर उठना प्रकाश के अपवर्तन पर निर्भर करता है और वर्ण-पट्टियों का बनना शीशे के प्रकीर्णक गुण, अर्थात् भिन्न रंगों की किरणों को भिन्न प्रकार से अपवर्तित करने के गुण पर निर्भर करता है। बैंगनी और नीला वर्ण सबसे अधिक अपवर्तित होते हैं, इसीलिए बैंगनी-नीली पट्टी ऊपर नजर आती है; सबसे कम अपवर्तन होता है लाल वर्ण का, अतः लाल पट्टी सबसे नीचे बनती है।

आगे कही गई बातों को अच्छी तरह से समझने के लिए वर्ण-पट्टियों की उत्पत्ति का कारण जानना आवश्यक है। प्रिज्म कागज के श्वेत वर्ण को सभी स्पेक्ट्रमी वर्गों में विघटित कर देता है। इसके कारण कागज के एक नहीं, अनेक चित्र प्राप्त होते हैं, और हर चित्र किसी एक वर्ण का होता है। पर ये चित्र वर्णों की अपवर्तनशीलता के अनुसार एक के ऊपर एक चढ़े होते हैं। एक पर एक चढ़े रंगीन चित्रों के सम्मिलित प्रभाव के कारण वे सफेद दिखते हैं। पर ऊपर और नीचे इंद्रधनुषी पट्टी दिखती है, क्योंकि कागज के विभिन्न चित्र पूरी तरह से एक पर एक नहीं चढ़े होते। हर चित्र दूसरे से थोड़ा ऊपर या नीचे खिसका हुआ होता है और इसीलिए हर चित्र की ऊपरी

व निचली किनारी दूसरे चित्रों के रंगों के प्रभाव से मुक्त होती है। यह प्रयोग विख्यात जर्मन कवि गेटे ने भी किया था, पर वे इसका अर्थ नहीं समझ सके। फलस्वरूप उन्होंने न्यूटन के वर्ण-सिद्धांत को गलत करार कर दिया और वे अपना एक अलग "वर्णसिद्धांत" बनाने में लग गए, जो लगभग पूरी तरह गलत-सलत धारणाओं पर आधारित था। आशा है कि हमारे पाठक महान कवि की भूल नहीं दुहराएँगे और प्रिज्म से सभी वस्तुओं को पूरी तरह से दूसरे रंगों में रंगने की माँग नहीं करेंगे।

पृथ्वी का वातावरण हमारी आँखों के लिए एक विराट प्रिज्म ही है, जिसका आधार नीचे की ओर है। क्षितिज पर स्थित सूर्य को हम गैस के बने प्रिज्म से देखते हैं। सूर्य की ऊपरी किनारी पर नीली व हरी पट्टी होती है और निचली किनारी पर–लाल-पीली। लेकिन उदय व अस्त होने के क्षण, जब सूर्य लगभग पूरी तरह क्षितिज के नीचे छिपा होता है, ऊपरी किनारी पर नीली पट्टी दिख सकती है। वह द्विवर्णी होती है–नीचे से नीले व हरे वर्णों के मिलने के कारण आसमानी और ऊपर से सिर्फ नीली होती है। जब क्षितिज के निकट हवा बिल्कुल शुद्ध व पारदर्शक होती है, हम नीली पट्टी ("नीला रंग") देखते हैं। पर अक्सर नीला रंग वातावरण द्वारा प्रकीर्णित हो जाता है और सिर्फ हरी पट्टी बच जाती है। यही "हरी किरण" का अवतरण कहलाता है। यदि हवा साफ व पारदर्शक नहीं हो, तो हरे व नीले दोनों ही वर्णों के किरणों का प्रकीर्णन हो जाता है और कोई भी पट्टी नहीं दिखती; सूरज अरूणाभ गोले के रूप में अस्त हो जाता है।

पुल्कोव्स्की के खगोलशास्त्री गे. आ. तीखोव ने "हरी किरण पर जो विशेष अन्वेषण किया है, उसके आधार पर हरी किरण दिखेगी या नहीं, इसके लक्षण बताए जा सकते हैं। "यदि अस्त होते समय सूर्य का रंग लाल है और उसे नंगी आँखों से सरलतापूर्वक देखा जा सकता है, तो विश्वासपूर्वक कहा जा सकता है कि हरी किरण नहीं दिखेगी।" कारण स्पष्ट है : सूर्य का लाल रंग वातावरण द्वारा नीली व हरी किरणों, अर्थात् ऊपरी पट्टियों के तीव्र प्रकीर्णन का द्योतक है। "इसके विपरीत,–खगोलशास्त्री लिखता है,–यदि सूरज का साधारण श्वेताभी पीला रंग लगभग ज्यों का त्यों रह जाता है और अस्त होते वक्त भी उसकी रोशनी काफी तेज रहती है (अर्थात् वातावरण उसके प्रकाश को बहुत कम मात्रा में अवशोषित करता है–या. पे.), तो हरी किरण के दिखने की कहीं अधिक संभावना है। पर यहाँ महत्त्वपूर्ण बात यह भी है कि क्षितिज रेखा स्पष्ट हो; जंगल, मकान आदि के कारण कटी-छंटी न हो। ऐसा उत्तम स्थान सिर्फ सागर-तल पर ही हो सकता है। यही कारण है कि नाविक लोग हरी किरण की संवृत्ति से अधिक परिचित होते हैं।"

उपरोक्त बातों से स्पष्ट है कि "हरी किरण" देखने के लिए सूर्य का अवलोकन उस समय करना चाहिए, जब वह उदय या अस्त हो रहा है। दक्षिणी देशों में क्षितिज के पास आकाश अधिक साफ व पारदर्शक होता है। इसीलिए वहाँ "हरी किरणों

के दिखने की संभावना अधिक होती है। पर हमारे यहाँ भी इसकी कम संभावना नहीं है। जो लोग सोचते हैं कि हमारे यहाँ ऐसी संवृतियों का दर्शन अत्यंत विरल है, वे शायद जूल वेर्न के उपन्यास से काफी प्रभावित हुए हैं। यदि धैर्यपूर्वक प्रयत्न करेंगे, तो यह सुंदर दृश्य कभी न कभी दिख ही जाएगा। कभी-कभी दूरबीन द्वारा हरी किरण दिख जाया करती है। एजेशिया के दो खगोलशास्त्री इस दृश्य का निम्न वर्णन देते हैं :

"...सूर्यास्त के ठीक एक मिनट पहले जब गोले का पर्याप्त बड़ा भाग दिखता रहता है, उसकी स्पष्ट, पर लहराती आगे-पीछे फिसलती गोल सीमारेखा एक हरी पट्टी द्वारा घिरी होती है। यह पट्टी नंगी आँखों से तबतक नहीं दिखती, जबतक कि सूर्य पूरी तरह छिप नहीं जाता। सूरज के पूर्णतया छिपने पर ही वह दिखती है। यह यदि बहुत शक्तिशाली दूरबीन से देखा जाए (जो दूरस्थ वस्तुओं को सौ गुनी बड़ी दिखा सकती हो), तो पूरी घटना को सविस्तार देखा जा सकता है : हरी पट्टी 10 मिनट पहले से दिखनी शुरू हो जा सकती है। वह सूरज की ऊपरी सीमा से शुरू होती है। सूर्य-मंडल की निचली किनारी के पास लाल पट्टी होती है। हरी पट्टी की चौड़ाई आरंभ में काफी कम होती है (आँखों पर मात्र कुछेक सेकेंड का कोण बनाती है।), पर सूरज के डूबने के साथ-साथ बढ़ती जाती है। कभी-कभी उसकी चौड़ाई आँख पर आधे मिनट तक का कोण बना लेती है।

चित्र 119. लंबे समय तक "हरी किरणों" का अवलोकन; पहाड़ी के पार हरी किरणें पांच मिनट तक दिखायी देती रहीं। ऊपर दायें–टेलीस्कोप से दृष्टिगोचर "हरी किरणें"। सूर्य के गोले का कंटूर अनियमित है। स्थिति 1 में सूर्य की चमक से आंखें चकाचौंध हो जाती हैं, इसीलिए नंगी आंखों से सूर्य का हरा कोर नहीं दिखता। स्थिति 2 में सूर्य लगभग छिप जाता है और "हरी किरण" नंगी आंखों से दिखने लगती है।

हरी पट्टी की ऊपरी किनारी पर हरे रंग के उभरे हुए भाग भी होते हैं, जो सूर्य के अस्त होने के साथ-साथ स्वयं भी नीचे फिसलते रहते हैं। चमकते रहते हैं; फिर लुप्त हो जाते हैं'' (चित्र 119)।

पर बहुधा यह दृश्य एक-दो सेकेंड तक ही दिखता है। कुछ विशेष स्थितियों में यह अवधि काफी लंबी हो जा सकती है। एक बार तो ''हरी किरण'' पाँच मिनट तक दिखती रही थी! सूरज सुदूर पर्वत के पार डूब रहा था। तेज चलते पथिक को लग रहा था कि सूरज अपने हरे तेज में पहाड़ की ढलान पर फिसल रहा है (चित्र 119)

सूर्योदय के समय भी, जब उसकी ऊपरी किनारी थोड़ी-थोड़ी दिखने लगती है, ''हरी किरण'' का दृश्य कम रोचक नहीं होता। यह इस धारणा का खंडन करता है कि हरी किरण मात्र प्रकाशिकीय भ्रम है, जो डूबते सूर्य की चमक से थकी आँखों को दिख जाती है।

सूर्य कोई एकमात्र नक्षत्र नहीं है, जो ''हरी किरणें'' भेजता है। अस्त होते शूक्र ग्रह से भी उत्पन्न ''हरी किरणें'' अवलोकित हुई हैं।

अध्याय 9

दृष्टि-शक्तिः एक आँख की और दो आँखों की

जब फोटोग्राफी नहीं थी

फोटोग्राफी हमारे दैनिक जीवन में बिल्कुल घूल-मिल गया है। हम कल्पना भी नहीं कर सकते कि हमारे हाल के पूर्वज कैसे इसके बिना काम चलाते थे। सौ साल पहले इंगलैंड के सरकारी विभागों में लोगों का चित्र कैसे लिया जाता था, इसका एक रोचक वर्णन डिकेंस के ''पिकविक क्लब की डायरी'' में मिलता है। दृश्य कर्ज नहीं चुका सकने वाले लोगों के लिए बने जेल का है, जहाँ पिकविक को लाते हैं।

पिकविक से बैठने के लिए कहा जाता है, ताकि उसका चित्र उतारा जा सके।

''—मेरा चित्र उतारेंगे!—खुश होकर मि. पिकविक ने कहा।

—आपका रूप और रंग, सर,—मोटे जेलर ने कहा।—आपको मालूम होना चाहिए कि हम लोग चित्र उतारने में उस्ताद हैं। पलक मारने की देर नहीं लगेगी कि आपका चित्र तैयार हो जाएगा। आराम से बैठिए, सर; अपना ही घर समझिए।

आमंत्रण मान कर मि. पिकविक बैठ गए। सैमुएल (उनके नौकर) ने उनके कान में फुसफुसा कर कहा कि यहाँ ''चित्र उतारने'' का मतलब कुछ और ही है :

—इसका मतलब है, सर, कि जेलर कुछ समय तक गौर से आपकी शक्ल देखेंगे, ताकि मिलने आए लोगों में आपकी पहचान हो सके।

''चित्र उतारने'' का कार्य शुरू हो गया। एक तरफ मोटा जेलर बेशर्मी से आँखें फाड़े मि. पिकविक को देख रहा था और दूसरी तरफ उसका साथी एक नए कैदी पर टकटकी लगाए बैठा था। एक तीसरे सज्जन ठीक मि. पिकविक की नाक के पास तैनात होकर उनकी शक्ल के उतार-चढ़ाव व दूसरी विशेषताओं का अध्ययन करने लगे।

अंत में चित्र उतर गया और मि. पिकविक को कैदखाने में बंद कर दिया गया।''

यह यादाश्त में चित्र उतारने की विधि थी। इसके और पहले लोग सिर्फ हुलिया याद रखते थे। पुश्किन के "बरिस गदुनोव" में ग्रिगोरी अतरेपेव की हुलिया सरकारी कागजातों में इस प्रकार बयान थी : "कद का छोटा, छाती चौड़ी, एक हाथ दूसरे से कुछ छोटा, आँखें नीली, बाल-भूरे-लाल, गाल व ललाट पर मस्से"। आज के जमाने में एक फोटोचित्र से ही काम चल जाता है।

बहुतों को नहीं आता

फोटोग्राफी हमरि यहाँ पिछली शती की चौथी दशाब्दी में आई। उस समय इसे डागेरोटाइप कहते थे।[1] उसे कागज पर नहीं धातुई पत्तरों पर उतारा जाता था। इस प्रकाश-लेखन में एक असुविधा थी–फोटो खिंचाने वाले को दसियों मिनटों तक बैठकर पोज देना पड़ता था।

"मेरे दादा,–लेनिनग्राद के एक भौतिकविद् प्रो. वेइनवेर्ग याद करते हैं,–सिर्फ एक फोटो प्राप्त करने के लिए, जिसकी दूसरी प्रति भी नहीं बन सकती थी, कैमरे के सामने 40 मिनट तक बैठे रहे!"

फिर भी, बिना चित्रकार के चित्र प्राप्त करने का विचार इतना नया था कि लोग इसके आदी नहीं हो पा रहे थे। 1845 ई. की एक रूसी पत्रिका में इससे संबंधित एक रोचक घटना छपी थी।

"बहुत से लोग अभी भी विश्वास करना नहीं चाहते कि डागेरोटाइप स्वयं तस्वीर उतारता है। एक बड़े आदमी अपनी चित्र बनवाने आए। मालिक (अर्थात् फोटोग्राफर।–या. पे.) ने उसे बैठा दिया, लेंस ठीक किया, पीछे से तख्ता फिट कर दिया, घड़ी देखी और बाहर निकल गया। जब तक मालिक कमरे में था, ये बड़े आदमी बिना हिलेडुले अपनी जगह पर बैठे रहे; पर जैसे ही वह कमरे से निकला, तस्वीर खिंचाने वाले साहब ने बैठे रहने की कोई जरूरत नहीं समझी। वे खड़े हो गए, तंबाकू सूंघी, और कैमरे के चारों ओर घूम-घूम कर उसका निरीक्षण करने लगे; शीशे में झाँकने के बाद बड़बड़ाए–अंजीब चीज है; और फिर कमरे में चहलकदमी करने लगे।

मालिक जब लौटा, आश्चर्यचकित रह गया। उसने पूछाः

–आप क्या कर रहे हैं? मैंने जो आपसे कहा था कि बिना हिले-डुले बैठे रहिए!

–बैठा तो था ही; पर आप चले गए, फिर मैं बैठ कर क्या करता?

–मेरे जाने के बाद ही तो बैठना था।

–पर ये तो बेकार का बैठना होता!"

---

1. इस विधि के आविष्कारक डागेर थे।

पाठकों को शायद लगता हो कि अब हम फोटोग्राफी से संबंधित ऐसी गलतफहमियों से बहुत दूर हो चुके हैं। पर हमारे समय में भी अधिकांश लोग फोटोग्राफी से इतना परिचित नहीं हैं और बहुत कम ही लोग ऐसे हैं, जिन्हें फोटो-चित्र देखना आता हो। आप सोचते होंगे कि इसमें आने न आने का क्या सवाल है : हाथ में तस्वीर ली और देख ली। पर काम इतना सीधा नहीं है। प्रकाश-लेखन से प्राप्त चित्र ऐसी चीज है, जो हमारे दैनिक जीवन में बिल्कुल घुल-मिल गई है, फिर भी हम इसे अच्छी तरह नहीं जानते। अधिकतर फोटोग्राफर भी (शौकिए और पेशेवर) फोटो-चित्रों को वैसे बिल्कुल नहीं देखते, जैसे देखना चाहिए। फोटोग्राफी की कला के जन्मे करीब सौ साल हो गए हैं, फिर भी बहुत से लोग नहीं जानते कि इसके चित्रों को कैसे देखना चाहिए।

फोटो-चित्र देखने की कला

बनावट के अनुसार फोटो-कैमरा एक बहुत बड़ी आँख के समान है : दूधिए शीशे पर बनने वाला चित्र लेंस और वस्तु के बीच की दूरी पर निर्भर करता है। फोटो-कैमरा कागज पर उस परिप्रेक्षी दृश्य को जड़ देता है, जो हमारी आँख को (ध्यान दें सिर्फ एक आँख को!) दिखता, यदि उसे लेंस की जगह रख देते। इससे यह निष्कर्ष निकलता है कि यदि हम चित्र से वैसी ही अनुभूति प्राप्त करना चाहते हैं, जैसी वास्तविकता से मिलती है, तो हमें चाहिए—

(1) चित्र को सिर्फ एक आँख से देखना और

(2) चित्र को आँख से आवश्यक दूरी पर रखना।

समझना कठिन नहीं है कि दोनों आँखों से देखने पर हमें सिर्फ समतली चित्र मिलेगा, जिसमें कोई परिप्रेक्षी (व्यौम) गहराई नहीं होती। यह हमारी दृष्टि के गुणों को आवश्यक परिणाम है। जब हम कोई ठोस वस्तु को देखते हैं, हमारे दृष्टि-पटलों पर दो असमान चित्र बनते हैं: बाईं आँख को बिल्कुल वही नहीं दिखता, जो दाईं आँख को दिखता है (चित्र 120)। चित्रों की यह असमानता ही वह मुख्य कारण है, जिसके चलते हमें वस्तुएँ ठोस लगती हैं, चौरस नहीं : हमारी चेतना दोनों ही संवेदनाओं को एक व्यौमधर्मी चित्र में मिला लेती है (व्यौमदर्शी की बनावट इसी पर आधारित है)। यदि हमारे सामने कोई चौरस समतली वस्तु (जैसे दीवार) होती है, तो दूसरी बात होती। दोनों आँखों को बिल्कुल समान संवेदनाएँ मिलतीं; इस समानता के कारण ही हमारी चेतना वस्तु को चौरस रूप में देखती है।

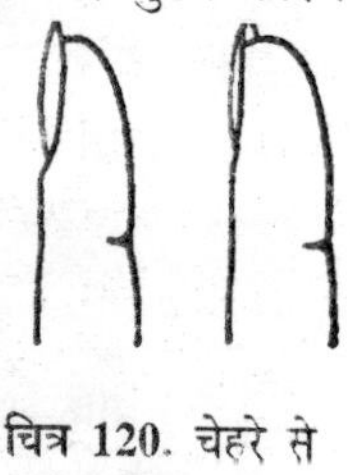

चित्र 120. चेहरे से कुछ दूरी पर उंगली बाईं व दाईं आँखों से कैसी दिखती है।

अब स्पष्ट हो गया कि दोनों आँखों से फोटो-चित्र देखने पर हम कैसी गलती करते हैं; दोनों आँखों से देखकर हम चेतना

को दो समान संवेदना-चित्र भेजते हैं, जिससे उसे विश्वास हो जाता है कि उसके सामने समतली दृश्य है, व्यौम दृश्य नहीं। जो चित्र **एक** आँख के लिए बनाया गया है, उसे **दोनों** आँखों से देखने के कारण हमें वह नहीं मिलता, जो फोटोग्राफी दे सकती है। फोटोग्राफी द्वारा इतना अच्छा बनाया गया भ्रम हमारी छोटी सी गलती के कारण नष्ट हो जाता है।

फोटो किस दूरी से देखना चाहिए?

दूसरा नियम-कि चित्र को आँख से एक विशेष दूरी पर रखना चाहिए—भी इतना ही महत्त्वपूर्ण है। इसकी अवहेलना करने पर सही परिप्रेक्ष्य नहीं प्राप्त हो सकता।

कितनी दूरी से देखना चाहिए?

दूरी इतनी होनी चाहिए कि चित्र आँख पर उतना ही बड़ा कोण बनाए, जितना बड़ा वस्तु लैंस पर बना रही थी (जब फोटो खींचा जा रहा था), या दूधिए शीशे पर का बिंब लेंस पर बना रहा था (चित्र 121)।

इससे ज्ञात होता है कि चित्र को आँख से उस दूरी पर रखना चाहिए, जो लेंस से वस्तु की दूरी से उतनी ही गुनी कम है, जितनी गुनी वास्तविक वस्तु चित्र से बड़ी है। संक्षेप में, चित्र को आँख से उस दूरी पर रखना चाहिए, जो लगभग लेंस की नाभिकीय दूरी के बराबर है।

यदि आप यह ध्यान में रखें कि अधिकतर शौकिया फोटोग्राफी के कैमरों में नाभिकीय दूरी 12-15 cm है[1], तो समझ जाएँगे कि हम कभी भी चित्रों को सही दूरी से नहीं देखते : साधारण दृष्टि वाले लोग 25 cm से कम की दूरी पर नहीं देख पाते। दीवार पर लटका हुआ फोटो-चित्र और भी चौरस लगता है, क्योंकि वह और भी दूर से देखा जाता है।

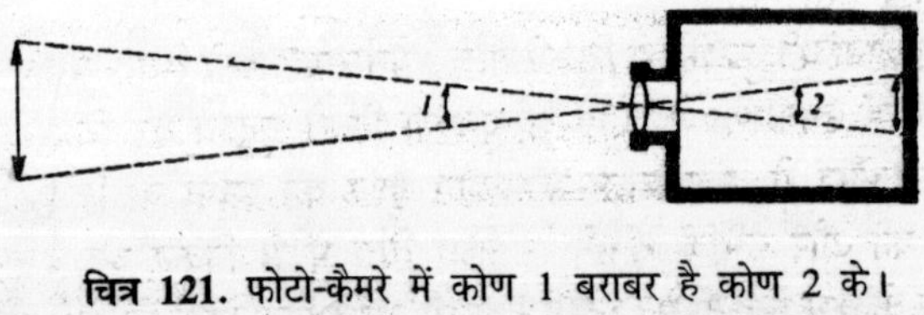

चित्र 121. फोटो-कैमरे में कोण 1 बराबर है कोण 2 के।

सिर्फ निकट दृष्टि वाले लोग, जो कम दूरी पर भी अच्छी तरह से देख सकते हैं (और बच्चे भी, जो काफी निकट से देखने की क्षमता रखते हैं), उस प्रभाव का रसास्वादन कर सकते हैं, जो एक साधारण फोटो-चित्र दे सकता है। आँख से 12-15

1. पुस्तक में उन्हीं कैमरों की बात चल रही है, जो इसकी रचना-काल में प्रचलित थे।—संपादक।

cm की दूरी पर फोटो-चित्र रखकर वे चौरस दृश्य नहीं देखते, बल्कि व्योम दृश्य आशा है कि अब पाठक इस बात से सहमत हो जाएँगे कि अधिकांशतः हम सिर्फ अपनी अज्ञानता के कारण ही फोटो-चित्रों का पूरा आनंद नहीं ले पाते और बेकार ही उन्हें निर्जान की संज्ञा देतें हैं। बात सिर्फ इतनी है कि हम फोटो को आँखों से आवश्यक दूरी पर नहीं रखते और एक आँख के लिए बने चित्र को दो आँखों से देखते हैं।

विशालक शीशे का एक विचित्र गुण

हम समझा चुके हैं कि निकट दृष्टि के लोग साधारण फोटो-चित्रों को आराम से व्योम चित्रों के रूप में देख सकते हैं। पर साधारण दृष्टि वाले लोगों को क्या करना चाहिए? वे चित्र को आँखों के बहुत निकट नहीं ला सकते, पर उनकी मदद विशालक शीशा कर सकता है। दुगुनी परिवर्धक शक्ति वाले विशालक की सहायता से वे बिना आँखों पर जोर डाले निकट दृष्टि वाले आदमी की तरह देख सकते हैं कि कैसे फोटो-चित्र में उभार व गहराइयाँ उत्पन्न हो जाती हैं। इन तथ्यों से स्पष्ट हो जाता है कि एक आँख से देखने पर साधारण फोटो-चित्र में व्योम गुणों का दर्शन हो सकता है।

यह तथ्य सर्वविदित है, पर इसका कारण, जो हमारे लिए स्पष्ट हो चुका है, बहुत कम लोग जानते हैं।

"मनोरंजक भौतिकी" के एक समीक्षक ने मुझे लिखा था :

"पुस्तक के अगले प्रकाशन में निम्न प्रश्न पर ध्यान दें : साधारण विशालक में देखने पर फोटो-चित्र उभारयुक्त क्यों लगता है? मेरा खयाल है कि व्योमदर्शी की जटिल व्याख्याएँ आलोचना के सामने नहीं टिकतीं। व्योमदर्शी में एक आँख से देखने की कोशिश करें : सिद्धांतों के बावजूद भी व्योम दृश्य नष्ट नहीं होता।"

पाठकों को तो स्पष्ट हो गया होगा कि व्योमदर्शी का सिद्धांत इस तथ्य से गलत सिद्ध नहीं होता।

खिलौनों की दुकानों में बिकने वाले "पैनोरमा" इसी रोचक प्रभाव पर आधारित हैं। इस नन्हें उपकरणों में लोगों के ग्रुप या किसी भूदृश्य का चित्र विशालक शीशे द्वारा एक आँख से देखा जाता है। व्योम दृश्य की प्राप्ति के लिए यह काफी है। इस भ्रम को और प्रभावी बनाने के लिए चित्र में से निकट की वस्तुओं को काट कर आँख के कुछ निकट रख देते हैं। हमारी आँखे निकटवर्ती वस्तुओं के व्योम संबंधों के प्रति बहुत संवेदनशील है, पर दूरस्थ वस्तुओं के प्रति नहीं।

फोटो-चित्र का परिवर्धन

क्या ऐसा फोटो-चित्र नहीं बनाया जा सकता है कि उसे **साधारण** आँख भी बिना किसी विशालक के सही-सही देख सके? यह पूरी तरह से संभव है; इसके लिए कैमरों में अधिक नाभिक दूरियों वाले लेंसों का उपयोग करना चाहिए। पहले कही गई बातों के आधार पर यह समझा जा सकता है कि 25-30 cm लंबी नाभिक दूरी वाले लेंस से प्राप्त फोटोचित्र को एक आँख द्वारा साधारण दूरी से देखा जा सकता है; वह उभारयुक्त नजर आएगा।

ऐसी तस्वीर भी बनाई जा सकती हैं, जिन्हें दोनों आँखों व बड़ी दूरियों से देखा जा सकता है। हम कह चुके हैं कि जब दोनों आँखें किसी वस्तु की दो बिल्कुल समान तस्वीरें देती हैं, तो हमारी चेतना उन्हें मिला कर समतली चित्र में परिणत कर देती है। पर दूरी बढ़ने पर चेतना की यह प्रवृत्ति क्षीण होती है। 70 cm लंबी नाभिक दूरी वाले लेंस से खींचे गए चित्र को व्यावहारिकतः दोनों आँखों से देखा जा सकता है; परिप्रेक्ष्य खराब नहीं होगा।

पर अधिक नाभिक दूरी वाले कैमरे-लेंसों का प्रयोग असुविधाजनक है, अतः एक दूसरी विधि बताई जा सकती है : साधारण लेंस वाले कैमरे से तस्वीर खींच कर उसे डेवेलपर द्वारा **परिवर्धित** कर देते हैं। इससे वे दूरियाँ भी बढ़ जाती हैं, जिनसे चित्र को देखना चाहिए। यदि 15 cm नाभिक दूरी वाले लेंस से खींचे गऐ फोटो को 4 या 5 गुना बड़ा कर लिया जाए, तो इष्ट प्रभाव प्राप्त करने के लिए यह काफी रहेगा : इस चित्र को 60-75 cm की दूरी से दोनों आँखों द्वारा देखा जा सकता है। चित्र में थोड़ी अस्पष्टता रहेगी, पर यह व्योमानुभूति में बाधक नहीं बनेगी। उभार व परिप्रेक्ष्य के दृष्टिकोण से चित्र बेशक फायदे में रहेगा।

सिनेमा-हौल में उत्तम स्थान

सिनेमा के प्रेमियों ने ध्यान दिया होगा कि कुछ चित्रों में वस्तुओं की उभार व गहराई असाधारण रूप से स्पष्ट होती हैं। पृष्ठभूमि की तुलना में आगे की आकृतियाँ इतनी उत्तल होती हैं कि आप भूल जाते हैं कि पर्दे पर देख रहे हैं या वास्तविकता में।

चित्र के व्यौम गुण फिल्म की कोटि पर ही निर्भर नहीं करते, जैसा कि अक्सर सोचा जाता है। यह इस बात पर भी निर्भर करता है कि आप हौल में कहाँ बैठे हैं। चल-चित्र अत्यंत लघु नाभिक-दूरी वाले कैमरों द्वारा लिए जाते और पर्दे पर अत्यधिक परिवर्धित रूप में दिखाए जाते हैं—करीब 100 गुना अधिक। अतः उन्हें दोनों आँखों व बड़ी दूरियों (10 cm×100=10m) से देखा जा सकता है। चित्र के व्यौम गुण अधिकतम स्पष्ट होते हैं, जब वह आँखों से इतना दूर होता है कि उसके द्वारा हमारी आँख पर बनाया गया कोण चित्र खींचते वक्त लेंस पर वस्तु द्वारा बनाए गए कोण के बराबर होता है। सिर्फ इस स्थिति में चित्र वास्तविक परिप्रेक्ष्य का भान

कराता है।

लेकिन किस स्थान से चित्र हमारी आँखों पर ऐसा कोण बना सकेगा? प्रथमतः, स्थान ऐसा होना चाहिए कि आप वहाँ से सीधा चित्र के बीच में देख सकें और, दूसरे, पर्दे से आपकी दूरी और चित्र की चौड़ाई का अनुपात लेंस की नाभिक दूरी व फिल्म-रील की चौड़ाई के अनुपात के बराबर हो।

चल-चित्रों के लिए उपयुक्त लेंसों की नाभिक दूरियाँ आवश्यकतानुसार 35 mm, 50 mm, 75 mm, 100 mm तक की होती हैं। फिल्म की मानक चौड़ाई 24mm होती है। 75mm की नाभिक-दूरी के लिए (उदाहरणतः) हमें अनुपात मिलता है :

$$\frac{\text{इष्ट दूरी}}{\text{चित्र की चौड़ाई}} = \frac{\text{फिल्म की चौड़ाई}}{\text{नाभिक दूरी}} = \frac{75}{24} \approx 3.$$

अतः इस स्थिति में पर्दे पर चित्र की चौड़ाई से लगभग तिगुनी दूरी पर बैठना चाहिए। यदि पर्दे पर चित्र की चौड़ाई 6 डेग है, तो ऐसे चित्रों को देखने के लिए उत्तम स्थान पर्दे से 18 कदम की दूरी पर होगा।

चल-चित्रों को व्योम-गुण प्रदान करने के लिए आविष्कृत विधियों की जाँच करते वक्त उपरोक्त बातों को अवश्य ही ध्यान में रखना चाहिए : ऐसा भी हो सकता है कि चित्र के व्योमदर्शीय गुणों का कारण अभी-अभी बताई गई बातें हों, जब अविष्कारक इसे अपनी विधि की देन मानता हो।

पत्रिकाओं में चित्र देखना

पुस्तकों व पत्रिकाओं में छपे फोटो-चित्रों में वे ही गुण होते हैं, जो मूल फोटो-चित्रों में : विशेष दूरी से एक आँख द्वारा देखने पर वे भी व्यौमधर्मी प्रतीत होते हैं। पर पत्रिकाओं के सारे चित्र एक ही लेंस द्वारा नहीं खींच गए होते हैं, अतः आवश्यक दूरी टटोल-टटोल कर ज्ञात करना पड़ता है। इसके लिए एक आँख बंद कर के चित्र को हाथ में इस प्रकार रखें कि चित्र आँख से यथासंभव महत्तम दूरी पर हो और उसका मध्य आँख की सीध में हो। अब चित्र को धीरे-धीरे आँखों के समीप लाए और साथ-साथ उसे देखते भी रहें। आप आसानी से जान लेंगे कि किस दूरी पर चित्र के व्योमगुण अपनी पराकाष्ठा पर होते हैं।

बहुत से चित्र, जो साधारणतः अस्पष्ट तथा समतली लगते हैं, उपरोक्त विधि से देखने पर स्पष्ट व व्योमधर्मा दिखने लगते हैं। इस प्रकार से देखने पर पानी की चमक स्पष्ट दृष्टिगोचर होते हैं तथा इससे दूसरे व्योमदर्शीय प्रभाव भी नजर आने लगते हैं।

आश्चर्य होता है कि इतने साधारण तथ्यों को भी बहुत कम लोग जानते हैं, जबकि यहाँ जो कुछ कहा गया है, कोई पचास एक साल पहले ही सरल व लोकप्रिय पुस्तकों में लिखा जा चुका है। "बुद्धि की कर्तृती के आधार" में उसके लेखक वी. कार्पेटर फोटो-चित्र देखने की विधि के बारे में लिखते हैं :

"ध्यान देने योग्य है कि फोटो-चित्र देखने की इस विधि से (जो ऊपर बताई जा चुकी है) वस्तु की सिर्फ व्यौम विशेषताएँ ही स्पष्ट नहीं हो जातीं; दूसरी विशेषताएँ भी सजीव हो उठती हैं और वास्तविकता का भ्रम बढ़ जाता है। फोटो-चित्रों का सबसे कमजोर पक्ष है स्थिर पानी दिखा सकना। यदि पानी का चित्र **दोनों** आँखों से देखा जाए, तो उसकी सतह मोम से घिसी हुई लगती है। पर यदि उसे एक आँख से देखा जाए, तो उसमें आश्चर्यजनक पारदर्शिता व गहराई नजर आने लगती है। यही बात अन्य परावर्तक सतहों के साथ भी है। दोनों आँखों से देखने पर आप भिन्न सतहों में फर्क नहीं ज्ञात कर सकते, पर एक आँख से देख कर आप काँसे और हाथी-दाँत की सतहें पहचान सकते हैं। तात्पर्य यह है कि वस्तु किस द्रव्य की बनी है, इसका निर्णय आप चित्र के आधार पर तभी कर सकते हैं, जब उसे एक आँख से देखें, न कि दोनों आँखों से।"

एक और परिस्थिति पर ध्यान दें। यदि फोटो-चित्रों को परिवर्धित करने पर वे सजीव हो उठते हैं, तो उन्हें छोटा करने पर उनकी निर्जीवता बढ़ जाती है। यह बात दूसरी है कि फोटो-चित्र छोटा बनाने पर वह अधिक स्पष्ट होता है। पर साथ ही वह अधिक समतली दिखने लगता है और उसमें वस्तुओं के व्यौम गुण नजर नहीं आते। इसका कारण उपरोक्त बातों से स्पष्ट है : फोटोचित्रों को छोटा करने से उसमें "परिप्रेक्षी दूरियाँ" (वस्तुओं के व्यौम गुणों को दर्शाने वाली दुरियाँ), जो वैसे ही छोटी हैं, और भी छोटी हो जाती हैं।

चित्र देखना

जो कुछ फोटो-चित्रों के बारे में कहा गया है, वह कुछ हद तक चित्रकार के हाथ से बनाए चित्रों के लिए भी सही है : उन्हें भी एक विशेष दूरी से देखना चाहिए, तभी आप परिप्रेक्ष्य (चित्र में वस्तु के व्यौम गुणों की अभिव्यक्ति, अर्थात् वस्तु की लंबाई व चौड़ाई, उसकी गहराई और उभार, आगे व पीछे के बिंदुओं में अंतर, आदि) को अनुभव कर सकेंगे। सिर्फ इसी स्थिति में चित्र आपको सपाट नहीं लगेगा; उसमें आप वास्तविक दृश्य का दर्शन कर सकेंगे। इन चित्रों को भी एक आँख से देखना अधिक लाभप्रद रहेगा, विशेषकर यदि उनका आकार काफी बड़ा नहीं है।

"बहुत पहले से ही ज्ञात है,—उसी पुस्तक में इस प्रश्न के बारे में अंग्रेज मनोवैज्ञानिक कारपेंटर लिखते हैं,—कि यदि चित्र में परिप्रेक्षी गुण, वस्तुओं के प्रकाशमान व छाएदार भागों और उनके स्थान-क्रम आदि वास्तविकता के अनुरूप हैं, तो उसे

भी एक आँख से देखना चाहिए, दोनों से नहीं। एक आँख से देखने पर चित्र और भी सजीव हो उठता है। सजीवता का प्रभाव और बढ़ाया जा सकता है, यदि हम उसे किसी नलिका द्वारा देखें, जिससे चित्र के सिवा और कुछ नहीं दिखे। इस तथ्य को पहले बिल्कुल गलत तरीके से समझाया जाता था : 'हम दो आँखों की बजाए एक आँख से अधिक अच्छा देखते हैं,—बेकन का कहना है, —क्योंकि इससे जीवन-शक्ति एक स्थान पर जमा हो जाती है और अधिक प्रभावशाली हो उठती है।'

पर वास्तविकता में यहाँ बात कुछ और ही है। जब हम साधारण दूरी से चित्र को दोनों आँखों से देखते हैं, तो उसमें अंकित दृश्य को सपाट मानने पर विवश हो जाते हैं। पर जब हम उसे एक आँख से देखते हैं, हमारी बुद्धि परिप्रेक्ष्य, प्रकाश व छाया आदि के भ्रमों में अधिक आसानी से विश्वास कर लेती है। अतः जब हम काफी देर तक गौर से चित्र देखते हैं, वह जल्द ही मूर्त्त हो उठता है, उसमें वस्तुओं के वास्तविक व्योम गुण प्रकट हो जाते हैं। भ्रम का प्रभावशाली होना इस बात पर निर्भर करता है कि चित्रकार ने कितनी सच्चाई से वास्तविकता को समतल कागज पर प्रक्षिप्त किया है। एक आँख से देखने पर यह लाभ होता है कि हमारी बुद्धि चित्र की मनचाही व्याख्या करने को स्वतंत्र होती है; चित्र में अंकित दृश्य को सपाट (समतली) मानने के लिए उसे कोई विवश नहीं करता।"

बड़े-बड़े चित्रों की फोटोग्राफी से प्राप्त छोटे चित्रों में वस्तुओं के व्योम गुण और अधिक उभर आते हैं। यह समझने में कठिनाई नहीं होगी, यदि आप स्मरण करेंगे कि चित्रों को छोटा करने पर अक्सर वह दूरी भी कम हो जाती है, जिस पर से उसे देखना चाहिए, और इसीलिए चित्र कम दूरी से ही व्योम दृश्य का भ्रम उत्पन्न कर सकती है।

व्योमदर्शी क्या है?

समतली (सपाट) चित्रों के बाद अब ठोस वस्तुओं पर आए और निम्न प्रश्न पर गौर करें : वस्तुएँ आखिर ठोस (या त्रिविम) क्यों लगती हैं, सपाट क्यों नहीं दिखतीं? आँख की रेटीना पर बनने वाले चित्र तो सपाट ही होते हैं। फिर वस्तुएँ हमें समतली क्यों नहीं लगतीं; त्रिविम (लंबाई, चौड़ाई और मुटाई युक्त) क्यों नजर आती हैं?

इसके कई कारण हैं। प्रथमतः, वस्तु के विभिन्न भागों की अलग-अलग प्रकाश—मानता के आधार पर हम वस्तु के वास्तविक रूप का अंदाजा लगा सकते हैं। दूसरे, इसमें उस तनाव की भी महत्त्वपूर्ण भूमिका है, जो हम वस्तु के भिन्न दूरियों पर स्थित भागों को समान स्पष्टता से देखने की कोशिश करते वक्त अनुभव करते हैं : सपाट चित्र के सभी भाग हमारी आँखों से समान दूरी पर स्थित होते

हैं, पर ठोस पिंड के भिन्न भाग हमारी आँखों से भिन्न दूरियों पर होते हैं और उन्हें देखने के लिए आँख को अलग-अलग दूरियों पर फोकस करना होता है। पर सबसे महत्त्वपूर्ण कारण यह है कि हमारी दोनों आँखें एक ही वस्तु के अलग-अलग चित्र प्राप्त करती हैं। बाईं आँख व दाईं आँख किसी भी वस्तु का बिल्कुल समान चित्र नहीं प्राप्त करतीं। यह आप आसानी से मान लेंगे, यदि किसी समीपस्थ वस्तु को बारी-बारी से एक-एक आँख बंद कर के देखेंगे। हर आँख वस्तु का कुछ भिन्न चित्र देती है और मस्तिष्क इसी भिन्नता की व्याख्या के आधार पर त्रिविम वस्तु की संवेदना प्राप्त करता है (चित्र 120 व 122)।

अब आप कल्पना करें कि किसी एक वस्तु के दो चित्र हैं : एक चित्र में वस्तु इस तरह से अंकित है, जैसे बाईं आँख उसे देखती है और दूसरे चित्र में–जैसे दाईं आँख। यदि इन चित्रों का अवलोकन इस प्रकार से किया जाए कि हर आँख सिर्फ "अपना" चित्र ही देख सके, तो दो समतली चित्रों की जगह हमें एक उत्तल व्योम-गुणी वस्तु दिखेगी; वस्तु अधिक व्यौम प्रतीत होगी, बनिस्बत की यदि हम एक आँख से वास्तविक ठोस पिंड ही देखें। इस तरह के युग्म-चित्र विशेष उपकरण द्वारा देखे जाते हैं, जिन्हें व्योमदर्शी कहा जाता है। पुराने व्योमदर्शियों में चित्रों का संगम दर्पण की मदद से कराया जाता था, पर आधुनिक व्योमदर्शियों में हम शीशे के उत्तल प्रिज्मों की सहायता लेते हैं : वे किरणों के पथों को इस प्रकार से विचलित करते हैं कि उन्हें मन ही मन पीछे बढ़ाने पर दोनों चित्र एक-दूसरे के ऊपर आ जाते हैं। प्रिज्मों की उत्तलता के कारण चित्र कुछ परिवर्धित भी हो जाते हैं। जैसा कि आप देखते हैं, व्योमदर्शी का सिद्धांत अत्यंत सरल है। पर सरल साधनों से भी कितना शक्तिशाली प्रभाव उत्पन्न किया जा सकता है।

अधिकांश पाठकों को निस्संदेह विभिन्न दृश्यों की व्योमदर्शीय फोटोग्राफी देखने का अवसर मिला होगा। कइयों ने व्योमदर्शी में आकृतियों का आरेख भी देखा होगा, जो व्यौम ज्यामिति का पठन-पाठन सरल करने के लिए बनाए जाते हैं। आगे हम व्योमदर्शी के इन प्रचलित उपयोगों के बारे में बातें नहीं करेंगे। ऐसे उपयोगों के बारे में बताना अधिक लाभदायक होगा, जिसे बहुत कम लोग जानते हैं।

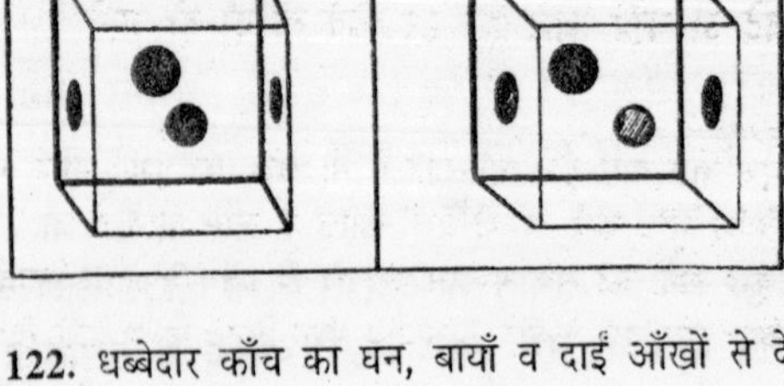

चित्र 122. धब्बेदार काँच का घन, बायाँ व दाईं आँखों से देखने पर।

हमारा नैसर्गिक व्योमदर्शी

व्योमदर्शीय चित्रों को आप बिना किसी विशेष उपकरण के भी देख सकते हैं। इसके लिए सिर्फ आँखों को अनुकूल दिशाओं में निर्दिष्ट करने का अभ्यास करना होगा। परिणाम वही मिलेगा, जो व्योमदर्शी से देखने पर मिलता है; सिर्फ चित्रों का आकार बड़ा नहीं दिखेगा। व्योमदर्शी के आविष्कारक विटसन ने शुरू-शुरू इसी विधि का उपयोग किया था।

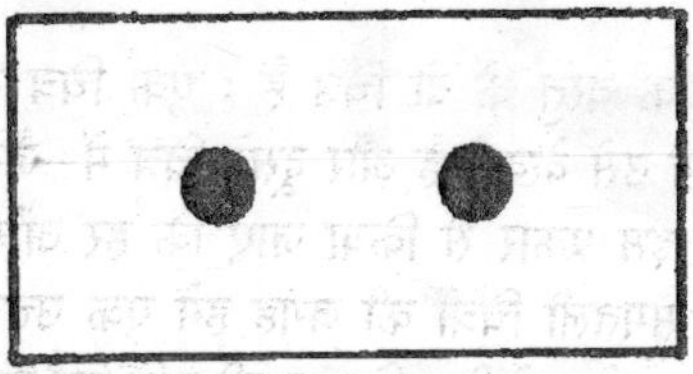

चित्र 123. धब्बों के मध्य में कुछ देर तक गौर से देखते रहें–दोनों धब्बे एक में मिल जाएँगे।

यहाँ कुछ व्योमदर्शीय चित्र दिए जा रहे हैं, जो जटिलता के क्रम में हैं। आपको सलाह है कि इन्हें बिना व्योमदर्शी के देखने का प्रयत्न करें। सफलता कुछ अभ्यास के बाद ही मिलेगी।[1]

शुरू करें चित्र 123 से। इसमें काले बिंदों का एक जोड़ा है। आप उन्हें आँखों के सामने रखें और कुछ सेकेंड तक

चित्र 124. इसके साथ भी यही करें। दोनों के एक में मिलने के बाद अगला अभ्यास आरंभ करें।

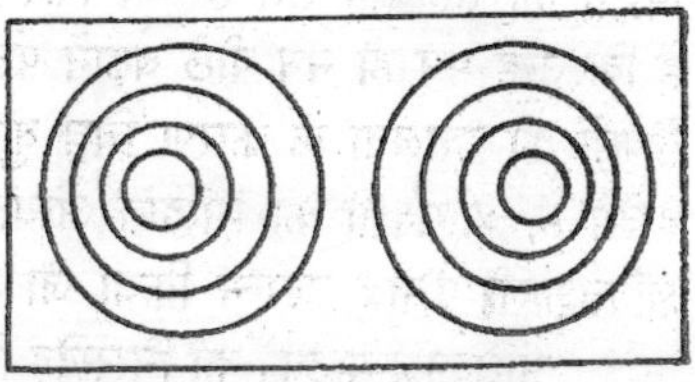

चित्र 125. जब ये आकृतियाँ एक में मिल जाएँगी, आपको लगेगा, जैसे आप एक लंबी नली के भीतरी भाग को देख रहे हैं।

उनके बीच से दृष्टि न हटाए। साथ ही ऐसा प्रयत्न करें, मानों आप इन चित्रों के पीछे दूर रखी किसी वस्तु को देखना चाहते हैं जल्द ही आप देखेंगे कि बिंदे दो नहीं, चार हैं। हर बिंदे दो नहीं, चार हैं। हर बिंदे के दो हो जाते हैं। इसके बाद किनारे

1. यहां एक बात बता दूं : व्योमदर्शी में भी व्योम का दर्शन सबके वश की बात नहीं है। कुछ लोग (जैसे तिर्यक दृष्टि वाले या जो एक आँख से काम करने के आदी हैं) यह काम बिल्कुल नहीं कर सकते। कुछ लोगों को लंबे अभ्यास के बाद ही इसमें सफलता मिलती है। तीसरे प्रकार के लोग, जो अधिकांशतः युवा-वर्ग से होते हैं, करीब पंद्रह मिनट के अभ्यास से ही सीख लेते हैं।

वाले बिंदे तैरते हुए दूर भाग जाएँगे और भीतर के दो बिंदे मिलकर एक हो जाएँगे। यदि आप यही क्रिया क्रमशः चित्र 124 व 125 के साथ दुहराएँगे, तो अंतिम स्थिति में चित्रों के संगम के परिणामस्वरूप आपको एक दूर जाती लंबी नली का भीतरी भाग दिखेगा।

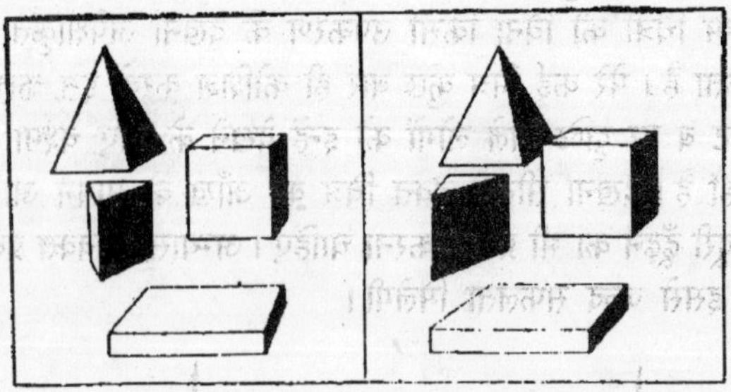

चित्र 126. इन दो आकृतियों के एक में मिलने पर चारों ज्यामितीय पिंड हवा में तैरते से लगेंगे।

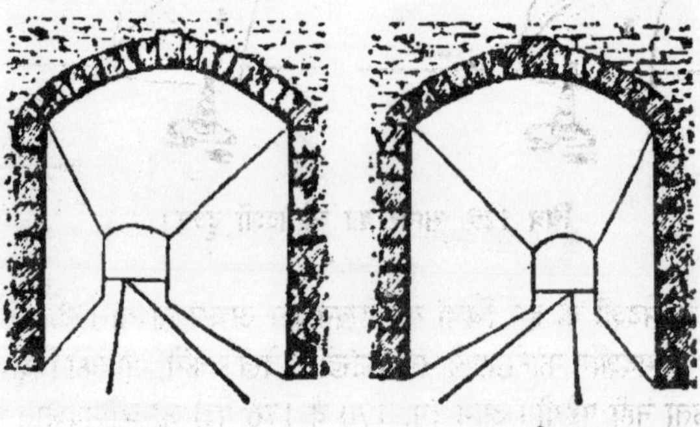

चित्र 127. लंबा, दूर तक जाता हुआ गलियारा

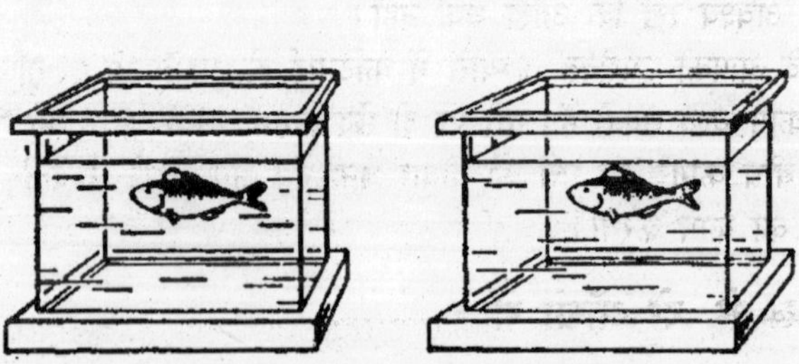

चित्र 128. काँच के बरतन में मछली।

इसमें सफलता मिलने के बाद आप चित्र 126 के साथ अभ्यास शुरू कर दे सकते हैं। यहाँ संगम के क्षण हवा में लटकी ठोस ज्यामितीय आकृतियों को देखेंगे। चित्र 127 आपको एक लंबा गलियारा दिखाएगा। चित्र 128 पारदर्शक शीशे के डिबबे में तैरती मछली से आपका मन मोह लगा। और अंत में, चित्र 129 आपके समक्ष एक पूरा समुद्री दृश्य प्रस्तुत करेगा।

ऐसे युग्म चित्रों को बिना किसी उपकरण के देखना अपेक्षाकृत सरलता से सीखा जा सकता है। मेरे कई मित्र कुछ बार ही कोशिश करके इस कला में निपुण हो गए। निकट व दूर दृष्टि वाले लोगों को इन्हें देखने के लिए चश्मा उतारने की भी जरूरत नहीं है। देखना सीखते वक्त चित्र को आँख के सामने आगे-पीछे कर के आवश्यक दूरी ढूँढ़ने का भी प्रयत्न करना चाहिए। अभ्यास के वक्त प्रकाश अच्छा होना चाहिए; इससे जल्द सफलता मिलेगी।

चित्र 129. सागर का व्योमदर्शी दृश्य।

बिना व्योमदर्शी के इन चित्रों को देखने का अच्छा अभ्यास कर लेने के बाद आप कोई भी व्योमदर्शीय फोटोग्राफी नंगी आँखों से देख सकेंगे; आपको विशेष उपकरण की आवश्यकता नहीं पड़ेगी। आगे (पृ. 170 व 176 पर) जो व्योमदर्शीय फोटो-चित्र दिए गए हैं, उन्हें भी खाली आँख देखने का प्रयत्न कर सकते हैं। पर इस बात का ध्यान अवश्य रखें कि आँखें थकें नहीं।

यदि आपको उपरोक्त अभ्यास में कठिनाई हो, तो किसी दूर-दृष्टि वाले के चश्मे से काम चला सकते हैं। गत्ते पर दो छेद करके उसपर शीशों को चिपका दें। चित्रों के बीच कागज या गत्ते की दीवार बना दें। अब शीशों से देखें—यह अच्छे व्योमदर्शी का काम करेगा।

एक आँख से, दो आँखों से

चित्र 130 में बाईं ओर के दो फोटो-चित्रों में दवा पीने के तीन गिलास हैं, जो एक ही नाप के लगते हैं। आप कितना भी गौर से क्यों न देखें, गिलासों के

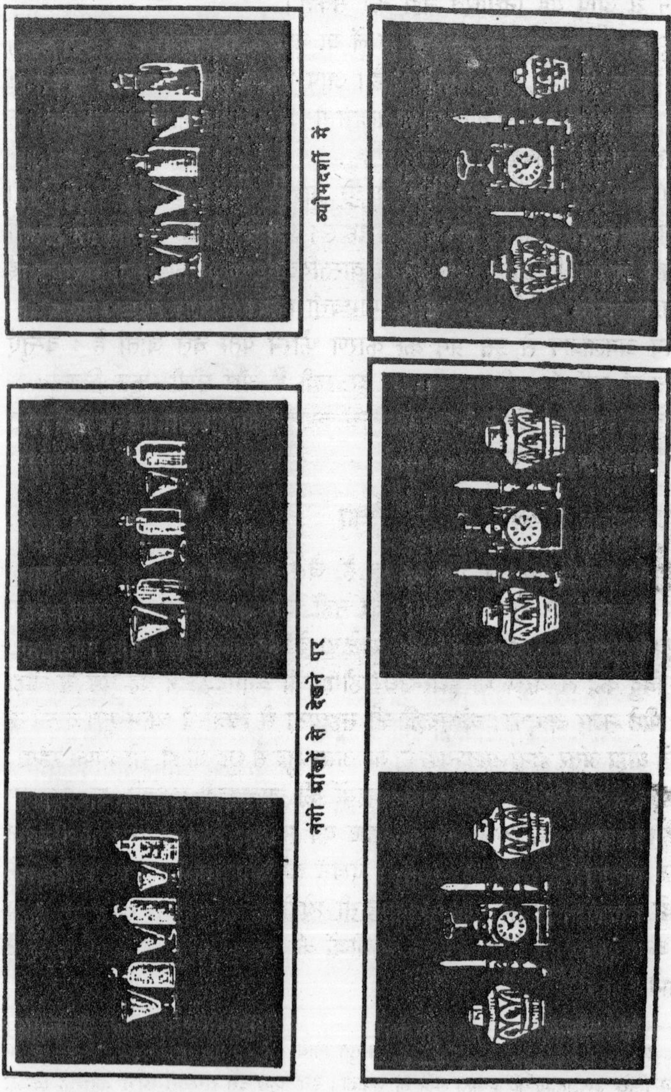

नंगी आँखों से देखने पर

व्योमदर्शी में

चित्र 130.

आकार में कोई अंतर नहीं मिलेगा। लेकिन अंतर है और काफी बड़ा अंतर है। गिलास समान लगते हैं, क्योंकि वे आँखों या कैमरों से समान दूरी पर नहीं हैं : बड़ी बोतल दो छोटी बोतलों से कुछ पीछे रखी है। पर कौन सी बोतल पीछे है? चित्रों के साधारण अवलोकन से आप यह निर्धारित नहीं कर सकते।

पर यदि आप व्योमदर्शी का सहारा लें या उपरोक्त व्योमदर्शक दृष्टि से देखें, तो प्रश्न का उत्तर देना सरल हो जाता है। आप देखेंगे कि बाईं ओर का गिलास बीच वाले से पीछे है और बीच वाला-दाएँ गिलास से। गिलासों के आकारों का वास्तविक अनुपात दाएँ चित्र में दिखाया गया है।

चित्र 130 में ही (नीचे) एक इससे भी आश्चर्यजनक स्थिति दिखाई गई है। आप सुराहियों, घड़ी व मोमबत्तियों को देख रहे हैं। दोनों सुराहियाँ व दोनों मोमबत्तियाँ समान आकारों की दिखती हैं, पर उनके वास्तविक आकार काफी भिन्न हैं; बाईं सुराही दाईं से दुगुनी ऊँची है और बाईं मोमबत्ती दाईं की अपेक्षा काफी नीची है। व्योमदर्शीय अवलोकन से इस भ्रम का कारण फौरन पता चल जाता है : वस्तुएँ एक पंक्ति में नहीं हैं; बड़ी वस्तुएँ कुछ दूर रखी हैं और छोटी–कुछ निकट।

"दो आँखों की दृष्टि" व्योम का बोध कराती है और इसीलिए "एक आँख की दृष्टि" से अधिक लाभप्रद है।

जालसाजी पकड़ने का आसान तरीका

मान लें कि दो बिल्कुल समान चित्र हैं, जैसे तुल्य आकार के दो काले वर्ग। व्योमदर्शी में देखने पर दोनों में कोई अंतर नहीं दिखेगा। यदि दोनों वर्गों के केंद्रों में एक-एक श्वेत बिंदु हो, तो व्योमदर्शी में देखने पर वे वर्गों के भीतर ही दृष्टिगोचर होंगे। पर यदि बिंदु केंद्र से थोड़ा भी इधर-उधर होगा, तो व्योमदर्शी में वह वर्ग से थोड़ा **आगे या पीछे** नजर आएगा। व्योमदर्शी की सहायता से चित्रों में व्यौम गुण देखने के लिए उनमें थोड़ा अंतर होना आवश्यक है; यह अंतर क्षुद्र से क्षुद्र भी हो, तो काफी रहेगा।

यह दस्तावेजों व कागजी मुद्रा-इकाइयों की जालसाजी पकड़ने का सरलतम तरीका है। संदेहाधीन नोट और असली नोट को साथ रख कर व्योमदर्शी में देखने पर हल्का से हल्का अंतर भी आसानी से दिखने लगेगा। यह अंतर किसी अक्षर के लिखने के तरीके में हो सकता है, या किसी छोटी सी लकीर के खींचने में। पर इसी के कारण यह अक्षर या रेखा बाकी चीजों की पृष्ठभूमि से कुछ आगे या पीछे नजर आने लगेगी।[1]

---

1. यह विचार XIX-वीं शती में डोव ने प्रस्तुत किया था, पर आज की कागजी मुद्रा-इकाइयों के लिए यह विधि सफलतापूर्वक प्रयुक्त नहीं हो सकती। इन्हें कुछ इस तरह से छापा जाता है कि दो असली नोट भी व्योमदर्शी से देखने पर व्यौम चित्र दे सकते हैं। पर डोव की विधि से दो किताबों का मुद्रण तीसरे से अलग किया जा सकता है, यदि तीसरे को छापते वक्त उसके अक्षर बदले गए थे।

दैत्य की दृष्टि में

यदि वस्तु हमसे 450 मीटर से अधिक की दूरी पर है, तो हमारी दोनों आँखों के बीच की दूरी उनसे प्राप्त संवेदनाओं में अंतर उत्पन्न कर सकने में असमर्थ हो जाती है। इसीलिए दूरस्थ वस्तु या दृश्य सपाट दिखते हैं। इसी कारण से आकाश के सभी नक्षत्र एक समतल पर नजर आते हैं, यद्यपि चंद्रमा अन्य ग्रहों से नजदीक है और ग्रहों की तुलना में तारों की दूरियाँ कल्पनातीत हैं।

450 मीटर से अधिक दूसरी पर स्थित वस्तु का व्यौम गुण देख सकने में हम असमर्थ होते हैं। इतनी दूरी से वस्तु दाईं व बाईं आँखों को एक जैसी दिखती है, क्योंकि आँखों के बीच की दूरी 450m की तुलना में नगण्य है। यदि इतनी दूर स्थित वस्तु की व्योमदर्शीय फोटोग्राफी भी की जाए, तो वह व्योम-धर्मी नहीं लगेगी।

लेकिन एक काम किया जा सकता है। वस्तु के फोटो-चित्र दो ऐसे बिंदुओं से लिए जा सकते है, जिनके बीच की दूरी हमारी आँखों के बीच की दूरी से काफी अधिक हो। ऐसे चित्रों को व्योमदर्शी में देखने पर ऐसा लगेगा, जैसे आपकी आँखों के बीच की दूरी काफी बढ़ गई हो। वृहत भूभागों का व्योमदर्शीय चित्र इसी विधि से लिया जाता है। अक्सर इन्हें उत्तल पार्श्वों वाले विशालक प्रिज्मों की सहायता से देखा जाता है, इसीलिए ऐसे चित्र हमें दृश्यों को लगभग वास्तविक आकार में दिखाते हैं। प्रभाव अनूठा होता है।

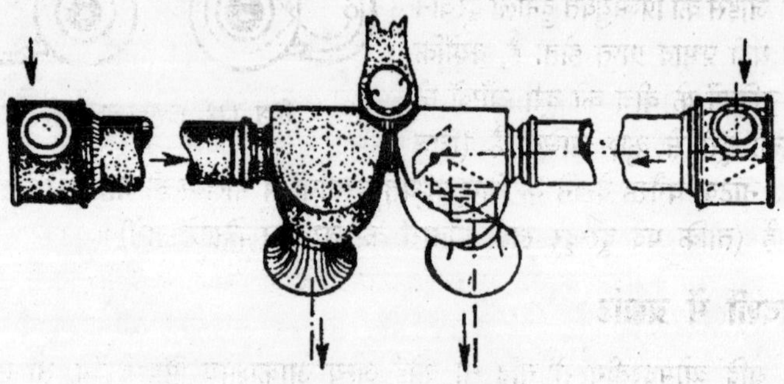

चित्र 131. व्यौम दूरदर्शी

पाठक शायद समझ गए होंगे कि दो दूरबीनों को इस प्रकार जोड़ा जा सकता है कि उससे किसी भूभाग के व्यौम गुणों का बिना फोटोचित्रों के ही सीधा अवलोकन किया जा सके। ऐसे उपकरण को व्योमदूरबीन कहते हैं। इसमें दोनों नलियों की दूरी आँखों के बीच की दूरी से अधिक होती है और दोनों बिंब परावर्तक प्रिज्मों की सहायता से आँखों तक पहुँचाए जाते हैं (चित्र 131)। ये उपकरण इतने अजीब हैं कि उनमें देखने से जाते हैं प्राप्त अनुभव का वर्णन करना मुश्किल हो जाता है।

इसमें प्रकृति का एक दूसरा ही रूप देखने को मिलता है। सुदूर स्थित पर्वत, चट्टानें, घर आदि-सभी कुछ व्यौम व उत्तल लगता है; कुछ भी सपाट समतल पर्दे सा नहीं दिखता। अक्सर दूरस्थ जहाज अचल लगता है, पर इस उपकरण में आप उसकी गति का निरीक्षण कर सकते हैं। यदि पृथ्वी पर सचमुच में दैत्य होते, तो उन्हें ऐसा ही कुछ दिखता।

यदि दुनाली दूरबीन दस गुना बड़े बिंब दे सकता है और उसमें नलियों के बीच की दूरी आँखों के बीच की दूरी से छः गुनी अधिक है (अर्थात् 6.5×6=39 cm है), तो उससे अनुभूत दृश्य की व्यौम-धर्मिता 6×10=60 गुनी अधिक प्रतीत होगी, बनिस्बत कि नंगी आँखों से प्राप्त दृश्य से। इसका मतलब है कि 25 km की दूरी पर स्थित वस्तु भी व्यौम-धर्मी प्रतीत होती।

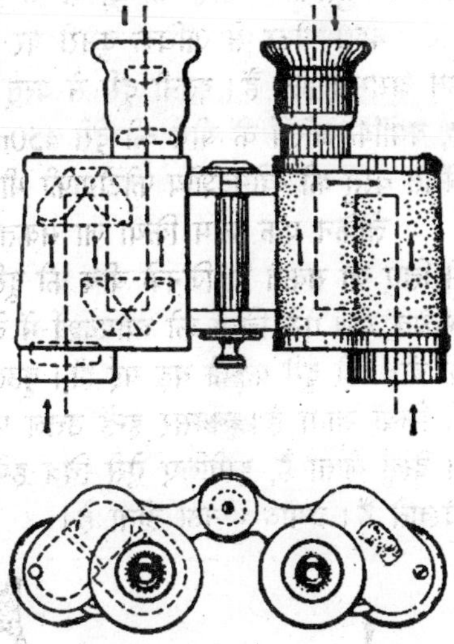

चित्र 132. प्रिज्मयुक्त दूरबीन

भू-सर्वेक्षकों, नाविकों, तोपचियों, यात्रियों आदि के लिए ऐसे दूरबीन काफी महत्त्व रखते हैं, विशेषकर यदि उनमें दूरियाँ नापने के लिए विशेष प्रयुक्ति लगी हो।

जाइस की प्रिज्मयुक्त दुनाली दूरबीन से भी यही प्रभाव प्राप्त होता है, क्योंकि इसमें नलियों के बीच की दूरी आँखों के बीच की दूरी से कुछ अधिक है (चित्र 132)। नाटक वगैरह देखने के लिए प्रयुक्त दूरबीनों में नलियों के बीच की दूरी कम होती है (ताकि पर्दे दूर-दूर खड़ी दीवारों की तरह न दिखने लगें)।

व्योमदर्शी में ब्रह्मांड

यदि व्योमदूरबीन से चाँद या कोई अन्य आकाशीय पिंड देखेंगे, तो उसका व्यौम गुण नजर नहीं आएगा। इसमें आश्चर्य की कोई बात नहीं है, क्योंकि अंतरिक्षी दूरियाँ इन दूरबीनों के लिए विराट हैं। पृथ्वी से किसी ग्रह की दूरी के सामने नलियों के बीच की 30-50 cm की दूरी का क्या महत्त्व हो सकता है! यदि ऐसा उपकरण बनाया जा सकता, जिसमें नलियों के बीच की दूरी दसियों या सैकड़ों किलोमीटर लंबी होती है, तब भी ग्रहों के अवलोकन से कोई फायदा नहीं होता। वे हमसे करोड़ों किलोमीटर की दूरी पर हैं।

यहाँ पुनः व्योमदर्शीय फोटोचित्रों का सहारा लिया जा सकता है। माना कि

हम पिछली शाम को किसी ग्रह का फोटो खींच चुके हैं और आज शाम को उसी ग्रह का एक और चित्र लेते हैं। चित्र पृथ्वी के एक ही स्थल से लिए गए हैं। पर पृथ्वी एक रात-दिन की अवधि में लाखों किलोमीटर तय कर चुकती है, अतः दोनों चित्र सौर-मंडल के भिन्न बिंदुओं से लिए गए हैं। स्पष्ट है कि दोनों चित्र समान नहीं होंगे और यदि उन्हें पास रखकर व्योमदर्शी से देखेंगे, तो चित्र सपाट नहीं व्योम-गुणी नजर आएगा।

इस प्रकार, पृथ्वी की कक्षीय गति का उपयोग करते हुए दो बहुत बड़ी दूरियों पर स्थित बिंदुओं से आकाश का चित्र लिया जा सकता है। आप किसी ऐसे दैत्य की कल्पना करें। जिसकी आँखों के बीच की दूरी कई करोड़ किलोमीटर है। आधुनिक खगोलशास्त्री ऐसा ही दृश्य देखते हैं, जो इस दैत्य को दिखेगा।

व्योमदर्शी का आजकल नए ग्रहों (अधिक सही होगा कहना : ग्रह-खंडों या आस्टेरायडों) की खोज में उपयोग होता है। मंगल और वृहस्पति के कक्षों के बीच ये बहुत बड़ी संख्या में विद्यमान हैं। अब तक इनकी खोज सिर्फ संयोग की बात मानी जाती थी। अब सिर्फ आकाश के इस क्षेत्र के दो फोटो-चित्रों की व्योमदर्शीय तुलना करना पर्याप्त है। चित्र सिर्फ अलग-अलग समय में लिए जाने चाहिए। इन चित्रों में यदि कोई ग्रह-खंड होगा, तो वह बिल्कुल अलग दिखेगा। चित्र की पृष्ठभूमि से वह आगे या पीछे प्रतीत होगा।

व्योमदर्शीय से भिन्न बिंदुओं की स्थितियों में अंतर का ही पता नहीं चलता, बल्कि उनकी चमक में जो अंतर है, वह भी दिख जाता है। खगोलशास्त्री इस विधि का सफलतापूर्वक उपयोग तथाकथित प्रत्यावर्ती तारों को ढूँढ़ने में भी करते हैं, जिनकी चमक एक नियत अवधि में बदल जाया करती है। यदि आकाश के दो चित्रों में किसी तारे की चमक भिन्न है, तो व्योमदर्शी से फौरन इसकी सूचना मिल जाएगी कि इस तारे ने अपनी चमक बदली है।

त्रिनेत्र की दृष्टि में

यह मत सोचिए कि त्रिनेत्र शब्द यहाँ गलती से आ गया है। हम सचमुच में तीन आँखों से देखने की बात करने जा रहे हैं।

तीन आँखों से देखना? क्या हमें तीन आँखें प्राप्त हो सकती है?

विश्वास करें, हम ऐसी दृष्टि के बारे में बात करने जा रहे हैं। विज्ञान आदमी को तीसरी आँख नहीं दे सकता, पर यह दिखा सकता है कि तीन आँखों वाले जीव को दुनिया कैसी दिखती।

लेकिन पहले एक चीज पर ध्यान दें। व्योमदर्शीय चित्र एक आँख वाले व्यक्ति को भी दिखाया जा सकता है और इससे उसे व्योम गुणों की दृश्यानुभूति कराई जा सकती है। साधारण स्थितियों में बेशक उसे ऐसी अनुभूति नहीं हो सकती। विधि

यह है : बाईं व दाईं आँखों के लिए अलग-अलग तस्वीरें एक ही पर्दे पर बारी-बारी से पर जल्दी-जल्दी बदलते हुए दिखाते हैं। दो आँखों वाला व्यक्ति जिन दो तस्वीरों को एक साथ देखता है, एक आँख वाला व्यक्ति उन्हें बारी-बारी क्रम से देखेगा। यदि चित्रों के बदलने की आवृत्ति बहुत तेज होगी, तो उसे वैसा ही दिखेगा, जैसा दो आँखों वाले व्यक्ति देखते हैं। कारण स्पष्ट है : अलग-अलग चित्रों की दृश्यानुभूतियाँ घुल-मिल कर सिनेमा की तरह एक सतत चित्र बना देती हैं और भ्रम होता है कि चित्र बारी-बारी से नहीं एक साथ देखे जा रहे हैं।[1]

पर यदि यह संभव है, तो दो आँखों वाले व्यक्ति की एक आँख को तेजी से बदलते दो चित्र दिखाए जा सकते हैं और दूसरी आँख को तीसरा चित्र दिखाया जा सकता है। तीनों चित्र यदि एक ही वस्तु के हैं, पर तीन भिन्न बिंदुओं से खींचे गए हैं, तो वे मिल-जुल कर चेतना को एक नये प्रकार के दृश्य की अनुभूति कराएँगे।

अन्य शब्दों में, एक वस्तु के तीन संभव आँखों के अनुकूल तीन बिंदुओं से तीन चित्र लिए जाते हैं। इनमें से दो तेजी के साथ बदल-बदल कर एक आँख को दिखाए जाते हैं। उन्हें तेजी से बदलने के कारण वे घुल-मिल कर एक जटिल **व्यौम चित्र** बनाने लगते हैं। इसी बीच दूसरी आँख को तीसरे चित्र की अनुभूति होती रहती है।

इन परिस्थितियों में यद्यपि हम दो आँखों से ही देखते हैं, पर अनुभूति ठीक वैसी ही प्राप्त होती है, जैसी तीन आँखों से देखने पर होती। इससे चित्र में अंकित दृश्यों की व्यौम-धर्मिता काफी बढ़ जाती है।

चमक क्या है?

चित्र 133 में एक बहुफलक की व्यौम फोटोग्राफी है : एक काले पृष्ठ पर सफेद रेखाओं से बनाया गया है और दूसरा सफेद पृष्ठ पर काली रेखाओं से। व्योमदर्शी में यह चित्र कैसा दिखेगा? कहना मुश्किल है। देखिए कि हेल्महोल्ट्स क्या कहते हैं :

"जब किसी व्योमदर्शीय चित्र-युग्म से में एक श्वेत रंग का है और दूसरा काले रंग का, तो दोनों मिल कर चमकदार फलक का चित्र देते हैं। यहाँ कागज व चित्रों के मलिन होने से भी यही परिणाम मिलेगा। मणिभों (क्रिस्टलों) के इस विधि से बनाए गए व्यौमदर्शीय आरेख चमकदार ग्रैफाइट से बने मणिभों की अनुभूति देते हैं। इस विधि से पानी, पत्तियों आदि कि चमक का और भी बढ़िया व्यौम चित्र लिया जा सकता है।"

---

1. सिनेमा के चित्र कभी-कभी अनूठे तौर पर व्यौम-धर्मी नजर आते हैं। इसका कारण शायद अंशतः यह भी हो सकता है कि चित्र लेते वक्त कैमरा तेजी से दाएँ-बाएँ कंपन कर रहा था। यह ऐसे कैमरे में फिल्म को आगे बढ़ाने वाली प्रयुक्ति के कारण होता है। इस कंपन के कारण चित्र असमान हो जाते हैं और पर्दे पर तेजी से एक-दूसरे का स्थान लेते हुए आपस में घुलमिल कर व्यौम-धर्मी दृश्यों की अनुभूति कराते हैं।

हमारे महान शरीरक्रिया वैज्ञानिक सिचेनव की पुरानी, पर अनद्यातीत पुस्तक "ज्ञानेंद्रियों का शरीरक्रिया-विज्ञान, दृष्टि" (1867 ई.) में इस संवृत्ति की अनूठी व्याख्या दी गई है :

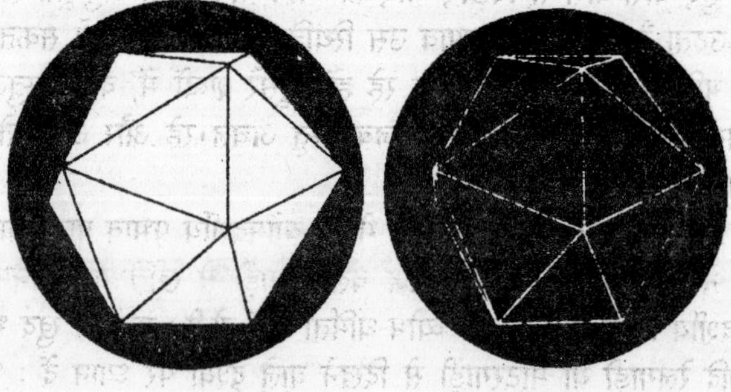

चित्र 133. व्यौम चमक। व्योमदर्शी में देखने पर ये आकृतियाँ एक में मिलकर काले परिप्रेक्ष्य में चमकदार क्रिस्टल का चित्र देते हैं।

"विभिन्न प्रकार से प्रकाशित या बहुरंगी तलों के कृत्रिम व्योमदर्शीय समन्वय के प्रयोगों में चमकदार पिंडों की वास्तविक परिस्थितियाँ उत्पन्न की जाती हैं। मलिन सतह और चमकदार (पौलिश की हुई) सतह में क्या फर्क है? मलिन सतह प्रकाश को सभी दिशाओं में छींटती हुई परावर्तित करती है, इसलिए उसे किसी भी तरफ से क्यों न देखा जाए, वह समान रूप से प्रकाशित लगती है। पौलिश की हुई सतह प्रकाश को सिर्फ एक दिशा में परावर्तित करती है। इसीलिए ऐसी स्थिति भी संभव है, जब एक आँख पर उससे परावर्तित होने वाली बहुत सी किरणें पड़ने लगती हैं और दूसरी आँख पर लगभग बिल्कुल नहीं (यह स्थिति हम काली व श्वेत सतहों के व्योमदर्शीय समन्वय में देखते हैं)। स्पष्ट है पौलिश की हुई सतह को देखने पर दोनों आँखों के बीच परावर्तित प्रकाश का असमान वितरण (अर्थात एक आँख में कम व दूसरी में अधिक प्रकाश पड़ने की स्थिति) अवश्यंभावी है।

इस प्रकार पाठक देख सकते हैं कि व्योमदर्शीय चमक इस विचार की सत्यता सिद्ध करता है कि बिंबों के व्यौम समन्वय की क्रिया में प्राथमिक भूमिका अनुभव की होती है। दृष्टि-क्षेत्रों के बीच की खींचा-तानी उसी क्षण दृढ़ धारणा में परिणत हो जाती है, जब अनुभव की गोद में पले दृष्टि-उपकरणों को किसी वास्तविक दृश्य के साथ उनके अंतर की तुलना करने का अवसर दिया जाता है।"

अतः **चमक** दिखने का कारण (कम से कम एक कारण) यह है कि बाईं व दाईं आँखों के सामने अलग-अलग तरह से चित्र प्रस्तुत किए जाते हैं। बिना व्योमदर्शी के इस कारण का हमें कभी पता न चलता।

क्षिप्र गति की स्थिति में दृष्टि

इसके पहले हम बता चुके हैं कि एक ही वस्तु के भिन्न चित्र यदि तेजी के साथ बदलते हुए बारी-बारी से दिखाए जाए तो व्योम-धर्मिता की अनुभूति होती है।

प्रश्न उठता है : क्या यही प्रभाव उस स्थिति में नहीं उत्पन्न हो सकता, जब अचल चित्र गतिमान आँखों से देखे जा रहे हों? दूसरे शब्दों में, क्या वस्तुओं की वैसी ही व्यौम-धर्मिता तब नहीं दिखेगी, जब वस्तु अचल रहे और आँख तेजी के साथ गतिमान हो?

जैसी आशा की गई थी, इस स्थिति में भी व्योमदर्शीय प्रभाव पाया जाता है। कई पाठकों ने ध्यान दिया होगा कि तेज चलती गाड़ी से खींचे गए सिनेमा-चित्र में भी व्योमदर्शीय चित्रों से कुछ कम व्योम-धर्मिता नहीं होती। यह हम खुद भी देख सकते हैं, यदि रेलगाड़ी या मोटरगाड़ी से दिखने वाले दृश्यों पर ध्यान दें : भूदृश्यों में आगे व पीछे की वस्तुएँ स्पष्टतः अलग-अलग दिखेगी, जिससे व्योम-धर्मिता का भान होता है। **गहराई** की अनुभूति तीव्र हो जाती है और 450 m से अधिक दूरी पर भी आगे व पीछे की वस्तुओं में अंतर दिखने लगता है। स्मरण दिला दूँ कि 450 m स्थिर आँखों की व्योमदर्शिता की सीमा है।

तेज गाड़ी से दिखने वाले भू-दृश्यों की मोहकता का कारण कहीं इसी में तो नहीं छिपा है? दूरस्थ वस्तुएँ पीछे छूटती जाती हैं और हम परिवेशी प्रकृति की विराटता का दर्शन करने लगते हैं। जब हम मोटरगाड़ी में बैठे जंगल के बीच से निकलते हैं, पेड़ स्पष्टतः एक दूसरे से दूर दिखते हैं। अचलावस्था में हमारी आँखों उन्हें अलग नहीं कर पातीं।

पहाड़ी स्थलों पर सरपट दौड़ते घुडसवार के लिए जमीन की उभारें स्पष्ट हो जाती हैं; पहाड़ियों व घाटियों की व्यौम-धर्मिता मूर्त्त हो उठती है।

यह सब एक आँख वाला व्यक्ति भी देख सकता है, जिसके लिए उपरोक्त अनुभूतियाँ बिल्कुल नई होती हैं। हम बता चुके हैं कि व्यौमदृष्टि के लिए भिन्न चित्रों को एक साथ दोनों आँखों से देखने की आवश्यकता नहीं है। एक आँख से भी वस्तुओं की व्यौम-धर्मिता देखी जा सकती है, यदि तीव्र ग्रति से एक-दूसरे का स्थान लेते हुए भिन्न चित्र एकाकार हो जाए।[1]

उपरोक्त बातों की जाँच करना बहुत सरल है। इसके लिया थोड़ा सा इस बात पर ध्यान देना होगा कि रेलगाड़ी या बस में चलते वक्त हमारी आँखों को क्या दृष्टिगोचर होता है। आपको एक दूसरी ही बात नजर आएगी, जिसके बारे में डोव

---

1. ट्रेनों से खींचे गए चल-चित्रों की सर्वविदित व्यौम-धर्मिता का कारण यही है, जो और भी स्पष्ट हो जाती है, यदि ट्रेन वक्र पथ पर चल रही हो और वस्तुएँ-त्रिज्या की दिशा में हों। इसे "रेलगाड़ी का प्रभाव" कहते हैं और यह फिल्म आपरेटर अच्छी तरह से जानते हैं।

ने सौ साल पहले ही लिखा था (सचमुच में भूली-बिसरी बातें भी नई होती हैं!) : खिड़की से दृष्टिगोचर पीछे भागती हुई वस्तुएँ छोटी प्रतीत होती हैं। इस तथ्य का व्योमदर्शीय दृष्टि के साथ कोई संबंध नहीं है। इसका कारण यह है कि इतनी तेजी से गतिमान वस्तु को देखकर हम उसके छोटे होने का गलत निष्कर्ष निकालते हैं : यदि वस्तु हमसे निकट है,—जाने-अनजाने हम सोचना शुरू करते हैं,—तो वास्तविकता में साधारणतया उसे निकट होना चाहिए, क्योंकि सिर्फ इसी स्थिति में वह हमेशा की तरह इस आकार का प्रतीत होगा। यह व्याख्या हेल्महोल्ट्स की है।

रंगीन चश्मों से

यदि आप **सफेद तख्ते पर लाल** रंग से लिखे अक्षरों को लाल ऐनक से देखेंगे, तो आपको सिर्फ लाल पृष्ठभूमि दिखेगी। लिखावट का नामो-निशान नहीं रह जाएगा, क्योंकि लाल अक्षर लाल पृष्ठभूमि में विलीन हो जाते हैं। इसी चश्में से यदि **सफेद पर नीले** अक्षरों को पढ़ने की कोशिश करेंगे, तो आपको लाल पृष्ठ पर स्पष्ट काले अक्षर दिखेंगे। समझा जा सकता है : लाल शीशे को नीली किरणें नहीं पार कर सकतीं। (शीशा इसीलिए तो लाल है कि वह सिर्फ लाल किरणों को पार करता है)। फलस्वरूप नीले अक्षरों के स्थान पर आप रंग की अनुपस्थिति, अर्थात काली रेखाएँ देखेंगे।

तथाकथित ''उभरे प्रिंटों'' **(ऐनाग्लीफ)** का प्रभाव रंगीन शीशों के इसी गुण पर आधारित है। ऐनाग्लीफ में अक्षर इस प्रकार से छापे जाते हैं कि वे व्यौम-गुणी प्रतीत होने लगते हैं, जैसे आप व्योमदर्शी में देख रहे हों। इसके लिए अक्षरों के बाईं व दाईं आँखों से दिखने वाले चित्रों को **एक पर** एक छापा जाता है, सिर्फ उनके रंग अलग-अलग होते हैं—एक का नीला और दूसरे का काला।

दो रंगीन साधारण चित्रों की जगह एक व्योम-धर्मी चित्र देखने के लिए रंगीन शीशों से देखना काफी रहेगा। दाईं आँख को **लाल शीशे** से सिर्फ **नीली** छाप दिखेगी, जो इस आँख के अनुकूल है (और अक्षर काला दिखेगा)। बाईं आँख को **नीले शीशे** से उसके अनुकूल सिर्फ **लाल** छाप दिखेगी। हर आँख सिर्फ उसी चित्र को देखती है, जो उसके लिए है। यहाँ वे ही स्थितियाँ हैं, जो व्योमदर्शी में होती हैं, अतः परिणाम भी वही होता है : व्यौम-धर्मिता का भ्रम।

''जादुई परछाइयाँ''

उपरोक्त नियम पर ही जादुई परछाइयाँ आधारित हैं, जो कभी-कभी सिनेमा में दिखाई जाती हैं।

''जादुई परछाइयाँ तब बनती हैं, जब पर्दे पर दिखाई जाने वाली आकृतियाँ व्यौम-धर्मी लगने लगती हैं, अर्थात् जब पर्दे पर वे उभरी हुई व उत्तल दिखने लगती

हैं। ऐसी परछाइयाँ देखने के लिए दर्शकों को दुरंगा चश्मा पहनना पड़ता है, क्योंकि इस भ्रम का कारण दुरंगा व्योमदर्शी है। जिस वस्तु की परछाई दिखानी हो, उसे पर्दे और साथ रखे लाल व हरे प्रकाश-स्रोतों के बीच में रखते हैं। पर्दे पर दो (लाल व हरी) परछाइयाँ मिलेगी। दोनों ही एक-दूसरे को अंशतः ढक लेती हैं। दर्शक उन्हें नंगी आँखों से नहीं देखते हैं। उनकी आँखों पर लाल व हरे रंग के चौरस शीशों का चश्मा होता है।

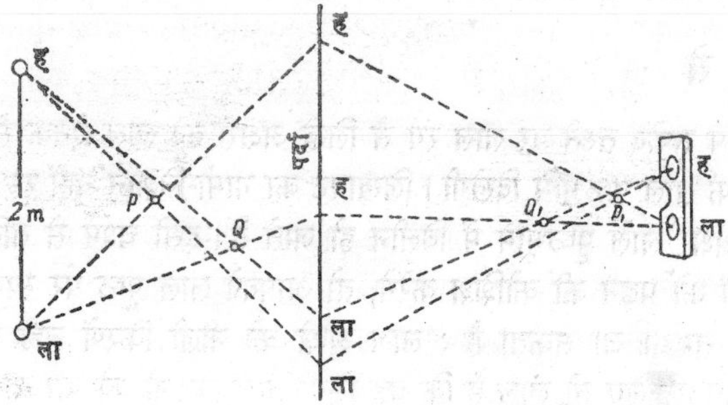

चित्र 134. "छाया-चमत्कार" का रहस्य

अभी-अभी समझाया गया था कि इन परिस्थितियों में व्यौम आकृतियों का भ्रम पैदा होता है, जिसके कारण वे पर्दे के तल से आगे की ओर उभरी हुई लगती हैं। "जादुई परछाइयाँ" का भ्रम काफी रोचक होता है : कभी लगता है कि फेंकी गई वस्तु ठीक दर्शकों के सिर पर गिरने वाली है; कभी कोई विशाल मकड़ा हवा में दर्शकों के सिर पर रेंगना शुरू कर देता है, जिससे बचने के लिए वे बरबस अपना सिर इधर-उधर घुमाने लगते हैं या डर के मारे चीख पड़ते हैं। इसका उपकरण काफी सरल है; उसे चित्र 134 की सहायता से समझा जा सकता है। ह. व ला. का अर्थ है हरा व लाल बल्ब (बाएँ); P और Q पर्दे व बल्बों के बीच रखी वस्तुएँ हैं; ह. व ला. अक्षरों के साथ p व q पर्दे पर इन वस्तुओं की लाल व हरी परछाइयाँ द्योतित करते हैं; P_1 व Q_1 उन स्थानों को इंगित करते हैं, जहाँ हरे (ह) व लाल (ला) रंग के शीशे से देखने पर दर्शकों को वस्तुएँ P तथा Q नजर आएँगी। जब विशाल मकड़ा Q से P की ओर भागता है, तो दर्शकों को लगता है कि वह Q_1 से P_1 की ओर भागता है।

वैसे, पर्दे के पार जव कोई वस्तु प्रकाश-स्रोतों के निकट आती है, जिसके कारण उसकी छाया का आकार बढ़ने लगता है, तो भ्रम होता है कि वस्तु पर्दे से दर्शकों की ओर आ रही है। हर उड़ती चीज, जो दर्शकों को पर्दे से अपनी ओर आती दिखती है, दरअसल उल्टी दिशा में—पर्दे से प्रकाशस्रोतों की ओर-गतिमान होती है।

रंग का रूपांतरण

यहाँ एक प्रयोग के बारे में कुछ बताना चाहिए, जो लेनिनग्राद की "मनोरंजक विज्ञान प्रदर्शनी" के दर्शकों को बहुत पसंद आया था। एक कोना अतिथि-कक्ष की भाँति सजा हुआ है। इसमें गद्दों के खोल गाढ़े नारंगी रंग के हैं; टेबुल हरे रंग का है और उस पर शीशे की सुराही में क्रेनबेरी का रस और भिन्न रंगों के फूल रखे हैं। आलमारियों के खानों पर किताबें हैं, जिनकी जिल्दों पर रंग-बिरंगे अक्षर दिख रहे है।। शुरू-शुरू यह सब साधारण श्वेत प्रकाश में दिखाया जा रहा है। अब स्विच थोड़ा घुमाया जाता है और श्वेत प्रकाश लाल प्रकाश में परिवर्तित हो जाता है। इससे कमरे का पूरा रूप-रंग बदल जाता है : गद्दों के खोल गुलाबी हो जाते हैं, हरा टेबुल-क्लौथ गाढ़ा नीलारुण हो जाता है; रस पानी की तरह वर्णहीन हो जाता है; फूल अपना रंग बदल कर बिल्कुल दूसरी तरह के दिखने लगते हैं; जिल्दों पर की रंगबिरंगी खिलावट में से कुछ का नामो-निशान नहीं रह जाता।

स्विच थोड़ा और घुमाने पर कमरा हरे रंग से प्रकाशित हो जाता है और अतिथि-कक्ष का रंग-रूप पुनः बदल जाता है।

ये रोचक रूपांतरण पिंडों के रंग संबंधी न्यूटनी सिद्धांत के दृष्टांत हैं। सिद्धांत कहता है कि पिंड की सतह उस रंग की नहीं दिखती, जिसे वह सोख लेती है, बल्कि उस रंग की, जिसे वह प्रकीर्णित करती है; प्रेक्षक की आँखों में फेंकती है। इंगलैंड के ही एक अन्य भौतिकविद् टिंडल इस बात को निम्न शब्दों में व्यक्त करते हैं :

"जब हम वस्तुओं को श्वेत वर्ण के प्रकाश से प्रकाशित करते हैं, तो लाल रंग हरी किरणों के अवशोषण से बनता है और हरा रंग-लाल किरणों के अवशोषण से। बाकी रंग दोनों ही स्थितियों में प्रकट होते हैं। मतलब है कि पिंड नकारात्मक रूप से रंग ग्रहण करते हैं : रंगीन दिखना किरणों के आत्मसातन का परिणाम नहीं, वहिष्करण का परिणाम है।"

हरा टेबुल-क्लौथ श्वेत प्रकाश में इसलिए हरा दिखता है, क्योंकि वह अधिकांशतः हरे रंग और उसके निकटवर्ती स्पेक्ट्रमी रंगों को प्रकीर्णित करता है; अन्य किरणों को वह कम प्रकीर्णित करता है या उनके अधिकांश भाग को अवशोषित कर लेता है। यदि ऐसे टेबुल-क्लौथ पर लाल-बैंगनी रंग का प्रकाश डाला जाए, तो वह अधिकांशतः बैंगनी रंग को प्रकीर्णित करेगा और लाल रंग का अधिकांश भाग अवशोषित कर लेगा। इसके कारण आँखों को गाढ़े अरूणाभ की संवेदना मिलेगी।

अतिथि-कक्ष में होने वाले सारे वर्ण-रूपांतरणों का कारण लगभग यही है। रहस्यमय लगती है सिर्फ क्रेनबेरी रस के रंगहीन होने की बात : लाल वर्ण का द्रव लाल प्रकाश में पानी की तरह रंगहीन क्यों हो जाता है? इसका राज यही है कि सुराही सफेद कागज पर रखी है और कागज हरे टेबुल-क्लौथ पर बिछा है। यदि

कागज हटा लिया जाए, तो आप देखेंगे कि रस लाल रंग का ही है। रंगहीन वह सिर्फ सफेद कागज के साथ लगता है, जो लाल प्रकाश में स्वयं लाल हो जाता है। पर टेबुल-क्लौथ के गाढ़े रंग के विरूद्ध हम कागज को आदतवश सफेद ही मानते हैं। और चूँकि द्रव का रंग कागज के मिथ्या श्वेत रंग से मिलता-जुलता है, इसलिए द्रव को भी हम सफेद मानने लगते हैं; हमारी आँखों के लिए वह क्रेनबेरी रस से वर्णहीन जल में परिणत हो जाता है।

ऐसा प्रयोग सरलीकृत रूप में आप भी कर सकते हैं। इसके लिए भिन्न रंगों के काँच जमा कीजिए और परिवेशी वस्तुओं को देखिए; परिणाम यही होगा। (ऐसे प्रभावों का वर्णन मेरी पुस्तक "क्या आप भौतिकी जानते हैं?" में किया गया है।)

किताब की ऊँचाई

अपने मेहमान या मित्र के हाथ में कोई पुस्तक देकर उससे पूछें कि पुस्तक को दीवार के सहारे खड़ी कर देने पर वह किस ऊँचाई तक पहुँचेगी। जब वह बता दे (दूर से ही अंदाज से, बिना खुद झुक कर किताब को खड़ा किए), तो आप किताब उससे लेकर फर्श पर दीवार के सहारे खड़ी कर दें : पता चलेगा कि बताई गई ऊँचाई से आधी दूरी तक ही वह पहुँचती है।

प्रयोग अधिक सफल होगा, यदि वह खुद झुककर अपनी उंगलियों से ऊँचाई नहीं बताए, बल्कि शब्दों के सहारे आपको समझा दे। जाहिर है कि प्रयोग सिर्फ किताब के साथ ही नहीं, लैंप, टोपी आदि किसी भी चीज के साथ किया जा सकता है। वस्तु सिर्फ ऐसी होनी चाहिए, जिसे हम आँखों के निकट से देखने के आदी हों।

इस गलत अंदाजे का कारण यह है कि जब किसी वस्तु को उसके अनुतीर (लंबाई की दिशा में) देखते हैं, तो उसकी लंबाई कुछ छोटी लगने लगती है।

चित्र 135. वेस्टमिंस्टर अब्बाट के घंटाघर की घड़ी के आकार

घंटाघर की घड़ी का आकार

आपके मेहमान ने जो गलती की है, वह हमलोग हर बार दुहराते हैं, जब हम ऊँचाई पर रखी किसी वस्तु को देखते हैं। यह गलती विशेषकर उस समय होती है, जब हम घंटाघर की घड़ी का आकार अंदाज से निर्धारित करने की कोशिश करते हैं। हम

सभी जानते हैं कि वह काफी बड़ी होती है। पर इसके बावजूद भी उसका वास्तविक आकार हमारी धारणा से काफी बड़ा होता है। (चित्र 135 में वेस्टमिंस्टर अब्बाट (लंडन) के घंटाघर की प्रसिद्ध घड़ी का डायल दिखाया गया है, जब वह नीचे सड़क पर उतारा गया था। उसकी तुलना में लोग-बाग कीड़ों की तरह लगते हैं। घंटाघर के छेद को नीचे से देखकर विश्वास नहीं होता कि उसमें इतना बड़ा डायल अँट सकता है, पर डायल और छेद बराबर हैं।

सफेद और काला

चित्र 136 को दूर से देखकर बताएँ : निचले बिंदे और ऊपर के किसी एक बिंदे के बीच की खाली जगह में ऐसे ही कितने बिंदे अँट सकते हैं—चार या पाँच? उम्मीद यही है कि आप कहेंगे : चार आराम से अँट जाएँगे, पाँचवे के लिए जगह थोड़ी कम पड़ेगी।

जब आपसे कहा जाएगा कि इस स्थान में ठीक तीन बिंदे अँटेंगे, इससे एक भी ज्यादा नहीं,—तो आपको विश्वास नहीं होगा। कागज और परकाल का प्रयोग कर के खुद देख सकते हैं कि आप गलत हैं।

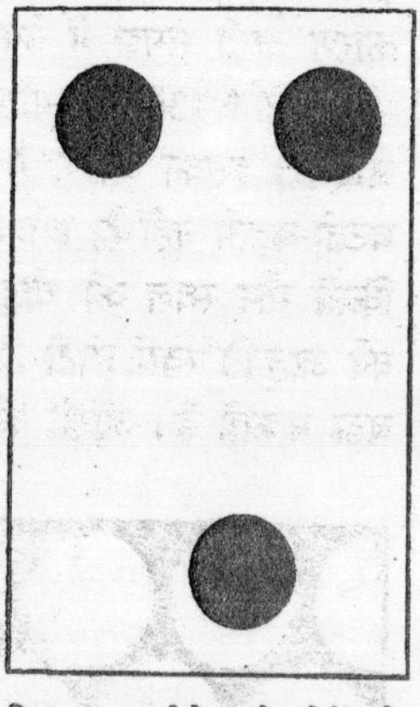

चित्र 136. नीचे वाले गोले और ऊपर वालों में से प्रत्येक गोल के बीच की दूरी ऊपरी गोलों के बाह्य कोरों की दूरी से अधिक लगती है, पर दरहकीमत सारी दूरियाँ बराबर हैं।

इस विचित्र भ्रम को—कि समान आकार के काले व सफेद स्थलों में से काला स्थल छोटा लगता है—"कांति" (इर्रेडियेशन) कहते हैं। यह भ्रम हमारी आँखों की बनावट के अपूर्ण होने के कारण उत्पन्न होता है। हमारी आँखें भी प्रकाशिकीय उपकरण हैं, पर वे प्रकाशिकी का पूर्णतया पालन नहीं करतीं। उसका अपवर्तक माध्यम दृष्टि-पटल पर इतनी स्पष्ट आकृति नहीं बनाता, जितनी स्पष्ट आकृति अच्छी तरह फोकस किए गए कैमरे के दूधिए शीशे पर बनती है। तथाकथित **गोलाकार विपथन** के कारण हल्के रंगों की हर आकृति एक कांतिमान छल्ले से घिरी होती है, जो उसका आकार बड़ा कर देती है। परिणामस्वरूप हल्के रंग के स्थल समान आकार वाले काले स्थलों की तुलना में बड़े लगते हैं।

महान कवि गेटे अपने "प्रकृति-सिद्धांत" में (जिसमें वे प्रकृति में पटु प्रेक्षक के रूप में आते हैं, पर भौतिकी के सिद्धांतवेत्ता के रूप में नहीं) इस भ्रम के बारे में लिखते हैं :

"कृष्णाभ वस्तु समान आकार वाली गौर (हल्के रंगों की) वस्तुओं से छोटी

लगती है। यदि काली पृष्ठभूमि पर श्वेत वृत्त और श्वेत पृष्ठभूमि पर उसी व्यास का काला वृत्त एक साथ देखा जाए, तो काला वृत्त सफेद से 1/5 अंश छोटा लगेगा। यदि काला वृत्त इसी हिसाब से कुछ बड़ा कर दिया जाए, तो दोनों बराबर लगेंगे। चंद्र-हसिया को देखने पर लगता है कि वह बड़े व्यास वाले वृत्त से काट कर बनाया गया है और चाँद का अंधकारमय भाग, जो थोड़ा-थोड़ा दिखता रहता है (चाँद का "भभूती वर्ण"—या.पे.), अपेक्षाकृत कम व्यास वाले वृत्त से काटा हुआ लगता है। किसी चीज की किनारी से प्रकाश-स्रोत देखने पर लगता है कि किनारी कुछ कटी-छँटी है। रेखनी के ऊपर से यदि मोमबत्ती की लौ झाँकती हो, तो रेखनी के उस स्थान पर कटाव सा दिखता है। उदय व अस्त होते वक्त सूर्य क्षितिज में मानों गड्ढ़ा सा कर देता है।"

इन अवलोकनों में सब कुछ सही है। गलत सिर्फ एक बात है कि श्वेत वृत्त उसी व्यास वाले काले वृत्त से हमेशा एक निश्चित अंश द्वारा ही बड़ा दिखता है। वास्तविकता तो यह है कि श्वेत वृत्त काले से कितना अंश बड़ा दिखेगा, यह उस दूरी पर निर्भर करता है, जिससे वृत्तों को देखा जा रहा है। ऐसा क्यों होता है, इसका कारण अभी समझ में आ जाएगा।

चित्र 136 को आँखों से कुछ दूर कर दीजिए—भ्रम और भी शक्तिशाली हो जाएगा। इसका कारण है कि गौर स्थल को घेरने वाली प्रकाश-छल्ले की चौड़ाई घटती-बढ़ती नहीं है; हमेशा एक रहती है। इसीलिए यदि नजदीक से देखने पर वह किसी गौर स्थल की चौड़ाई 10% बढ़ा देती है, तो दूर से देखने पर (जब स्थल की आकृति स्वयं छोटी हो जाती है) वही पट्टी उसकी चौड़ाई 30% से 50% तक बढ़ा सकती है। आँखों की इसी विशेषता द्वारा अक्सर चित्र 137 के विचित्र गुण

चित्र 137. कुछ दूरी से देखने पर वृत षटकोण लगते हैं।

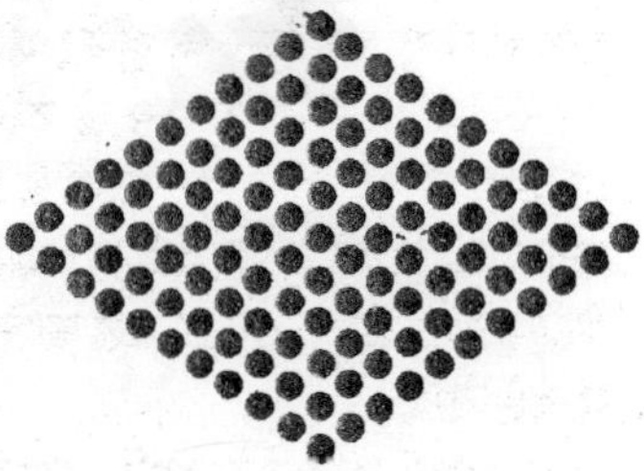

चित्र 138. काले गोले दूर से षटकोण लगते हैं।

को समझाया जाता है। नजदीक से अवलोकन करने पर आप काली पृष्ठभूमि पर अनेक सारे श्वेत गोल बिंदे देखेंगे। पर चित्र को दो-तीन कदम दूर से देखें। यदि आपकी दृष्टि बहुत अच्छी है, तो पाँच-छः कदम की दूरी से भी देख सकते हैं। आकृति बदल जाएगी; आपको श्वेत गोल बिंदों के स्थान पर श्वेत षटकोण दिखने लगेंगे, जैसे मधुमक्खी के छत्ते में घर होते हैं।

इस भ्रम का भी कारण कांति ही बताते हैं, पर जबसे मैंने श्वेत पृष्ठ-भूमि पर दूर से षटकोण प्रतीत होने वाले **काले** बिंदों को देखा (चित्र 138), तबसे मुझे इस कांति वाली व्याख्या से संतोष नहीं होता, यद्यपि कांतिमान पट्टी यहाँ बिंदों का आकार बढ़ाती नहीं, घटाती है। वैसे एक बात है कि दृष्टि-भ्रमों की ज्ञात व्याख्याओं में से किसी को भी संतोषप्रद नहीं कहा जा सकता। वे सभी अपूर्ण हैं। अधिकांश भ्रमों की तो कोई व्याख्या ही नहीं है।[1]

कौनसा अक्षर अधिक काला है?

चित्र 139 की सहायता से हम अपनी आँखों के एक और दोष-निर्बिंदुत्व (ऐस्टिगमैटिज्म)—से परिचित हो सकते हैं। यदि आप इसे सरसरी निगाह से देखेंगे, तो शायद चारों अक्षर समान रूप से काले नहीं लगेंगे। आप यह याद कर लें कि कौन सा अक्षर सबसे अधिक काला लग रहा है। अब चित्र को घुमा कर पार्श्व से देखें। आपको एक परिवर्तन नजर आएगा : जो अक्षर सबसे अधिक काला था, अब थोड़ा हल्का पड़ गया है और एक बिल्कुल दूसरा ही अक्षर सबसे अधिका काला है।

चित्र 139. एक आँख बंद कर इस लिखावट को देखें। इनमें से एक अक्षर अन्यों की अपेक्षा अधिक काला लगेगा।

यथार्थतः सभी अक्षर समान रूप से काले हैं। सिर्फ उन्हें बनाने वाली रेखाओं की दिशाएँ भिन्न हैं। यदि हमारी आँखें शीशों के बने महंगे लेंसों की तरह पूर्ण होतीं,

---

1. इसके बारे में सविस्तार देखें : मेरी पुस्तक "दृष्टि-भ्रम"—प्रकाशिकीय भ्रमों का एक चित्र-संग्रह है।

तो रेखाओं की दिशाएँ अक्षरों के कालेपन पर असर नहीं डालतीं। पर आँख प्रकाश को हर दिशा में समान रूप से अपवर्तित नहीं करती और इसीलिए हम उदग्र, क्षैतिज व आड़ी रेखाओं को समान स्पष्टता से नहीं देख पाते।

शायद ही किसी की आँखें इस दोष से मुक्त हों। कुछ लोगों में निर्बिंदुत्व इतना बढ़ा हुआ होता है कि वह देखने में बिल्कुल बाधक बन जाता है; दृष्टि की तीक्ष्णता काफी कम हो जाती है। ऐसे लोगों को विशेष प्रकार का चश्मा लगाना पड़ता है।

आँखों में अन्य आंतरिक दोष भी हैं, जिनसे कृत्रिम प्रकाशिकीय उपकरणों को मुक्त किया जा सकता है। हेल्महोल्ट्स ने आँख के इन दोषों को ही मद्दे-नजर रखते हुए कहा था : ''यदि कोई चश्माफरोश मुझे ऐसे दोषों से युक्त कोई प्रकाशिकीय उपकरण बेचने की कोशिश करता, तो मैं कहता कि उसे कुछ आता नहीं है और विरोध के साथ उपकरण उसे वापस कर देता।''

आँख की बनावट से उत्पन्न होने वाले इन भ्रमों के अतिरिक्त और भी कई दूसरे भ्रम हैं, जो बिल्कुल दूसरे कारणों पर आधारित होते हैं।

सजीव चित्र

शायद ऐसा चित्र देखने का अवसर सबों को मिला होगा, जिसमें कोई व्यक्ति आपकी ओर देख रहा है और इतना ही नहीं, वह नजरों से आपका पीछा भी करता रहता है; जिधर आप जाते है, उसकी निगाह भी उधर ही घूम जाती है। ऐसी तस्वीरों की रोचक विशेषताओं को लोग काफी समय से जानते हैं; बहुतों को वे रहस्यमयी भी लगती हैं। गोगल की कहानी ''तस्वीर'' में इसी तरह की एक स्थिति का एक सुंदर वर्णन मिलता है :

''आँखें उस पर टिक गई और लगता था कि उसके अतिरिक्त और कुछ भी देखना नहीं चाहतीं तस्वीर सब कुछ को छोड़ कर सिर्फ उसे देख रही थी; मानों तस्वीर की दृष्टि उसमें चुभ कर फँस गई थी...''

चित्र 140. रहस्यमय चित्र

तस्वीरों में आँखों की इस रहस्यमी विशेषता के साथ अंधविश्वास की कई कथाएँ जुड़ी हैं (''तस्वीर'' कहानी को ही लें), पर राज यही है कि यह मात्र दृष्टि-भ्रम है।

कारण इतना सा है कि इन तस्वीरों में आँख की पुतली आँख के ठीक बीच

में बनी होती है। जब कोई व्यक्ति सीधा हमारी ओर देखता है, तो पुतली की स्थिति यही होती है। जब वह इधर-उधर देखता है, तो पुतली आँख के किनारे हो जाती है। जब हम तस्वीर बगल से देखते हैं, पुतलियाँ जाहिर है कि अपना स्थान नहीं बदलतीं; वे तस्वीर वाले व्यक्ति की आँखों के बीच ही में रहती हैं। इसके अतिरिक्त उस व्यक्ति की शक्ल भी हमारे सापेक्ष पहले की तरह ही रह जाती है। इसीलिए हमें लगता है कि चित्र वाला व्यक्ति हमें मुड़-मुड़ कर देख रहा है।

कुछ तस्वीरों की चकरा देने वाली अन्य विशेषताओं का भी यही कारण होता है। जैसे, चित्र का घोड़ा ठीक आप पर छलांग लगाता सा दिखता है, आदमी आप पर उंगली उठाए होता है, आदि आदि। इस तरह की एक तस्वीर चित्र 140 में दिखाई गई है। ऐसे चित्र विज्ञापन, प्रचार आदि में अक्सर प्रयुक्त होते रहते हैं।

यदि ऐसे भ्रमों के कारणों पर मनन किया जाए, तो स्पष्ट हो जाता है कि इनमें कोई आश्चर्य या चमत्कार की बात नहीं है। उल्टा, आश्चर्य तब होता, जब ऐसी तस्वीरों में ये विशेषताएँ नहीं होतीं।

गड़ी रेखाएँ और अन्य दृष्टि-भ्रम

चित्र 141 के पिनों में कोई विशेषता नजर नहीं आती। अब किताब उठा कर आँखों के सामने रखें, और एक आँख बंद करके इन रेखाओं को इस प्रकार से देखें, जैसे दृष्टि उनकी दिशा में फिसल रही हो। (दृष्टि को उस बिंदु पर टिकाना है जहाँ इन रेखाओं को बढ़ाने पर उनका कटान बिंदु मिले।) इस विधि से देखने पर लगता है कि पिन कागज पर बने (या पड़े) हुए नहीं हैं; वे कागज में उदग्र गड़े हुए प्रतीत होतं हैं। यदि आप अपना सिर थोड़ा बगल ले जाएँगे, तो देखेंगे कि पिन भी उसी ओर थोड़ा झुक गए हैं।

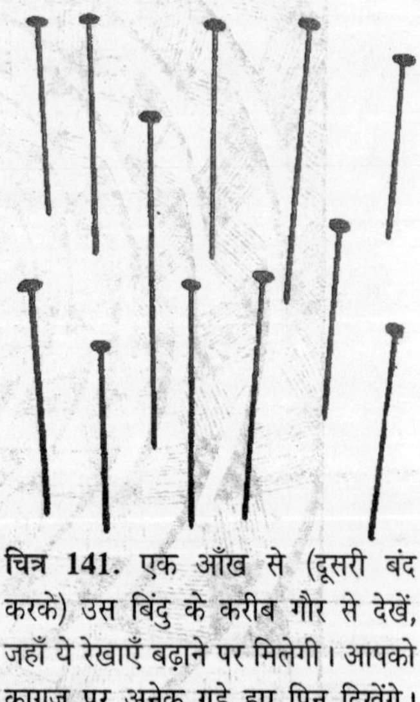

चित्र 141. एक आँख से (दूसरी बंद करके) उस बिंदु के करीब गौर से देखें, जहाँ ये रेखाएँ बढ़ाने पर मिलेगी। आपको कागज पर अनेक गड़े हुए पिन दिखेंगे। चित्र को हल्के से इधर-उधर हिलाने पर लगेगा कि पिन हिल-डुल रहे हैं।

इस भ्रम को परिप्रेक्ष्य (व्यौम-धर्मिता) के नियम से समझाया जा सकता है : चित्र में रेखाएँ इस प्रकार से खींची गई हैं, जैसे कागज पर उदग्र गड़े पिन प्रक्षिप्त (चित्रित) किए जाते हैं।

भ्रम दिखना सिर्फ दृष्टि-दोष ही नहीं है। इससे कई लाभ भी हैं, जिसके बारे में लोग अक्सर भूल जाते हैं। यदि आँखें इस

चित्र 142. अक्षर सीधे हैं।

चित्र 143. वक्र रेखाएँ सर्पिलाकार लगती है, पर ये वृत्ताकार हैं। सुई की नोक किसी रेखा पर घुमा कर देख ले सकते हैं।

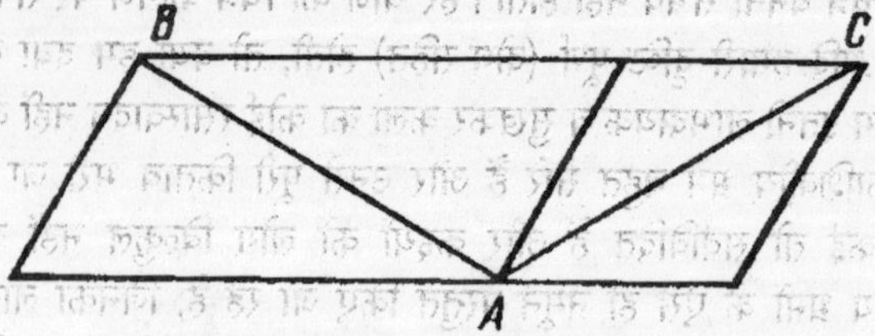

चित्र 144. दूरी AB बड़ी लगती है AC से, पर दोनों बराबर हैं।

चित्र 145. पट्टियों को काटने वाली आड़ी रेखा टूटी-टूटी सी लगती है।

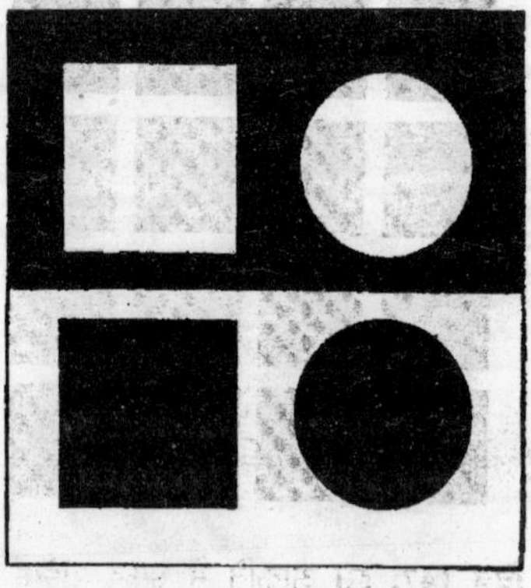

चित्र 146. काले और सफेद वर्ग बराबर हैं। वृत्त भी बराबर हैं।

तरह के भ्रमों में नहीं पड़तीं, तो चित्रकारी संभव नहीं होती और हम चित्रकला का पूर्णरूप से रसास्वादन नहीं कर पाते। चित्रकार अक्सर इन दृष्टि-दोषों का उपयोग करते हैं।

"इसी धोखे पर सारी चित्र-कला आधारित है,—अपने प्रसिद्ध "विभिन्न भौतिक घटनाओं के बारे में पत्र" में XVIII-वीं शती के प्रतिभावान वैज्ञानिक एइलर लिखते हैं।—यदि हम सिर्फ सच्चाई ही देखते, तो यह कला (अर्थात् चित्र-कला) होती ही नहीं, या होती भी तो हम उसके लिए अंधे होते। चित्रकार रंगों को मिलाने में सारी निपुणता खर्च कर देता और हम कहते : इस तख्ते पर लाल धब्बा है; यह नीला धब्बा है, यहाँ काला है और वहाँ कुछेक सफेद रेखाएँ हैं;सब एक समतल पर स्थित है और आगे-पीछे की दूरियों में कोई अंतर नहीं दिख रहा है। इस तरह, एक भी

वस्तु का चित्र बनना संभव नहीं होता। हर चीज का चित्र कागज पर सपाट लिखावट सा होता...यदि हमारी दृष्टि पूर्ण (दोष-रहित) होती, तो क्या हम दया के पात्र नहीं होते कि हम इतनी लाभदायक व सुखकर कला का कोई रसास्वादन नहीं कर सकते?"

प्रकाशिकीय भ्रम बहुत सारे हैं और उनसे पूरी किताब भरी जा सकती है।[1] इनमें से कई तो सर्वविदित हैं और कइयों को लोग बिल्कुल नहीं जानते। यहाँ प्रकाशिकीय भ्रमों के ऐसे ही नमूने प्रस्तुत किए जा रहे हैं, जिनका लोगों को बहुत कम ज्ञान है। जालीदार पृष्ठभूमि पर रेखाओं से संबंधित दृष्टि-भ्रम (चित्र 142 व 143) काफी प्रभावशाली हैं। आँखों को बिल्कुल विश्वास नहीं होता कि चित्र 143 में सारे अक्षर सीधे हैं। चित्र 143 में और भी कठिनाई से विश्वास होता है कि हमारे सामने सर्पिल नहीं, इककेंद्री (एक सामूहिक केंद्र वाले) वृत्त हैं। सिर्फ प्रत्यक्ष परीक्षण

चित्र 147. इस आकृति में सफेद पट्टियों के कटान-स्थलों पर भूरे व वर्गाकार धब्बे लुक-छिप कर प्रकट होते रहते हैं। पर असलियत में सफेद पट्टियाँ पूरी तरह से सफेद हैं। यदि विश्वास न हो, तो कागज से किसी पट्टी के अगल-बगल के काले वर्गों को ढक कर देख लें। भूरे धब्बे वर्ण-वैषम्य के परिणाम हैं।

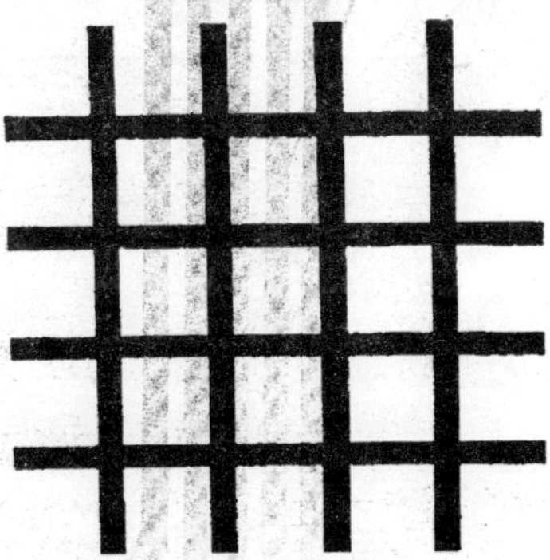

चित्र 148. काली पट्टियों के कटान-स्थलों पर भूरे-से धब्बे दिखते हैं।

द्वारा आप यह देख सकते हैं। मिथ्या सर्पिल की किसी भी शाखा पर पेंसिल की नोक रख कर घुमाएँ। शीघ्र ही स्पष्ट हो जाएगा कि आप न तो केंद्र के निकट आ रहे हैं और न उससे दूर जा रहे हैं; आप वृत्त की परिधि पर घूम रहे हैं। इसी तरह परकाल की सहायता से आप देख सकते हैं कि चित्र 144 में रेखा AC रेखा AB

1. मेरी उपरोक्त पुस्तक "दृष्टि-भ्रम" में 60 से अधिक प्रकाशकीय भ्रम संग्रहित हैं।

से छोटी नहीं है। चित्र 145, 146, 147, 148, से उत्पन्न भ्रमों के बारे में उन चित्रों के नीचे पढ़ सकते हैं। चित्र 147 का भ्रम कितना प्रभावशाली है, इसका पता एक मजेदार घटना से चलता है : इस पुस्तक के पिछले प्रकाशनों में से एक के प्रकाशक को जब इस चित्र का जस्तकरी मुद्रण दिखाया गया, तो वह उसे पुनः छापेखाने में भेजने लगा, ताकि सफेद पट्टियों के कटान-स्थलों पर दिखने वाले गंदे भूरे धब्बो को साफ कर दिया जाए। अच्छा हुआ कि मैं संयोगवश इसी समय वहाँ पहुँच गया और प्रकाशक महोदय को समझा कर रोकने में सफल हो गया।

निकट दृष्टि की दृष्टि में

निकट दृष्टि वाले लोग बिना चश्मे के ठीक से नहीं देख पाते; पर वे क्या देखते हैं, वस्तुएँ उन्हें कैसी दिखती हैं—इसके बारे में सही दृष्टि वाले लोग बहुत कम ही कुछ जानते हैं। पर निकट दृष्टि वालों की संख्या बहुत अधिक है और वे परिवेश को किस रूप में देखते हैं, यह जानना लाभदायक होगा।

प्रथमतः, निकट दृष्टि वाला व्यक्ति (जाहिर है कि बिना चश्मे के) कभी भी स्पष्ट आकृतियाँ नहीं देखता; उसके लिए सभी वस्तुओं की परिरेखाएँ अस्पष्ट व धुली हुई होती हैं। अच्छी दृष्टि वाला व्यक्ति जब पेड़ को देखता है, तो पत्ते-पत्ते को अलग व स्पष्ट देखता है। निकट दृष्टि वाला व्यक्ति सिर्फ एक बेतरतीब हरा पिंड देखता है, जिसमें उसे अजीबोगरीब आकृतियाँ नजर आ सकती हैं; उसके लिए छोटी वस्तुएँ और छोटी वस्तुएँ और छोटे विवरण एकदम ही लुप्त हो जाते हैं।

निकट दृष्टि वालों को दूसरों की शक्लें कुछ कम उम्र की तथा अधिक आकर्षक लगती हैं; अच्छी दृष्टि वालों की तरह वे महीन झुर्रिया और कई अन्य दोष नहीं देख पाते; चमड़े का भोंडा लाल रंग (प्राकृतिक या कृत्रिम) उन्हें कोमल अरूणाभ लगता है। हम अपने कुछ परिचितों के भोलेपन पर आश्चर्य करते हैं कि वे लोगों की उम्र का अंदाजा लगाने में बीस-बीस साल तक की गलती कर जाते हैं; जिसे हम सुंदर नहीं कहते, उसे वे सुंदर कह देते हैं। कभी-कभी वे बेशर्मी से हमारी ओर देखने लगते हैं, जैसे कोई रहस्य जान लेना चाहते हों। पर इन सबका कारण यही है कि वे निकट दृष्टि वाले हैं।

"लाइसियम (पुराने जमाने के अध्ययन केंद्र) में मुझे चश्मा लगाने की मनाही थी,—पुश्किन के मित्र कवि देलविग अपने संस्मरण में लिखते हैं,—पर इससे स्त्रियाँ कितनी मनोहर प्रतीत होती थीं और पढ़ाई खत्म करने के बाद मुझे कितनी निराशा हुई थी!" जब निकट दृष्टि वाला व्यक्ति (बिना चश्मा लगाए) आपसे बात करता है, तो वह आपकी शक्ल नहीं देखता; देखता भी है, तो वह चीज नहीं, जो आप सोचते होंगे : उसके सामने अस्पष्ट आकृति होती है। हो सकता है कि एक घंटे बाद वह आपको सड़क पर देखे और पहचान न पाए। निकट दृष्टि वाला व्यक्ति

लोगों को उनके रूप-रंग से उतना नहीं पहचानता जितना उनकी आवाज के आधार पर। आप कह सकते हैं कि विकसित श्रवण-शक्ति दृष्टिदोष का पूरक बन जाती है।

निकट दृष्टि वालों को रात की दुनिया कैसी लगती है, यह भी कम रोचक नहीं है। रात में सभी प्रकाशमान वस्तुएँ—लैंप, प्रकाशित खिड़कियाँ आदि उन्हें काफी बड़े आकारों में दिखती हैं। दुनिया उनके लिए चमकीले धब्बों, काले व धुंधले सिलुएटों आदि से भरे बेतरतीब चित्र में परिणत हो जाती है। सड़क पर खंभों की रोशनी को वे दो-तीन बड़े-बड़े प्रकाश-धब्बों के रूप में देखते हैं, जो उनकी दृष्टि में सड़क का बाकी सारा भाग ढक लेते हैं। सामने से आती मोटर-कार की जगह वे दो चमकीले गोल घेरे देखते हैं, जिनके पीछे एक काला पिंड दौड़ता होता है।

निकट-दृष्टि वालों को रात में आकाश भी कुछ और ही नजर आता है। वे सिर्फ बड़े तारों को ही देख पाते हैं, अतः उन्हें कुछेक हजार की जगह कुछेक सौ तारे ही नजर आते हैं, और वे भी प्रकाश के बड़े-बड़े लोंदों जैसे नजर आते हैं। चाँद उन्हें काफी बड़ा व निकट दिखता है। अर्द्ध चंद्र उनके लिए बिल्कुल विचित्र रूप-रंग का होता है।

आकारों के प्रतीयमान परिवर्धन व इन विकृतियों का कारण निकट दृष्टि वाले की आँख की विशेष बनावट में छिपा होता है। ऐसे आदमी की आँख काफी गहरी होती है; इतनी गहरी कि अपवर्तन के बाद प्रकाश किरणें रेटीना (दृष्टिपटल) पर नहीं उससे कुछ पहले ही इकत्रित हो जाती हैं। रेटीना तक सिर्फ अपसृत किरण-पुंज पहुँचती हैं, जिसके कारण वस्तुओं का बिंब अस्पष्ट बनता है।

अध्याय 10
ध्वनि और श्रवण-शक्ति

प्रतिध्वनि की खोज

किसी ने देखा नहीं, पर सुना उसे सबने है; अंग नहीं, पर जीती है, जीभ नहीं और चीखती है।

निक्रासव

अमरीकी व्यंग्यकार मार्क ट्वेन की कहानियों में से एक में एक आदमी प्रतिध्वनियों का संग्रह करता होता है। वह हर उस स्थान को खरीद लेता था, जहाँ की प्रतिध्वनि में कोई विशेषता थी, या वह कई बार दुहाराई जाती थी।

"पहले उसने जार्जिया प्रांत में एक प्रतिध्वनि खरीदी, जो चार बार शब्दों को दुहराती थी। इसके बाद मेरीलैंड में छः बार स्वरों को दुहराने वाली प्रतिध्वनि और मेने में 13-बार वाली खरीदी। अगली खरीदारी में कंजास की 9-बार वाली प्रतिध्वनि आई। इसके बाद टेनेसी की 12 बार वाली, जो सस्ते में मिल गई थी, खरीदी गई। सस्ते में, क्योंकि उसमें काफी कुछ मरम्मत करनी थी : इसमें मुख्य चट्टान अपनी जगह से धँस गई थी। उसने सोचा कि इसपर कोई दीवार बना कर प्रतिध्वनि को वापस लौटाया जा सकता है, पर इंजिनियर का कभी प्रतिध्वनियों से पाला नहीं पड़ा था, अतः उसने स्थान को और भी बिगाड़ दिया। मरम्मत के बाद जगह इसी लायक रह गई थी कि वहाँ सिर्फ बहरे-गूंगे शरण ले सकें..."

यह तो मजाक है, पर कई बार दुहराई जाने वाली प्रतिध्वनियाँ सचमुच में होती हैं। उनमें से अधिकांश पहाड़ी जगहों पर होती हैं। कई तो विश्व भर में विख्यात हैं।

कुछ प्रसिद्ध प्रतिध्वनियों का वर्णन करते हैं। इंगलैंड में वुडस्टौक किले में प्रतिध्वनि 17 अक्षरों को दुहरा सकती है। हाल्बेरश्टाट के पास डेरेनबुर्ग किले के अवशेषों में 27 अक्षरों को दुहराने वाली प्रतिध्वनि थी, पर बम से एक दीवार के

ध्वंस हो जाने के कारण वह सदा के लिए चुप हो गई। चेकोस्लोवाकिया में आदेर्सबाख के पास गोलाकार चट्टानें एक स्थान-विशेष से 7 अक्षरों की प्रतिध्वनि दुहरा सकती हैं। लेकिन यहाँ से चंद कदम हट जाने पर बंदूक की आवाज भी प्रतिध्वनित नहीं होती। मिलान के निकट एक किले में (जो अब नहीं है) प्रतिध्वनियों की संख्या बहुत बड़ी थी : उसके एक भाग में गोली चलाने पर धमाके की आवाज. 40-50 बार सुनाई देती थी और चिल्ला कर कहा गया शब्द-30 बार।

ऐसे स्थानों को ढूँढना कोई आसान काम नहीं है, जहाँ साफ-साफ एक बार भी प्रतिध्वनि सुनाई पड़ती हो। पर सोवियत संघ में ऐसे स्थान खोज निकालना अपेक्षाकृत सरल है। यहाँ जंगलों से घिरे अनेक मैदान व घाटियाँ हैं। किसी भी ऐसे मैदान में जोर से कुछ बोलने पर जंगल के पेड़ों की दीवार से टकरा कर स्पष्ट ध्वनि सुनाई दे सकती है।

पहाड़ियों में तरह-तरह की प्रतिध्वनियाँ मिलती हैं, पर उनकी संख्या बहुत कम है। पहाड़ी-स्थलों पर प्रतिध्वनि सुनना अधिक कठिन है, बनिस्बत कि जंगल से घिरे समतल पर।

आप अभी समझ जाएँगे कि ऐसा क्यों होता है। प्रतिध्वनि और कुछ नहीं, सिर्फ ध्वनि तरंग है, जो किसी बाधा से टकरा कर परावर्तित हो जाती है। प्रकाश के परावर्तन की तरह इसमें भी "ध्वनि-किरणों" के आपतन व परावर्तन कोण बराबर होते है (ध्वनि-किरण उस दिशा को कहते है, जिधर-तरंगे गतिमान होती हैं)।

अब कल्पना करें कि आप पहाड़ के नीचे खड़े हैं (चित्र 149) और ध्वनि को परावर्तित करने वाली बाधा AB आप से कुछ ऊपर ऊँचाई पर है। आसानी से देख सकते हैं कि Ca, Cb, Cc रेखाओं पर भ्रमण करने वाली ध्वनि-तरंगे परावर्तन के बाद आपके कान तक नहीं, बल्कि aa, bb, cc, दिशाओं में चली जाती हैं। दूसरी बात होती यदि आप उसी ऊँचाई पर उठ आते जिसे पर बाधा है (चित्र 150) या थोड़ा ऊपर भी उठ आ सकते हैं। ध्वनि Ca, Cb, दिशाओं में जाकर पुनः आपके पास भंजित रेखाओं CaaC, या CbbC, पर लौट आएगी। इसके लिए ध्वनि को एक या दो बार जमीन से भी परावर्तित होना पड़ सकता है। दोनों स्थानों के बीच यदि जमीन गहरी हो, तो और भी अच्छा

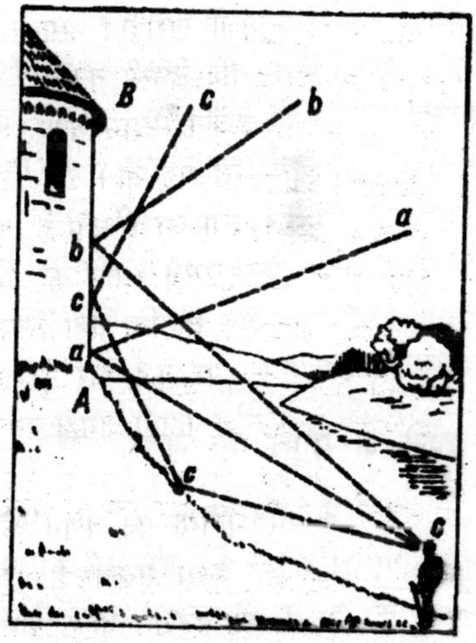

चित्र **149.** प्रतिध्वनि नहीं सुनाई देगी।

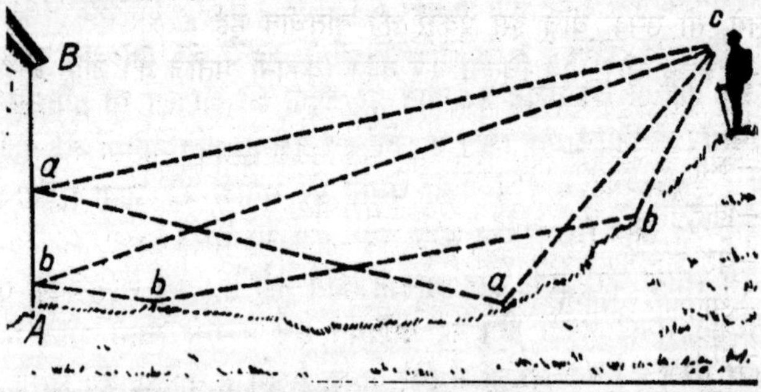

चित्र 150. स्पष्ट प्रतिध्वनि।

है; वह नतोदर दर्पण की तरह काम करती है। पर यदि C और B स्थानों के बीच का स्थान उत्तल होगा, तो प्रतिध्वनि काफी क्षीण होगी और हो सकता है कि वह आपके कानों तक पहुँचे ही नहीं; ऐसी सतह उत्तल दर्पण का काम करती है।

ऊबड़-खाबड़ पहाड़ी स्थल पर प्रतिध्वनि को खोजने के लिए कुछ कौशलता की आवश्यकता पड़ती है। उपयुक्त स्थान के चयन हो जाने के बाद भी वहाँ प्रतिध्वनि उत्पन्न करना कोई आसान काम नहीं है। प्रथमतः, वाधा के बहुत निकट नहीं खड़ा होना चाहिए : ध्वनि का पथ काफी लंबा होना चाहिए, ताकि उसे जाकर लौटने में कुछ समय लगे, अन्यथा प्रतिध्वनि के साथ लीन ही जाएगी। ध्वनि 340m प्रति सेकेंड की क्षिप्रता से चलती है, अतः बाधा से 85m की दूरी पर खड़े रहने से प्रतिध्वनि आधे सेकेंड के बाद सुनाई देगी।

यद्यपि किसी भी प्रकार की ध्वनि की प्रतिध्वनि उत्पन्न हो सकती है, उसकी स्पष्टता एक जैसी नहीं होती। घनघोर जंगल में कोई पशु गर्ज रहा है या तुरंगनाद हो रहा है, बिजली कड़क रही है या पहाड़ी पार कोई बाला गीत गा रही है–इन सबकी प्रतिध्वनियाँ समान नहीं होंगी। ध्वनि जितनी तीखी होगी, प्रतिध्वनि उतनी ही स्पष्ट होगी। सबसे अच्छी प्रतिध्वनि ताली बजाने की होती है। आदमी का स्वर इतना अच्छा काम नहीं आता, जितना स्त्रियों व बच्चों का। उच्च स्वर अधिक स्पष्ट प्रतिध्वनि देता है।

नापने के फीते की जगह ध्वनि

हवा में ध्वनि-प्रसरण का वेग ज्ञात होने से दुर्गम स्थल पर स्थित वस्तुओं की दूरी नापी जा सकती है। जूल वेर्न के उपन्यास "पृथ्वी-केंद्र की यात्रा" में ऐसी एक घटना का वर्णन आता है। भूगत यात्रा के वक्त दो यात्री-प्रोफेसर और उनका भतीजा-एक दूसरे को खो देते हैं। ढूँढ़ते-ढूँढ़ते आखिर जब वे एक दूसरे की आवाज

सुनने लगे, तो उनके बीच इस प्रकार की बातचीत हुई :

—"चाचा जी!—मैंने चिल्ला कर कहा (कहानी भतीजे की ओर से कही जा रही है)।

—क्या है, बेटा?—कुछ क्षण बाद मैंने उत्तर सुना।

—कितनी दूर हैं हम लोग एक दूसरे से?

—यह जानना कठिन नहीं है।

—आपका क्रोनोमीटर ठीक-ठाक है?

—हाँ।

—उसे हाथ में ले लीजिए। मेरा नाम जोर से पुकारें और बोलना शुरू करने के क्षण सेकेंड की सुई ठीक-ठीक देख कर याद कर लें। जैसे ही आपकी आवाज मुझ तक आएगी, मैं भी जोर से अपना नाम दुहराऊँगा। जब आप मेरी आवाज सुनेंगे, पुनः सेकेंड की सुई देख लेंगे।

—अच्छी बात है। तब मेरे पुकारने और तुम्हारा उत्तर सुनाई देने में जो समय लगा है, उसका आधा समय लगता है ध्वनि को यहाँ से तुम तक पहुँचने में। तुम तैयार हो न?

—हाँ।

—रेडी! तुम्हारा नाम पुकार रहा हूँ।

—मैंने दीवार से कान लगा लिया। जैसे ही शब्द "आक्सेल" (कहानी कहने वाले का नाम) सुनाई दिया, मैंने झट से उसे दुहरा दिया और इंतजार करने लगा।

—चालिस सेकेंड,—चाचा ने कहा, —अतः तुम्हारी आवाज मुझ तक 20 सेकेंड में पहुँची है। और चूँकि ध्वनि एक सेकेंड में तिहाई किलोमीटर तय करती है, हम लोग एक दूसरे से लगभग सात किलोमीटर की दूरी पर है।"

यदि इस अवतरण की बातें आप अच्छी तरह से समझ गए हैं, तो आप एक ऐसा प्रश्न को स्वयं हल करने की कोशिश करें : दूरे खड़े इंजन से सीटी देने वाले सफेद वाष्प को मैंने जिस क्षण देखा, उसके ठीक डेढ सेकेंड बाद मुझ आवाज सुनाई दी। इंजन से मैं कितनी दूर था?

ध्वनि-दर्पण

जंगल की दीवार, ऊँची चहारदीवारी, मकान, पर्वत आदि जैसी बाधाएँ, जो ध्वनि को परावर्तित कर सकती हैं, उसके लिए दर्पण का काम करती हैं। वे ध्वनि को उसी प्रकार परावर्तित करती हैं, जैसे चौरस दर्पण प्रकाश को परावर्तित करता है।

ध्वनि-दर्पण सिर्फ समतल ही नहीं, वक्र भी होते हैं। नत ध्वनि-दर्पण रिफ्लेक्टर (परावर्तक) की तरह ध्वनि-किरणों को अपनी नाभि पर इकत्रित करता है।

इससे संबंधित एक रोचक प्रयोग आप दो गहरी प्लेटों से कर सकते हैं। एक प्लेट को टेबुल पर रख लें और उसकी पेंदी से कुछ सेंटीमीटर ऊपर जेब-घड़ी पकड़े रहें। दूसरी प्लेट चित्र 151 की भाँति कान के पास रखें। यदि घड़ी, कान और प्लेटों की आपसी स्थितियाँ सही चुनी गई हैं (इन वस्तुओं को कई बार इधर-उधर खिसका कर सही स्थान "टटोलते" हैं), तो आपको टिकटिक की आवाज उस प्लेट से आती सुनाई देगी, जिसे आप कान से पास पकड़े हैं। यदि आँखें बंद कर ली जाए, तो भ्रम और भी स्पष्ट हो जाएगा। इस स्थिति में कहना मुश्किल हो जाएगा कि किस हाथ में घड़ी है और किस में प्लेट।

चित्र 151. ध्वनि के लिए नतोदर दर्पण।

मध्य-युगीन किलों के निर्माता ध्वनि के गुणों के आधार पर तरह-तरह के अजूबे बनाया करते थे। नत ध्वनि-दर्पण की नाभि या दीवार में छिपी ध्वनि-वाहक नली के एक सिरे पर कोई प्रतिमा रख दी जाती थी। चित्र 152 में XVI-वीं शती की एक पुरानी किताब से लिया गया एक आरेख दिखाया गया है, जो ऐसी ही एक

चित्र 152. प्राचीन किले में ध्वनि-चमत्कार—बोलती मूर्त्तियां (अफानासी कीरखेर, 1560 की पुस्तक से)।

युक्ति का रहस्य बताता है। बाहर सड़क पर से आवाजें दीवार में छिपी ध्वनि-वाहक नली द्वारा भीतर आती हैं और वहाँ से गुंबज पर परावर्तित होते हुए प्रतीमा की होंठ तक पहुँच जाती हैं। दीवारों में जगह-जगह छिपी बड़ी-बड़ी ध्वनि-वाहक नलियाँ बाहर की आवाजें भीतर रखी प्रतिमाओं के होठों तक लाती हैं। इन युक्तियों के कारण किले के भीतर स्थित लोगों का लगता है कि मूर्त्तियाँ रो रही हैं, बातें कर रही हैं, आदि।

थियेटर कक्षों में ध्वनि

जो लोग संगीत-कार्यक्रम, नाटक आदि देखने के लिए अक्सर थियेटरों में जाया करते हैं, वे जानते हैं कि कुछ कक्षों में ध्वनि-संचरण अच्छा होता है और कुछ में बुरा। किसी कक्ष में कलाकारों की आवाज किसी भी दूरी से सुनाई देती है, तो किसी में नजदीक से भी अस्पष्ट सुनाई देती है। इन बातों का कारण अमरीकी भौतिकविद् वुड की पुस्तक "ध्वनि-तरंगे और उनका उपयोग" में बहुत अच्छी तरह समझाया गया है।

"ध्वनि-स्रोत के चुप हो जाने पर भी भवन के भीतर देर तक उसकी आवाज सुनाई देती रहती है। परावर्तनों के कारण वह भवन के भीतर ही भीतर चक्कर काटती रहती है। इस बीच यदि ध्वनि-स्रोत चुप नहीं रहता, अर्थात् उससे और भी नई-नई ध्वनियाँ निकलती रहती हैं, तो सुनने वाले उन्हें सही क्रम में ग्रहण नहीं कर पाते और इसलिए उनकी समझ में कुछ भी नहीं आता। उदाहरणार्थ, यदि ध्वनि तीन सेकेंडों तक भ्रमणशील रहती है और वक्ता एक सेकेंड में तीन अक्षरों की गति से बोल रहा है, तो 9 अक्षरों वाली ध्वनि-तरंगें कक्ष में एक साथ घूमना शुरू कर देंगी और वहाँ इतना बेतरतीब शोर होगा कि स्रोता कुछ समझ नहीं सकेंगे।

इन परिस्थितियों में वक्ता अक्सर जोर से बोलने की कोशिश करते हैं और शोर उल्टा बढ़ जाता है। यहाँ अधिक उपयुक्त होगा कि वे धीरे-धीरे, स्पष्ट व कुछ धीमे स्वर में बोलें।

अच्छे ध्वनि-संचरण वाले हौल का निर्माण अभी हाल तक सिर्फ संयोग की बात मानी जाती थी, पर आज के जमाने में अनुनादन (रिवबरिशन) के कारण ध्वनि की अवांछनीय लंबाई से संघर्ष की उत्तम विधियाँ ज्ञात हैं और स्पष्ट श्रवण कोई समस्या नहीं रह गई है। इस पुस्तक में इन्हें सविस्तार देखने की कोई आवश्यकता नहीं है, क्योंकि यह सिर्फ वास्तुइंजिनियरों के काम आएगी। इतना बता देते हैं कि बुरे ध्वनि संचरण के साथ संघर्ष करने के लिए ध्वनि-शोषक सतहों का निर्माण करना पड़ता है। सबसे अच्छा ध्वनि-शोषक खुली खिड़की है (जैसे प्रकाश-शोषक का कार्य कोई भी छेद करता है)। खुली खिड़की का एक वर्ग मीटर जितनी ध्वनि शोषित करती है, उसे ध्वनि-शोषण की इकाई मानते हैं। थियेटर के दर्शक भी खुद बहुत

अच्छे ध्वनि-शोषक होते हैं, पर खुली खिड़की की तुलना में सिर्फ आधी ध्वनि ही सोख पाते हैं। इसका मतलब है कि हर आदमी आधे वर्ग मीटर खुली खिड़की की बराबरी करता है और यदि एक भौतिकविद् का कहना बिल्कुल सही है कि "श्रोता वक्ता के भाषण को बिल्कुल सीधे अर्थों में सोखते है," तो यह भी गलत नहीं है कि वक्ता के लिए खाली हौल बिल्कुल सीधे अर्थों में कष्टकर है।

यदि ध्वनि-शोषक बहुत अधिक है, तो इससे भी सुनने में कठिनाई होती है। प्रथमतः, अत्यधिक अवशोषण ध्वनि को क्षीण कर देता है और, दूसरे, अनुनादन को इतना कम कर देता है कि स्वर का तारतम्य छिन्न हो जाता है और वह सूखा-सूखा सा लगता है। इसीलिए यदि बहुत लंबा अनुनादन बुरा है, तो बहुत लघु अनुनादन भी वांछनीय नहीं है। अनुनादन की इष्टतम दीर्घता हौल के आकार पर निर्भर करती है, अतः उसे बनाते वक्त ही इसका खयाल रखना चाहिए।

थियेटर में भौतिकी के दृष्टिकाण से एक और रोचक चीज होती है, जिसे अनुप्रेरक कक्षिका कहते हैं। आपने ध्यान दिया होगा कि उसका रूप व आकार सभी थियेटरों में एक सा होता है। इसका कारण यह है कि कक्षिका अपने आप में एक भौतिकीय उपकरण है। उसका गुंबज ध्वनि के लिए नतोदर दर्पण का काम करता है। इसके दो कार्य हैं : अनुप्रेरक जब फुसफुसाता हुआ कलाकरों को उनके संभाषण की याद दिलाता है, तो उसकी आवाज को यह गुंबज दर्शकों की ओर जाने से रोकता है और उसे रंगमंच की ओर भेजता है।

सागर-तल से प्रतिध्वनि

दीर्घकाल तक आदमी को प्रतिध्वनि से कोई लाभ नहीं, लेकिन अब उसका उपयोग सागरों की गहराई नापने में होने लगा है। यह विधि संयोगवश आविष्कृत हुई थी। 1912 ई. में "टिटानिक" नामक एक समुद्री जहाज अपने सारे यात्रियों समेत डूब गया। दुर्घटना का कारण था एक विशाल हिमखंड, जिससे जहाज की टक्कर हो गई थी। रात को या कुहासे के समय कहीं फिर ऐसी दुर्घटना न हो जाए, इसके लिए प्रतिध्वनि का उपयोग किया गया, इसी चक्कर में प्रतिध्वनि से समुद्र की गहराई नापने का विचार उत्पन्न हुआ।

चित्र 153 में ऐसी युक्ति का आरेख दिखाया गया है। जहाज के पार्श्व में पेंदे के पास से बारूद की गोली दागी जाती है, जिससे काफी तीक्ष्ण ध्वनि उत्पन्न होती है। ध्वनि पानी से होता हुआ सागर-तल तक पहुँचता है और उससे परावर्तित होकर पुनः जहाज तक आता है। पेंदे में लगा एक अत्यंत संवेदनशील अभिग्राहक प्रतिध्वनि को ग्रहण करता है। ध्वनि भेजने और प्रतिध्वनि ग्रहण करने के बीच के अंतराल को उच्च कोटि की घड़ी द्वारा नापा जाता है। पानी में ध्वनि का वेग ज्ञात है, अतः कलन द्वारा ध्वनि परावर्तित करने वाली बाधा की दूरी (अर्थात् सागर-तल

की गहराई) ज्ञात कर लेना कठिन नहीं है।

इस विधि को प्रतिध्वनण (एस्कोसाउंडिंग) का नाम दिया गया और इसने सागर की गहराई नापने की विधि में क्रांति पैदा कर दी। पुरानी विधियों का उपयोग करने के लिए जहाज को एक ही जगह पर काफी देर तक रोककर रखना पड़ता था। चक्के पर लपेटी रस्सी से लंगर बाँध कर नीचे गिराना पड़ता था (150 m प्रति मिनट की दर से)। रस्सी नीचे लटकाने व उसे पुनः वापस लपेटने में काफी समय लगता था। 3km की गहराई नापने में करीब पौन घंटे लग जाते थे। प्रतिध्वनि की सहायता से गहराई चंद सेकेंडों में ज्ञात हो जाती है और जहाज को रोकना भी नहीं पड़ता। परिणाम काफी सही और विश्वस्त होते हैं। मापन-त्रुटि चौथाई मीटर से अधिक की नहीं होती (इसी के लिए तो समय के अंतराल को सेकेंड के 3000-वें अंश की शुद्धता से नापा जाता है)।

आधुनिक प्रतिध्वनण में साधारण ध्वनि नहीं, श्रवयातीत प्रचंड पराध्वनि का उपयोग किया जाता है, जिसकी कंपनावृत्ति प्रति सेकेंड कुछेक मिलियन तक की होती है। ऐसी ध्वनि उच्च प्रत्यावर्ती विद्युत-क्षेत्र में रखे स्फटिकपत्र द्वारा प्राप्त की जाती है।

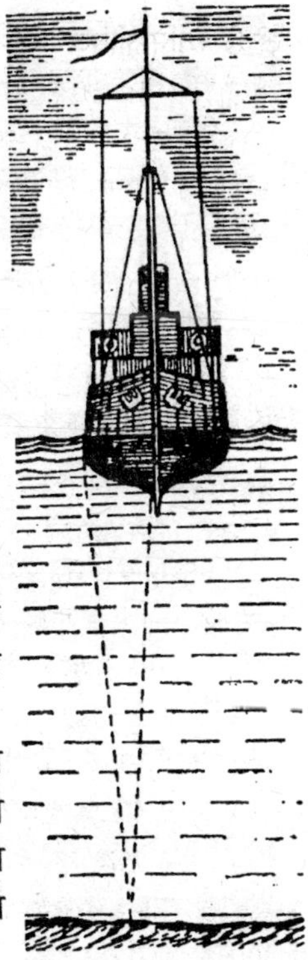

चित्र 153. ध्वनि की सहायता से गहराई मापना।

भनभाहट

उड़ने वाले कीट-पतंगे अक्सर भनभनाहट की ध्वनि क्यों उत्पन्न करते हैं? उनके पास अधिकांशतः इसके लिए कोई विशेष अंग भी नहीं होता। भनभनाहट का कारण इतना ही है कि उड़ते वक्त उनके पंखों की फड़फड़ाहट कुछेक सौ तक पहुँच जाती है। उनका पंख इस स्थिति में कंपनरत पत्र माना जा सकता है और हम जानते हैं कि पर्याप्त आवृत्ति से कंपन करने वाला यंत्र (अक्सर एक सेकेंड में 16 बार), एक विशेष तारता की ध्वनि देता है।

अब आप जानना चाहेंगे कि पतंगों के पंखों की आवृत्ति कैसे ज्ञात की जाती है। इसके लिए कानों से सुनना पर्याप्त है कि वह किस तारता का स्वर उत्पन्न कर रहा है। हर तारता के लिए एक निश्चित कंपनावृत्ति होती है। "काल-विशालक" (दे. अध्याय 1) से पता चला है कि किसी भी पतंगे के पंखों की फड़फड़ाहट की आवृत्ति लगभग हमेशा समान रहती है। उड़ान नियंत्रित करते वक्त पतंगा सिर्फ फड़फड़ाहट का "आयाम" बदलता है या पंखों का झुकाव बदलता है। सेकेंड में

फड़फड़ाहट की संख्या सिर्फ ठंड के कारण बढ़ती है। इसीलिए भनभनाहट की तारता (हर उड़ने वाले कीड़े के लिए) हमेशा एक सी रहती है।

निर्धारित किया गया है कि F तारता से उड़ते वक्त घरेलू मक्खी एक सेकेंड में 352 बार पंख फड़फड़ाती है। भौंरा एक सेकेंड में 220 बार फड़फड़ाता है। A तारता देते हुए उन्मुक्त उड़ती मधुमक्खी 440 बार एक सकेंड में पंख फड़फड़ाती है। जब उसके साथ बोझ (शहद) होता है, तब वह सेकेंड में सिर्फ 330 बार पंख फड़फड़ाती है। इससे B तारता की ध्वनि प्राप्त होती है। मोंगरे बहुत ही सुस्ती से उड़ते हैं। मच्छड़ के पंखों में प्रति सेकेंड 500-600 बार कंपन होता है। तुलना के लिए बता दूँ कि हवाई जहाज का प्रोपेलर एक सेकेंड में सिर्फ 25 बार घूमता है।

श्रवण-भ्रम

यदि किसी कारणवश हम यह मान बैठें कि किसी हल्के शोर का स्रोत हमसे काफी दूर है, तो उसकी आवाज हमें काफी तेज लगेगी। इस तरह के श्रवण-भ्रम अक्सर अनुभूत होते रहते हैं, पर अक्सर हम उस पर ध्यान नहीं देते।

इस तरह की एक रोचक घटना का वर्णन अमरीकी वैज्ञानिक विलियम जेम्स अपने "मनोविज्ञान" में करते हैं :

"एक बार काफी रात को मैं बैठा पढ़ रहा था; अचानक ऊपर के तल्ले से जोरों का एक शोर सुनाई दिया। शोर तुरत बंद हो गया और एक मिनट बाद फिर से शुरू हो गया। मैं बाहर हौल में निकल आया और ध्यान से सुनने लगा, पर कुछ सुनाई नहीं दिया। पर जैसे ही किताब खोली, शोर फिर से शुरू हो गया। शोर काफी जोरों का और भयावना था, जैसे कोई आँधी चलने वाली हो। वह हर तरफ से आ रहा था। मैं काफी घबड़ा गया और फिर से हौल में निकल आया। शोर फिर गायब हो गया।

अपने कमरे में दूसरी बार लौटने पर मैंने अचानक देखा कि शोर फर्श पर सोए छोटे से कुत्ते की खर्राहट के कारण हो रहा है!...

दिलचस्प बात तो यह है कि शोर का वास्तविक कारण जान लेने के बाद मैं लाख कोशिश करके भी उस पुराने भ्रम को दुबारा नहीं प्राप्त कर सका।"

शायद पाठकों को भी अपने जीवन की कोई ऐसी घटना याद आ जाए। मुझे ऐसे भ्रमों का बहुत बार अनुभव हुआ है।

टिड्डा कहाँ है?

ध्वनि-स्रोत की दूरी तो नहीं, पर दिशा बताने में हम अक्सर गलती कर जाते हैं।

हमारे कान सही-सही बता सकते हैं कि गोली बाएँ दागी गई थी या दाएँ (चित्र 154)। लेकिन यदि ध्वनि-स्रोत ठीक हमारे आगे या पीछे है, तो हम अक्सर

चित्र 154. किधर गोली छुटी : बाएँ या दाएँ?

उसकी स्थिति बताने में असमर्थ रहते हैं : आगे से छोड़ी गई गोली की आवाज अक्सर पीछे से आती प्रतीत होती है।

इस स्थिति में हम सिर्फ यह बता सकते हैं कि गोली कहीं नजदीक से दागी गई है या दूर से।

एक प्रयोग है, जिससे हमें बहुत सारी जानकारी मिल जाएगी। किसी की आँखों पर पट्टी बाँध कर कमरे के बीच में बैठा दें और उससे कहें कि वह सिर्फ इधर-उधर न घुमाए। हाथों में दो सिक्के लेकर आप एक से दूसरे पर चोट करें। यदि आप हमेशा उस उदग्र समतल पर हैं, जो आपके मित्र के सिर को आँखों के बीच से दो बराबर भागों में बाँटती है, तो आपका मित्र कभी नहीं बता सकेगा कि किस जगह से झन्नाहट की आवाज आई है : आवाज कमरे के एक कोने में होगी और आपका मित्र दूसरे कोने की ओर दिखाएगा।

यदि आप सममिति के इस समतल से इधर-उधर हो जाएँगे, तब इतनी बड़ी गलतियाँ वह नहीं करेगा। कारण स्पष्ट है : अब ध्वनि आपके मित्र के निकटतम कान तक कुछ पहले और अधिक जोर से पहुँचेगी।

इस प्रयोग से समझ में आ जाता है कि घास में छिप कर चरचराते टिड्डे को देख पाना इतना कठिन क्यों है। उसका तीखा स्वर आप से पथ के दाएँ दो कदम की दूरी पर सुनाई देता है। आप उधर मुड़ते हैं, पर कुछ दिखता नहीं है; आवाज बाएँ से आ रही है। आप उधर मुड़ते हैं, पर आवाज किसी तीसरी जगह से आती प्रतीत होती है। जितना ही आप अपना सर इधर-उधर चरचराहट की दिशा में घुमाएँगे,

यह अदृश्य "संगीतकार" उतनी ही तेजी से छलाँगे लगाएगा। पर वास्तविकता यह है कि टिड्डा एक ही स्थान पर बैठा रहता है। उसकी छलाँगे आपकी कल्पना शक्ति या श्रवण-भ्रम के परिणाम हैं। आपकी गलती यह है कि आप सिर इस तरह घुमाते हैं कि टिड्डा आपके सिर के सममिति-समतल पर आ जाता है और हम जानते हैं कि इस स्थिति में ध्वनि के आने की दिशा बताने में गलती की अधिक संभावना है : टिड्डे की चरचराहट आगे से आती है और आप उसे पीछे आती हुई मान लेते हैं।

यहाँ से एक व्यावहारिक निष्कर्ष निकाला जा सकता है : यदि आप निर्धारित करना चाहते हैं कि टिड्डे की चरचराहट या कोयल की कू-कू जैसी दूर की आवाजें कहाँ से आ रही हैं, तो आपको सिर ठीक आवाज की ओर नहीं घुमानी चाहिए। वैसे, हम करते भी यही हैं, जब हम "सतर्क"या "सजग" हो उठते हैं।

आवाज की शरारतें

जब हम सूखी डबल रोटी चबाते हैं, तो हमें काफी जोर का शोर सुनाई देता है। पास बैठा व्यक्ति भी वही चीज खा रहा होता है, पर उससे कोई खास शोर नहीं सुनाई देता। ऐसा क्यों होता है?

बात यह है कि यह शोर सिर्फ हमारे कानों में होता है और पड़ोस में बैठे व्यक्तियों को परेशान नहीं करता। खोपड़ी की हड्डी या कोई भी ठोस सुनम्य पिंड ध्वनि का बहुत अच्छा चालक होता है और ऐसे घने माध्यम में ध्वनि अत्यधिक तेज लगती है। **हवा के माध्यम** से कान तक पहुँचने वाली ध्वनि हल्के शोर सी प्रतीत होती है, पर वही ध्वनि जब खोपड़ी के ठोस रेशों से होकर हमारी श्रवण-संवेदनाओं की वाहक शिराओं तक पहुँचती है, तो वह तेज शोर में परिणत हो जाती है। इसी बात को सिद्ध करने वाला एक प्रयोग करें : जेबी घड़ी को लटकाने वाले छल्ले को दाँतों से पकड़ लें; आपको टिक-टिक की आवाज हथौड़े की चोट सी प्रतीत होगी।

चित्र 155. किस स्थान पर गोली दागी गई?

"उदर-वाणी का चमत्कार"

उदर वक्ताओं द्वारा दिखाए जाने वाले "चमत्कारों" का रहस्य उन्हीं बातों से खुलता है जो पृ. 200-200 पर बताई गई हैं।

"यदि कोई व्यक्ति,–प्रो. हैंपसन लिखते हैं,–छप्पर की कलगी पर घूम रहा है, तो उसका स्वर घर के भीतर फुसफुसाहट के रूप में सुनाई देगा। जैसे-जैसे वह

किनारी की ओर बढ़ेगा, उसकी आवाज और क्षीण होती जाएगी। यदि हम घर के किसी कमरे में बैठे हैं, तो हमारे कान उस व्यक्ति की दूरी और उससे आने वाली ध्वनि की दिशा के बारे में कुछ भी नहीं बता सकते। लेकिन स्वर में बदलाव के आधार पर हमारी बुद्धि यह निष्कर्ष निकाल सकती है कि बोलने वाला व्यक्ति हमसे दूर होता जा रहा है। यदि स्वर खुद सूचित कर दे कि उसे बोलने वाला व्यक्ति छप्पर पर घूम रहा है, तो हम आसानी से विश्वास कर लेंगे। और यदि कोई उस व्यक्ति के साथ बातें करने लग जाए, जो मानों की बाहर खड़ा है, और ढंग का उत्तर भी प्राप्त करे, तो भ्रम और भी प्रभावशाली हो जाता है।

ये ही वे परिस्थितियाँ हैं, जिनमें उदर-वक्ता काम करता है। जब छप्पर पर खड़े आदमी के बोलने की बारी आती है, उदर-वक्ता फुसफुसाना शुरू कर देता है; जब उसकी खुद की बारी आती है, वह अपने स्पष्ट व पूरे स्वर में बोलने लगता है, ताकि दोनों आवाजों में अंतर दिख सके। उसकी बातों का सार किसी अतिरिक्त साथी की उपस्थिति का भ्रम और भी बढ़ा देता है। यदि इसमें कोई पकड़ी जाने वाली बात है, तो यह कि मिथ्या साथी की आवाज छप्पर से नहीं, रंगमंच से आती सुनाई दे सकती है।"

यहाँ यह बता देना आवश्यक है कि उदर-वाणी शब्द यहाँ ठीक नहीं बैठता। उदर-वक्ता को यह तथ्य छिपाना पड़ता है कि जब उसके मिथ्या साथी के बोलने की बारी आती है, तो वह स्वयं बोलता है। इसके लिए उसे नाना तिकड़म रचने पड़ते हैं। विभिन्न भाव-भंगिमाओं से वह दर्शक का ध्यान अपनी ओर से हटाने की कोशिश करता है। एक तरफ झुक कर और हाथ कान के पास रखकर सुनने का नकल करते हुए वह अपने होठ छिपाने की कोशिश करता है। जब वह अपनी शक्ल नहीं छिपा सकता, तो होठों की गति-विधि न्यूनतम कर देता है। इसमें उसे इस बात से सहायता मिलती है कि उसे अपने "साथी" की ओर से फड़फड़ाहट में बोलना पड़ता है। होठों की गति इतनी अच्छी तरह से छिपायी जाती है कि कुछ लोग सोचते हैं कि कलाकार के शरीर की गहराइयों में से आवाज आ रही है। इसीलिए उसका नाम उदरवक्ता पड़ा।

इस प्रकार उदरवाणी का मिथ्या चमत्कार पूर्णतः इस बात पर आधारित है कि हम ध्वनि के आने की दिशा और उसका स्रोत सही-सही नहीं बता सकते। साधारण परिस्थितियों में हम सिर्फ खींच-तीर कर काम चला लेते हैं। लेकिन यदि परिस्थिति साधारण न हो, तो हम ध्वनि-स्रोत के निर्धारण में बड़ी-बड़ी गलतियाँ कर बैठते है। उदरवक्ता को रंगमंच पर देखते समय मैं भी इस भ्रम को दूर नहीं कर पाया, यद्यपि मुझे मालूम है कि बात क्या है।

●●●